高等院校社会工作专业前沿教材

社区居家养老服务

主　编：苏　祥

副主编：许　诺　杨智慧

编委会：苏　祥　许　诺　杨智慧
　　　　张　峻　谢佳苗　杨文霞

WUHAN UNIVERSITY PRESS
武汉大学出版社

图书在版编目（CIP）数据

社区居家养老服务 / 苏祥主编；许诺,杨智慧副主编 . -- 武汉 ：武汉大学出版社，2024.12. -- 高等院校社会工作专业前沿教材 . -- ISBN 978-7-307-24821-2

Ⅰ. TS976.34

中国国家版本馆 CIP 数据核字第 20248JL339 号

责任编辑:胡国民　裴中炎　　　责任校对:鄢春梅　　　整体设计:马　佳

出版发行: **武汉大学出版社**　　（430072　武昌　珞珈山）

（电子邮箱 : cbs22@whu.edu.cn　网址 : www.wdp.com.cn）

印刷 :湖北金海印务有限公司

开本 :720×1000　1/16　印张 :18.5　字数 :298 千字　插页 :1

版次 :2024 年 12 月第 1 版　2024 年 12 月第 1 次印刷

ISBN 978-7-307-24821-2　　定价 :56.00 元

目　　录

第一章　社区居家养老服务概述

◎ **学习目标**

　　1. 理解社区居家养老服务的基本概念。

　　2. 掌握社区居家养老服务主体、服务对象、服务内容与特点。

　　3. 描述社区居家养老服务现状与发展趋势。

◎ **关键术语**

　　1. 养老模式；

　　2. 社区居家养老服务。

　　社区居家养老服务以居家为基础、以社区为依托，兼具家庭养老的环境特征和机构养老服务的专业特征。一方面，能够克服家庭养老服务能力弱化的困境，规模化地满足老年群体就地养老服务需求；另一方面，能够弥补机构养老存在的覆盖面窄、成本高、将老年人与家庭割离的缺陷。

第一节　社区居家养老服务的概念与特点

　　当前，养老问题已成为社会关注的热门话题，引起了众多学者对养老问题的关注。学者们对养老相关概念提出了各自的见解，产生了概念界定方面的分歧。目前，国内学术界尚未对家庭养老、社区养老、居家养老和机构养老概念的界定与区别达成共识。而在发达国家，福利研究、社区研究和养老领域按照养老所使用资源的不同，把养老方式区分为家庭养老、社区养老和机构养老，或者称为家庭照料、社区照料、机构照料。

一、关于养老模式的讨论

由谁来提供养老资源（包括经济供养资源和照料服务资源）是区分养老方式的重要标准，以此为标准可以分成家庭养老和社会养老。我国的社会养老服务体系主要由居家养老、社区养老和机构养老三个有机部分组成。① 居家养老服务涵盖生活照料、家政服务、康复护理、医疗保健、精神慰藉等，以上门服务为主要形式。社区养老服务是居家养老服务的重要支撑，具有社区日间照料和居家养老支持两类功能。当家庭白天无法或无力照护老年人时，由社区为老年人及其家庭提供服务。机构养老服务以设施建设为重点，通过建设完善的硬件设施，配套专业人员，以实现基本养老服务功能。养老服务设施建设重点包括老年养护机构和其他类型的养老机构，鼓励各种类型的养老机构根据自身特点，为不同类型的老年人提供可选择的集中照料服务。

随着家庭规模、家庭结构和家庭功能的变化，我国传统家庭养老功能逐步弱化，穆光宗（2012）认为机构养老存在供大于求、使用率不高、利润低、功能分离等六大发展困境。② 廖鸿冰、李斌（2014）认为，在家庭养老功能弱化和机构养老发展不足的现实背景下，社区居家养老模式具有综合优势，比较符合我国的传统和国情，是新形势下我国老年人养老方式的理性选择。③ 虽然国务院办公厅把居家养老和社区养老定义为两种养老方式，但是在我国政府部门出台的有关养老服务的文件中，也能看到不同的概念解读。

从表 1-1 可以看出，虽然北京市和山西省分别使用了居家养老服务和社区居家养老服务两个概念，但是二者从概念界定上不易分开，都强调老年人并非入住养老机构而是居住在家、生活在社区，接受多元主体提供的社会化养老服务。而

---

① 国务院办公厅关于印发社会养老服务体系建设规划（2011—2015 年）的通知 [EB/OL]. [2024-08-20]. http://www.gov.cn/zhengce/content/2011-12-27/content_6550.htm.
② 穆光宗. 我国机构养老发展的困境与对策 [J]. 华中师范大学学报（人文社会科学版），2021，51（2）：31-38.
③ 廖鸿冰，李斌. 我国社区居家养老模式的理性选择 [J]. 求索，2014（7）：19-23.

浙江省《浙江省社会养老服务促进条例》① 在使用社会养老服务的概念时，认为其包含居家养老服务、机构养老服务等，并在第二章居家养老服务里提到社区居家养老服务照料中心。因此，本书认为没必要将社区养老和居家养老两个概念区分开，故使用"社区居家养老服务"这一概念。

表 1-1 　　　　　　　政府文件中有关养老服务的概念

文件名	所用概念	概 念 界 定	文件施行时间
北京市居家养老服务条例②	居家养老服务	居家养老服务，是指以家庭为基础，在政府主导下，以城乡社区为依托，以社会保障制度为支撑，由政府提供基本公共服务，企业、社会组织提供专业化服务，基层群众性自治组织和志愿者提供公益互助服务，满足居住在家的老年人社会化服务需求的养老服务模式	2015 年 5 月 1 日起
浙江省社会养老服务促进条例	社会养老服务	社会养老服务，是指在家庭成员承担赡养、扶养义务的基础上，由政府的基本公共服务、社会组织的公益性和互助性服务、企业的市场化服务共同组成的为老年人养老提供的社会化服务，包括居家养老服务、机构养老服务等	2015 年 1 月 25 日通过，2021 年 9 月 29 日修正
山西省社区居家养老服务条例③	社区居家养老服务	社区居家养老服务，是指以家庭为基础，以城乡社区为依托，由政府基本公共服务，企业事业单位和社会组织专业化服务，基层群众性自治组织、志愿者等公益服务共同组成的，为老年人提供的养老服务	2023 年 1 月 1 日起

① 浙江省社会养老服务促进条例 [EB/OL]．[2024-08-20]．https：//www.mzt.zj.gov.cn/art/2015/1/27/art_1632728_31208485.html.

② 北京市居家养老服务条例 [EB/OL]．[2024-08-20]．https：//sfj.beijing.gov.cn/sfj/index/483217/517417/.

③ 山西省社区居家养老服务条例 [EB/OL]．[2024-08-20]．http：//www.shanxi.gov.cn/ywdt/sxyw/202211/t20221102 _7348266.shtml.

二、社区居家养老服务的概念界定

社区居家养老服务是以家庭为基础，以城乡社区为依托，由政府基本公共服务、企业事业单位和社会组织专业化服务，基层群众性自治组织、志愿者等公益服务共同组成的，为老年人提供的养老服务。①

首先，"社区居家养老"与"社区居家养老服务"是两个不同的概念。社区居家养老是一种养老方式的选择，而社区居家养老服务是使社区居家养老得以实现的必要条件与关键要素。社区居家养老服务的提供者既可以是家庭成员，也可以是专业人员、社会化服务人员和志愿者等，其服务内容通常包括生活照料、健康护理及精神慰藉服务等。

其次，社区居家养老服务的来源包括正式照护者和非正式照护者。正式照护者指的是掌握专业养老服务技能、服务水平高且服务经验丰富的人员，通常来自专业化机构。非正式照护者的来源比较广泛，不仅包括老年人的家人和亲戚，也包括一些志愿组织和慈善组织等非营利性机构中的服务人员。他们大多未受过充分的专业技能培训，其专业技能水平低于专业化服务机构中的人员。因此，社区居家养老服务的来源包括家庭成员或其他亲属、专业化服务机构、非专业社会组织三种类型。

最后，社区居家养老服务的服务场所不局限在家庭内部，可以是社区的日间照料中心、老年人日托中心等设施，甚至是社区内的养老机构。目前，我国开始试点"喘息服务"，该服务要求所在地的民政行政主管部门通过政府购买服务的方式，安排老年人短期入住养老机构，或由居家和社区养老服务组织提供上门照护。我国的喘息服务主要是为家庭成员等非正式照护者提供的短期服务，由此给老年人的看护者提供休息和缓解压力的机会。

三、社区居家养老服务特点

(一) 养老内容的全面性

社区居家养老为老年人提供全方位的服务，覆盖老年人的各个需要层面，不

---

① 山西省社区居家养老服务条例 [EB/OL]. [2024-08-20]. http://www.shanxi.gov.cn/ywdt/sxyw/202211/t20221102_7348266.shtml.

仅涉及衣、食、住、行，还包括健康、乐、为、学等多方面，服务内容包括健康照顾、生活照料、精神慰藉、娱乐活动、再教育等。通过提供全面的养老服务内容，旨在促进"老有所养、老有所医、老有所乐、老有所为、老有所学、老有所尊"这一系列目标的实现。

（二）服务主体的多元性

在社区居家养老服务体系建设中，政府发挥主导作用，积极动员和协调各方主体共同参与社区居家养老建设。政府的作用主要体现在引导全民的社区居家养老理念，制定社区居家养老的相关政策、法规、制度，提供社会福利资源，监管服务质量，激发多方主体包括社区、企业、家庭、非营利组织、志愿者等，积极参与社区居家养老服务。

（三）社区性

社区居家养老将家庭养老和社会化养老方式相结合，延伸养老服务的范围，从狭义"家"的范畴拓宽到广义概念的"社区"。社区是实现社区居家养老的前提和基础，没有社区，就无法真正开展社区居家养老服务。经过近30年的发展，我国的社区服务发展迅速，目前的社区能够提供老年人日常照顾、健康服务、权益保护服务和精神文化服务等为老服务，为社区居家养老服务提供了平台。

第二节 社区居家养老服务的基本要素

一、社区居家养老服务主体

目前，我国养老服务供给体系的建设纳入市场和社会主体，初步呈现了多元主体的供给体系。社区居家养老服务主体就是参与社区居家养老服务各环节中的所有相关者，他们使社区居家养老服务能够生产、传递并反馈给老年人，具体包括政府、社区、市场、社会组织和家庭等。

（一）政府

社区居家养老服务属于公共服务范畴，政府在社区居家养老服务体系建设中必然发挥主导作用。各级政府部门分工明确、协调合作，是确保社区居家养老服务能够有效实现的前提。养老事业的发展需要政府在宏观上建设法规和强化政策，并制定推动社区养老服务发展的激励政策。创造尊老爱老的社会大环境，通过舆论导向和教育引导，积极推动养老软环境的建设。政府提供社区居家养老服务的主要方式有：政府直接提供或者通过社区提供养老服务项目；补供方的方式，即按照一定的标准，政府给予养老服务提供者补贴；补需方的方式，即政府根据老年人的具体情况，将补贴发放给老年人，可以让他们到市场中按需选择服务。

（二）社区

社区对于社区居家养老服务来说具有双重范畴。一是地域范畴，老年人在社区中接受照顾服务，社区成为老年人熟悉且倾向的养老场域。二是供给范畴，社区作为基层且重要的组织，不仅能充当政府或其他组织的联系纽带，还是养老服务的提供者。社区最大的优势在于它是老年人日常生活之地，更贴近老年人的实际需要。社区应当充分发挥在社会保障和服务载体方面的作用，不仅要在养老资源整合配置、设施设备开发建设、服务供给评估等方面加大力度，更要为辖区内的老年人提供更有针对性强、内容丰富且可及的社区居家养老服务。

（三）市场

社区居家养老服务可以看作是一种公共服务，这种"公共服务的供给有别于生产，公共服务既能通过政府直接生产，也能够通过其他制度安排得以实现"[1]。市场组织进入公共服务提供的方式主要有合同生产、特许经营和凭证服务生产等。企业参与社区居家养老服务，能够提高效率，提供专业度高、满足老年人个性化需求的服务。全国老龄工作委员会预测：我国养老产业规模到 2030 年有望

---

[1]　Savas E S. Privatization and Public-Private Partnerships［M］. New York：Chatham House Publishers，2000：98.

达 22.3 万亿元，未来 10~15 年是养老产业快速发展的黄金时期。①

（四）社会组织

社会组织是联系政府、市场与公民的重要纽带。社会组织既可以将政府有关养老的政策目标信息传递给社会，也能把民众的养老需求反馈给相关部门，这有助于推动政府与民众的理解与合作。社会组织参与社区居家养老服务，能增强社区的凝聚力，促进社区居民自治。社会组织参与社区居家养老服务主要是从提供人力和资金方面，以及丰富服务项目和老年人生活等方面发挥作用。

（五）家庭

家庭养老是中国传统社会最重要的养老模式，尽管随着经济社会的快速发展，家庭养老面临诸多挑战，但目前中国老年人的照料主要还是依赖家庭。受传统思想的影响，家庭在养老服务体系中的功能仍是无法超越和不可替代的。家庭不仅为老年人提供住宅场地，还为老年人提供经济上的供养、生活上的照料和精神上的慰藉，并且照顾老年人的特殊需要。

政府、社区、市场、社会组织、家庭等服务主体，在社区居家养老服务的实现中扮演了不同角色，发挥着不可替代的作用。各方主体不可避免存在一定问题，因此需要互相合作，共同完成相关养老服务。政府可以向市场"购买服务"，也可以直接出资资助社会组织进行为老服务。由政府提供的养老金不够支付老年人生活与医疗费用时，家庭要承担部分费用。社区与社会组织搭建了家庭和政府沟通的桥梁。加强社区居家养老服务各主体的对话与合作，形成高效联动态势，实现有效优势互补，促进社区居家养老服务的进一步发展。

二、社区居家养老服务对象

社区居家养老服务的对象包括所有生活在社区中的有养老服务需求的老年人，尤其是居住在家中或社区养老机构中的鳏寡孤独老年人、失独老年人、空巢

---

① 向家莹. 头部险企扎堆布局养老产业十万亿级"风口"待启［J］. 经济参考报，2021（6）.

老年人、失能失智老年人等。

三、社区居家养老服务内容

社区居家养老服务的内容围绕老年人的需求安排，可以分为物质保障、生活照料、医疗保健、精神慰藉四大模块。老年人物质保障主要是经济保障，这是保证他们正常生活的基本前提。我国老年人的主要经济来源包括养老金、子女供养、自给自足、政府补贴等。根据不同地区的不同情况，对"三无老人"，即无劳动能力、无生活来源、无赡养人和扶养人的老年人，以及困难老年人、残疾老年人、高龄老年人、失独老年人等特殊老年人，给予不同的政府补贴。第七次人口普查数据显示，我国 60 岁及以上老年人口中，2.34% 的老年人不健康，生活不能自理。① 在无人帮助的情况下，这部分老年人不可能独立生活。部分能自理的老年人，在就医、购物和出行等方面也存在问题。社区居家养老服务的主要内容是为老年人提供生活照料，维持其日常生活，保证老年人生活质量。生活照料一般包括助餐、助浴、助洁、助急、助行、助医等内容。随着年龄的增长，老年人身体功能下降，社会活动参与减少等原因，出现抑郁症等心理问题的概率也随之增加。关注老年人心理健康，促进心理健康，是社区居家养老服务的重要内容之一。完整的社区居家服务网络能减轻家庭照顾者的压力，促进家庭和谐氛围的形成。社区居家养老服务通过多种形式满足老年人的精神需求，包括各种娱乐活动的开展、志愿者的陪伴、专业心理咨询师提供的治疗等。

不同地区的社区居家养老服务内容根据当地的经济发展水平、社会组织发展水平和老年人的实际状况等不同，因此提供的服务内容与服务对象也会稍有不同。《山西省社区居家养老服务条例》提出，鼓励社区居家养老服务机构为居家老年人提供下列服务：（1）提供社区用餐、日间照料、短期托养以及助餐、助浴、助行、助医、助洁、助购、助急等生活照料服务；（2）提供健康体检、保健指导、健康教育等健康护理服务；（3）提供关怀访视、生活陪伴、情绪疏导、心理咨询、临终关怀等精神慰藉服务；（4）提供安全指导、识骗防诈、紧急救援、

---

① 国家统计局. 中国人口普查年鉴 [EB/OL]. [2024-09-08]. http：//www.stats.gov.cn/sj/pcsj/rkpc/7rp/zk/indexch.htm.

文化娱乐、体育健身等其他服务。①《北京市居家养老服务条例》明确，居家养老服务主要包括以下内容：（1）为老年人提供社区老年餐桌、定点餐饮、自助型餐饮配送、开放单位食堂等用餐服务；（2）为老年人提供体检、医疗、护理、康复等医疗卫生服务；（3）为失能老年人提供家庭护理服务；（4）为失能、高龄、独居老年人提供紧急救援服务；（5）利用社区托老所等设施为老年人提供日间照料服务；（6）为老年人提供家庭保洁、助浴、辅助出行等家政服务；（7）为独居、高龄老年人提供关怀访视、生活陪伴、心理咨询、不良情绪干预等精神慰藉服务；（8）开展有益于老年人身心健康的文化娱乐、体育活动。②

第三节　社区居家养老服务的发展

一、社区居家养老服务的发展现状

我国的社区居家养老模式最早于 20 世纪 80 年代在上海兴起，从 2000 年开始，上海市就通过政府购买的方式对特困、特殊老年人群提供了居家养老服务。③ 以 2000 年为时间点，居家养老作为我国老龄事业整体中的重要组成部分被纳入国家层面的政策规划中。④

党的十八届五中全会提出"建设以居家为基础、社区为依托、机构为补充的多层次养老服务体系"，2016 年政府工作报告中提出"开展养老服务业综合改革试点"。为响应党中央、国务院部署，自 2016 年起，民政部、财政部在全国开启改革试点。"十三五"期间，中央彩票公益金以奖代补的方式共投入 50 亿元，先后支持了 5 批 203 个试点地区发展居家和社区养老服务，从试点的区域分布、资

①　山西省社区居家养老服务条例［EB/OL］.［2024-08-20］. http://www.shanxi.gov.cn/ywdt/sxyw/202211/t20221102_7348266.shtml.

②　北京市居家养老服务条例［EB/OL］.［2024-08-20］. https://sfj.beijing.gov.cn/sfj/index/483217/517417/.

③　杨晓婷，马小琴，任娄涯. 我国居家养老服务发展现状［J］. 护理研究，2017, 31（24）：2974-2976.

④　史薇. 居家养老服务发展的经验与启示——以太原为例［J］. 社会保障研究，2015（4）：14-20.

金投入、惠及人数等方面实现了规模效应。① 2022 年 2 月，民政部办公厅、财政部办公厅公布了居家和社区养老服务改革试点工作优秀案例名单，全国各地居家社区养老服务改革的先进经验浓缩到 51 个优秀案例中。②

我国社区居家养老服务发展采取以点带面、循序渐进的方式。通过借鉴试点地区的成功经验，再根据具体地区的实际情况进行调整，最终制定出适合当地特色的社区居家养老服务策略。随着各地社区居家养老服务试点工作的开展，社区居家养老服务相关政策从无到有，逐步落地实施，并在实践中修改完善。这些措施增加了养老服务供给，提升了养老服务质量。社区居家养老服务的高质量发展能为养老服务改革注入新动力，在借鉴试点地区经验的基础上（见表 1-2），还需扩大试点范围，不断创新，才能持续为全体老年人提供优质规范、便利可及的养老服务。

表 1-2　　　　　　　　　　　试点地区破解养老难题之路③

养老难题	试点地区	破题之路
失能失智家庭照护	北京市丰台区	喘息服务
	上海市长宁区	聚焦"五个率先"，健全老年认知障碍分级照护体系，引导社会力量共同关注和参与老年认知障碍服务
农村养老服务短板	上海市奉贤区	充分利用农村地区闲置宅基房屋，进行基础设施"再改造"，形成颇具特色的宅基睦邻"四堂间"
	江西省新余市	通过"党建+颐养之家"方式，打造农村居家养老"党得民心、老人舒心、子女放心"的"三心"工程
	山东省沂水县	由农村党支部领办志愿服务队，发动全县各类志愿者和社工等力量，打造农村互助养老模式

① 马丽萍．让幸福养老在家门口落地——全国居家和社区养老服务 5 年改革试点综述 [EB/OL]．[2024-08-06]．https://www.mca.gov.cn/n152/n166/c46487/content.html.
② 民政部办公厅 财政部办公厅关于公布居家和社区养老服务改革试点工作优秀案例名单的通知 [EB/OL]．[2024-08-06]．https://www.mca.gov.cn/n152/n165/c39393/content.html.
③ 马丽萍．让幸福养老在家门口落地——全国居家和社区养老服务 5 年改革试点综述 [EB/OL]．[2024-08-06]．https://www.mca.gov.cn/n152/n165/c39393/content.html.

续表

养老难题	试点地区	破题之路
吃饭难	广东省广州市	开办 928 个长者食堂，构建覆盖全市的社会化"大配餐"服务体系
	河北省滦南县	采用政府补一点、个人出一点、社会捐助一点、志愿者奉献一点的"四个一点"方式加强农村居家养老食堂建设
失能半失能老年人洗澡难题	重庆市九龙坡区	建设"流动助浴快车"，与社区固定助浴点形成动静结合的助浴服务模式，汇聚慈善和社会力量，打通失能半失能老年人助浴"最后一公里"
农村空巢留守老年人关爱	四川省珙县	签订"四方合约"，对特殊困难老年人通过政府购买服务，为 5 700 名老年人提供助老巡访关爱服务
	宁夏回族自治区石嘴山市	依托居家和社区养老服务中心（站），通过政府引导、社会力量参与、市场化运营服务，让农村养老巡回服务"赶大集"
智慧助老	湖北省武汉市	虚实互通、家院互融，探索"互联网+居家养老"新模式
	河南省鹤壁市	以建设 5G 试点城市为契机，打造四级智慧养老服务体系，构建立体化、多层次、广覆盖的"互联网+养老"应用场景

二、社区居家养老服务发展面临的问题

（一）社区居家养老服务政策有待进一步完善

近年来，国家在社区居家养老服务方面出台了一系列的指导性文件，但这些政策大多过于宏观。相关部门并未及时出台配套的实施政策，导致现有政策的可操作性不强。目前社区居家养老服务的供给机制、动员机制、社会协同机制和监管机制均不完善。① 由于缺乏具体的规范管理政策，一些为老服务组织存在经营不规范、人员专业化程度低和服务质量差等问题。

---

① 刘茹，李文博，王丽娟，等．"银发热潮"下社区居家养老服务现状及完善策略 [J]．中国老年学杂志，2020（40）．

（二）社会力量参与不足

目前，社区居家养老服务中各主体间参与服务的协同水平有待提高，政府在这中间承担了大部分责任。长期依靠政府有限数量的投资会使政府投资数量匮乏，且缺乏相关法律法规确保资金来源的明确分配，使社区居家养老服务的相关责任人互相推诿，阻碍了社区居家养老服务的发展。

（三）养老服务产业发展不足

由于目前的养老服务宣传时强调其公益性，导致民营资本进入养老服务市场的积极性不高，进而影响了养老服务产业的发展。从我国老年人的消费观念上来看，因为绝大部分老年人经历过物资匮乏的阶段，养成了重积累轻消费的习惯，缺乏购买养老服务的意识，这在一定程度上也不利于养老产业的发展。

三、社区居家养老服务的发展趋势

为了解决目前社区居家养老服务面临的问题，政府应建立关于社区居家养老服务健全的法律法规，法律中要明确规定资金的来源，积极地鼓励社会参与，并明确政府的职能。地方政府要根据当地经济发展水平和养老服务水平，积极探索适合本地发展的社区居家养老服务道路，并落实其操作性与可及性。鼓励社会力量参与社区居家养老服务，为老年人提供专业性或一般性的为老服务，提升服务效率。鼓励子女参与养老服务决策，从个人、家庭和社会三方面齐心协力，共同推动社区居家养老服务更快更好地发展。现如今，面对人口老龄化问题，许多国家在不断地探索和实践中选择了社区居家养老服务模式，通过学习和借鉴国外的成功经验，并结合我国国情进行调整，对促进我国社区居家养老服务的发展具有重要的意义。我国正以试点地区的经验为基础，逐步探索适合我国特色的社区居家养老发展之路。其中，医养结合社区居家养老服务和"互联网+"社区居家养老服务是两个最为重要的发展趋势。

（一）社区居家医养结合养老服务

衰老是每个人都不能抗拒的自然现象。随着年龄的增长，老年人身体的状态与功能会发生变化，患病的种类和比例也随之增加。根据全国老龄办发布的《中国城乡老年人生活状况调查报告（2018）》数据显示，城乡 60 岁及以上老年人中，患有慢性病的比例为 79.97%，其中，患有两种及以上慢性病的老年人占 48.81%。医养结合是指通过整合社会医疗资源与养老资源，达到医疗和养老服务优化配置的目的，以满足不同年龄层次和健康状况的老年人在养老过程中对医疗服务的多样化需求。根据多层次社会养老服务与医疗护理服务整合路径的不同，可以将医养结合养老服务划分为社区居家型医养结合养老服务模式和机构型医养结合养老服务模式。社区居家型医养结合养老服务是以社区老年人为服务对象，以社区为中心进行的医疗资源与养老资源的整合分配，结合社区老年人的实际情况和需求，以拉近物理位置、提供便捷服务为宗旨，为老年人提供医疗护理、康复护理、专业照护、短期托管、上门问诊、远程照护等服务。社区居家医养结合养老服务模式符合健康老龄化的基本理念，能够满足老年人在家或社区接受照料和护理服务的需求，是目前我国社会养老服务供给侧结构性改革的方向。

（二）"互联网+"社区居家养老服务

2015 年，我国政府工作报告中首次出现"互联网+"行动计划，随后《国务院关于积极推进"互联网+"行动的指导意见》，提出"促进智慧健康养老产业发展。依托现有互联网资源和社会力量，以社区为基础，搭建养老信息服务网络平台，提供护理看护、健康管理、康复照料等居家养老服务"[①]。"互联网 +"社区居家养老服务，并不是互联网和社区居家养老服务两者的简单相加，而是希望通过两者深度融合，实现服务效果"1+1>2"的养老服务新业态。"互联网 +"社区居家养老服务是对传统养老服务业的一种升级，主要有三种形式：一是可以对传统养老服务行业进行改造升级，打造新的"互联网+"社区居家养老服务网络；二是社区居家养老服务中心、社区养老机构运用"互联网 +"技术手段开展社区居家养老服务；三是养老服务机构或为老服务企业运用自家的网络信息平台开展社区居家养老服务。将"互联网 +"运用到社区养老服务领域，充分发挥互

---

① 国务院关于积极推进"互联网+"行动的指导意见［EB/OL］.［2024-08-20］. http://www.gov.cn/gongbao/content/2015/content_2897187.htm.

联网的集成优化作用，改变信息传递方式，促进养老资源配置整合，提升社区养老服务的质量，从而更好地满足老年人多样化的养老需求。

◎ 复习思考题

1. 如何理解社区居家养老服务这一概念？

2. 社区居家养老服务的主体有哪些，它们之间的关系是什么？

3. 社区居家养老服务的特点有哪些？

4. 我国社区居家养老服务发展面临哪些困难？

5. 社区居家养老服务的发展趋势如何？

◎ 延伸阅读

1. 《社会养老服务体系建设规划（2011—2015 年）》

2. 《浙江省社会养老服务促进条例》

3. 《山西省社区居家养老服务条例》

4. 《2021 年度国家老龄事业发展公报》

5. 《北京市老龄事业发展报告（2021）》

6. 《2021 年上海市老年人口和老龄事业监测统计信息》

7. 《四川省"十三五"老龄事业发展报告》

8. 《中国人口普查年鉴》

9. 《北京市居家养老服务条例》

10. 《民政部办公厅 财政部办公厅关于公布居家和社区养老服务改革试点工作优秀案例名单的通知》

11. 《国务院关于积极推进"互联网+"行动的指导意见》

第二章 社区居家养老服务的相关理论

◎ 学习目标

1. 掌握需要理论、公平理论、公共服务理论、福利多元主义理论的基本内容。

2. 能运用所学的理论知识进行案例分析。

3. 尝试运用相关理论知识解决社区居家养老服务领域的问题。

◎ 关键术语

1. 需要理论；

2. 公平理论；

3. 公共服务理论；

4. 福利多元主义。

第一节 需 要 理 论

一、需要理论的内容

（一）马克思主义的需要观

马克思提出，"需要是人对物质生活条件和精神生活条件依赖关系的自觉反映"①，

---

① 马克思恩格斯全集（第 2 卷）[M]. 北京：人民出版社，1960：164.

并认为"需要是同满足需要的手段一同发展的"①。马克思认为需要是人的本质属性，个体的需要是个人生产和发展的首要前提。人和动物的本质区别在于需要和需要满足的方式不同，人类的需要不仅包括生理需要，还包含更为复杂的社会需要，人类只能通过生产满足需要。人的需要是多方面、多层次的，包括生活资料的需要、享受资料的需要、发展资料的需要。

（二）马斯洛的需要层次理论

美国心理学家马斯洛在 1943 年发表的《人类动机的理论》一书中提出了需要层次理论，他把人的需要分为五个层次，由低到高依次为生理需要、安全需要、归属和爱的需要、尊重的需要、自我实现的需要。这五种需要如同阶梯一样从低到高逐渐上升，只有低层的需要得到满足后，才会有新的、更高的需要产生。在多种需要并存的情况下，总有一种需要是最迫切的。只有该需要得到满足后，后面的需要才会发挥激励作用。需要有高低之分，低层次需要包括生理需要、安全需要、归属和爱的需要，高层次需要包括尊重需要和自我实现的需要。高层次需要的满足能引起内心幸福感、宁静感及丰富感，但高层级需要的满足需要更多的条件。②

（三）伯列绍的需要类型理论

伯列绍将需要分为四类：感知性需要、表达性需要、规范性需要、比较性需要。③ 其中，感知性需要是指服务对象口头或书面表达出来的需要；表达性需要是指社会成员用行动所表达出来的需要；规范性需要是指在特定情况下应达到的标准或应满足的需求，这种需求是基于专业判断和社会规范而设定的，它可能并不直接反映个体或社区当前的主观感受或实际需求；比较性需要是通过与同类型群体进行对比后所发掘到的潜在需求，是因为对比而产生的需要，这种需要是基于社会比较的心理过程而产生的，人们会将自己的状况与他人的状况进行对比，从而评估自己的需求是否得到了充分的满足。

---

① 马克思恩格斯全集（第 3 卷）[M]. 北京：人民出版社，2016：510.

② [美] 马斯洛. 动机与人格 [M]. 许金声，译. 北京：中国人民大学出版社，2007.

③ Bradshaw J. The concept of social needs. [M]. //GILBERT N, SPECHT H. Planning for social welfare issues, models and tasks Englewood Cliffs. NJ：Prentice Hall, 1972.

二、从需要理论看老年人的需要

老年群体是社会总人口中的一部分，他们的需要既有普遍性，也有特殊性。老年人在生理方面的需要主要表现为衣食住行。老年人由于身体机能的衰退，面临的不安全因素随之增加。老年人的安全需要主要体现为财产安全和就医保障。老年人也有社交需求，家庭、亲朋与邻居是老年人情感交流的重要对象。老年人随着年龄的增长特别希望得到尊重和爱戴，在晚年也希望实现自己的理想和自我价值。老年人的需要总结起来主要包括经济支持、生活照料和精神慰藉三个方面。经济支持是满足老年人需要的基础和保障，有一定的经济支持和生活照料，才可能满足老年人的生理需要和安全需要。在生理需要和安全需要得到满足的基础之上，才可能通过精神慰藉实现老年人更高层次需要的满足。

《中国老龄事业发展"十五"计划纲要（2001—2005年）》提出：加快老龄事业发展步伐，重点解决老龄事业发展中的突出问题，落实"老有所养、老有所医、老有所教、老有所学、老有所为、老有所乐"，把老龄事业推向全面发展的新阶段。[1] 这些目标的提出表明，当前老年人的养老目标不仅局限于物质生活的满足，还需要充分发挥老年人的主观能动性，多主体参与老年服务供给，真正实现老有所为、老有所乐。

第二节　公平理论

一、公平理论的内容

（一）马克思公平理论

马克思认为，公平是指一切人，或国家的一切公民，或社会的一切成员，都有平等的社会地位与政治地位，具有历史性、相对性，且不等于平均主义。[2] 绝

---

[1]　国务院关于印发中国老龄事业发展"十五"计划纲要的通知［EB/OL］.［2024-09-01］. https：//www.gov.cn/gongbao/content/2001/content_60985.htm.

[2]　马克思恩格斯选集（第3卷）［M］. 北京：人民出版社，1995：444.

对、统一的公平是不存在的。公平是允许差距存在的，这些差距是合理均衡的，真正的完全平等只有到共产主义阶段才可能实现。

（二）亚当斯公平理论

1963 年，美国心理学家亚当斯发表了论文《对于公平的理解》，两年后亚当斯又发表了《在社会交换中的不公平》一文，提出了公平理论。亚当斯认为，人们总是将自己所作的贡献和所得的报酬，与一个和自己条件相等的人的贡献与报酬进行比较，如果这两者之间的比值相等，人们就会产生公平感。（1）人对报酬的满足程度是一个社会比较过程；（2）一个人对自己的报酬是否满意，不仅受到报酬的绝对值的影响，而且也受到报酬的相对值的影响；（3）当一个人发觉自己的报酬受到了不公平的待遇时，他会设法消除不公平感。

二、公平理论视角下的社区居家养老服务

（一）历史性地看

公平的内涵随着历史进程不断发生着变化。我国正处于新的历史发展阶段，社会经济呈现出新面貌、新变化，对公平的内涵也有着新要求。当前，美好生活的需要与养老服务不平衡、不充分的发展之间存在矛盾。从公平的视角来看，当务之急就是要解决"不平衡"问题。养老服务的不平衡主要表现为：城乡发展不平衡、养老供需不平衡。社区居家养老服务的发展要符合当今社会公平性的要求。

（二）相对性地看

公平的相对性提醒我们，不同地区、不同个体之间存在先天差异，无法实现绝对公平，但要力求将不公平减少到最低限度。与经济发达地区相比，西南地区具有以下特殊性：人口输出量大、经济发展水平相对较低、民族数量众多、地形地貌复杂。农村留守老年人也具有"农村"和"留守"双重特征，因此较一般老年人而言更加弱势。老年人养老面临着许多先天的、客观的不利因素，因此需要关注不同群体，提供相对公平的养老服务。

第三节 公共服务理论

一、公共服务的内涵与分类

公共服务是公共部门与准公共部门满足社会公共需要、提供公共产品的服务行为总称。基本公共服务是指建立在一定社会共识基础上，根据一国经济社会发展阶段和总体水平，全体公民不论其种族、收入和地位差距如何，都应公平、普遍享有的服务。① 21 世纪以来，我国政府管理方面获得较大进步，工作重心逐步从经济建设转向公共服务。

公共服务的分类方法很多，根据不同标准有不同的分类。大多分类从公共支出领域、公共服务性质和公共服务的形式等方面进行划分。学界和政府对公共服务的划分有些许不同，学界把公共服务分为基础性、经济性、社会性和公共安全性四类；而政府在实践中把公共服务划分为基本公共服务和非基本公共服务。另外，从需求和供给的视角，公共服务又分为保障性公共服务和发展性公共服务两大类。"基本公共服务"与此处的"保障性公共服务"的内涵是一致的。保障性公共服务顾名思义是保障人权，普惠性和公平性是其最大特点，在"最小范围"内给予公民公共服务。②

社区居家养老服务是政府为满足老年人养老的基本需求而提供的一项公共产品，同时又是一种为保障老年人权益、促进社会公正与和谐而为全社会提供的平等的公共服务。这不仅体现了社会性基本公共服务的特征，还注重满足老年人居家养老的普遍性需求与个性化需求的结合。其既要为部分有一定经济条件的老年人提供付费服务，又要为"三无""五保"以及低收入、失能、失智等特殊困难老年贫弱

---

① 陈昌盛，蔡跃洲.中国政府公共服务：基本价值取向与综合绩效评估［J］.财政研究，2007（6）：20-24.
② 涂爱仙.需求导向下医养结合养老服务供给碎片化的整合治理研究［M］.长春：吉林大学出版社，2021.

群体提供免费服务①，是公共服务范围中最基础、最核心和最应该优先保障的部分。政府以"成果共享"和"公平可及"的公共产品属性为基础推进社区居家养老服务发展，提供与经济社会发展水平和阶段相适应的、旨在保障全体公民生存和养老基本需求的社区居家养老服务，是新时代培育社会公共性和包容性的必要步骤。②

二、公共服务供给的相关理论

（一）公共服务提供与生产分开理论

早期公共治理中，政府是社会公共利益的代表，公共服务由政府垄断提供。公共产品理论认为私人部门提供公共服务易造成"搭便车"和供给不足的现象，因此，私人部门处于服从地位，只能扮演补充角色。以奥斯特罗姆为代表的制度分析学派于 1961 年首次提出公共服务提供与生产分开的理论③，将公共服务供给划分为提供和生产两个分离的部分，供给主体可只提供不生产或只生产不提供，供给或等同于提供，或等同于生产。

（二）公共选择理论

布坎南等人创立的公共选择理论引申出了公共服务中的政府失灵论。这个理论运用经济分析方法探讨政治决策，其核心思想是把市场选择的逻辑运用在政治领域，认为官员是"经济人"，必将导致政府财政预算最大化。由于信息不对称，公共部门在公共服务供给中出现了权力寻租的现象，造成了公共服务供给的低效。公共选择理论为公共服务多元化供给创造了理论依据。

（三）新公共管理理论

20 世纪 80 年代，西方国家陷入公共服务需求扩张和财政危机的局面，被迫

---

① 白晨，顾昕. 中国基本养老服务能力建设的横向不平等——多维福祉测量的视角 [J]. 社会科学研究，2018（2）：105-113.
② 袁年兴. 论公共服务的"第三种范式"——超越"新公共管理"和"新公共服务" [J]. 甘肃社会科学，2013（2）：219-223.
③ Ostrom V, Tiebout C, Warren R. The Organization of Government in Metropolitan Areas: A Theoretical Inquiry [J]. American Political Science Review, 1961: 831-842.

转变治理观念，在公共服务领域开始了"新公共管理"运动，探索公共服务供给新模式。政府公共服务供给追求"3E"（economy、efficiency、effect），即经济、效率和效能的目标。为化解政府危机，引入市场化和竞争机制，第二、第三部门的加入和合作有效解决了政府的危机。保障性公共服务在生产和供给中，政府是管理、运作和协调的中枢，并承担最终责任。在这样的形势下，戴维·奥斯本和特德·盖布勒提出了企业化政府的新公共管理理论。① 其主要理念是：（1）掌舵而不是划桨；（2）注重产出和效果、质量和效率；（3）顾客导向，公民是公共服务的顾客；（4）引入竞争，减少垄断；（5）市场管理手段；（6）授权而不是服务，是参与式、协作式供给。

（四）新公共服务理论

新公共管理理论强调绩效评估，这与公共服务中追求公共利益最大化的目标有时会产生冲突，该理论强调效率的同时却忽视了公平，比如以顾客付费能力为导向的做法可能会忽视了弱势群体的利益。罗伯特·登哈特和珍妮特·登哈特注意到了新公共管理理论的弊端，对其进行了反思和批判，提出了新公共服务理论。他们认为公共部门的主要职责不是划桨和掌舵，而是服务。其中，新公共服务理论的主要思想包括：（1）服务而非掌舵；（2）追求公共利益；（3）战略的思考、民主的行动；（4）服务于公民而不是顾客；（5）责任并不是单一的；（6）重视人而不是生产率；（7）超越企业家身份，重视公民权和公共服务。② 新公共服务理论的核心思想是通过服务满足公民的需求和实现公共利益。

三、公共服务理论视角下社区居家养老服务

（一）市场失灵

市场本身并不是万能的，公共产品供给不足、经济周期性波动、垄断以及信

---

① ［美］戴维·奥斯本，特德·盖布勒. 改革政府［M］. 周敦仁，译. 上海：上海译文出版社，1996.

② ［美］罗伯特·登哈特，珍妮特·登哈特. 新公共服务：服务，而不是掌舵［M］. 丁煌，郭小聪，译. 北京：中国人民大学出版社，2004.

息不对称等都是市场失灵的具体表现。在我国"未富先老"的背景下，老年人养老缺乏足够的资金支持，养老服务供给主体缺乏持续投入的积极性。不同地区以及同一地区的城市或农村老年人收入不同，养老需求的个性化和多元化特点也增加了养老服务的供给难度。社区居家养老服务相较于机构养老，由于服务对象相对分散，需求更多元及收费较低等原因，导致老年人需求响应成本更高，市场难以有效满足养老需求。

（二）政府失灵

尽管目前我国政府为部分低收入群体和特殊人群提供兜底养老服务，但在需求响应方面仍存在不足。特别是失能、失智老年人，他们急需的养老服务不能在市场上获得充分满足。事实上，在我国"自上而下"的社区居家养老服务模式下，政府作为社区养老绝对权力和资源的拥有者，对社区居家养老服务享有绝对的主导权。① 目前政府在政策支持和法律保障方面还有待完善，各地区的发展存在明显差异，"碎片化"问题有待解决。作为一个有为的政府，在社区居家养老服务中需要充分发挥主导作用，同时在履行职责的过程中保持一定限度，引导其他主体积极有效参与，共同推动养老服务体系建设。

第四节　福利多元主义

一、福利多元主义理论

1978 年，英国沃尔芬德在报告《志愿组织未来》中较早使用"福利多元主义"概念，提出福利供给存在多元体系。1979 年志愿组织国家委员会出版的《变动世界中的格莱斯顿志愿活动》中，讨论到对法定福利效率的质疑，以及提出有效的解决途径将更多地依赖于志愿行动。

福利多元主义学者哈奇和迈克罗夫特对福利多元主义提供了一个有用的界

---

① 赵浩华. 需要理论视角下社区居家养老困境及治理对策 [J]. 学习与探索，2021（8）：53.

定：在一种意义上讲，福利多元主义可以被用来传达这样一个事实，即社会和健康照料可以从不同的部门获得——法定部门、志愿部门、商业部门和非正式部门。更规范地讲，福利多元主义暗含着国家主导地位的降低，不再将国家看作是社会福利集体供给的唯一、可能的工具。就地方政府而言，意味着政策组织实施中需要强化其他资源而不是只依赖强制行动，忽视其他资源。①

罗斯在《相同的目标、不同的角色——国家对福利混合的贡献》中认为，整个社会的总体福利应该从福利混合的角度考虑，也就是要考虑到三个非常不同的社会制度——家庭、市场和国家对总体福利所作的贡献。② 虽然国家在提供福利方面起到重要的作用，但它不是福利提供的垄断者。福利是整个社会共同努力的产物。市场也生产福利，但是仅从市场和国家的角度界定福利是有局限性的，因为这两者提供的福利都是用货币来衡量，而家庭为老年人、儿童和病人提供的服务都是非货币化的。

伊瓦斯认为，罗斯最主要的成就是通过使用福利三角和福利混合的概念，打破了广泛存在于福利国家中的"国家——市场"二分法。但他认为罗斯关于福利多元主义的定义过于简单，应把福利三角分析框架放在文化、经济和政治的背景中，并将三角中的三方具体化为对应的组织、价值和社会成员关系（见表2-1）。

表2-1　　　　　　　　　　　　　伊瓦斯福利三角研究③

组织	类型	价值	社会成员关系
国家	公共组织	平等、保障	行动者和国家的关系
市场	正式组织	选择、自主	行动者和市场的关系
家庭	非正式/私人组织	团结、共有价值	行动者和社会的关系

① Beresford P, Croft S. Welfare pluralism: The new face offabianism [J]. Critical Social Policy, 1983, 3 (9): 19-39.

② Rose R. Common Goals but Different Roles: The State's Contribution to the Welfare Mix [M] //Rose R, Shiratori, R. (Ed). The Welfare State East and West, Oxford: Oxford University Press, 1986.

③ Evers A. Shifts in the Welfare Mix: Introducing a new approach for the study of transformations in welfare and social policy [C] //Adalbert Evers, Helmut Wintersberger. Shifts in the Welfare Mix (7-30). Frankfurt: Campus Verlag, 1988.

伊瓦斯在其后来的研究中对福利三角的研究范式进行了修正，采用了四元划分的分析方法，即社会福利的来源有四个：市场、国家、社区和民间社会。他们特别强调民间社会在社会福利中的特殊作用，认为与之前所起的作用相比，互助社、自助组织、友谊社等志愿组织将会在社会保障和福利发展中起到越来越重要的作用。加强市民社会在提供福利方面的作用的努力是推动福利国家向福利社会前进的关键问题。① 总之，福利多元主义的供给主体从三主体扩展到四主体，在实际分析中，不同学者有不同的选择（见表 2-2）。

表 2-2 　　　　　　　　　　**不同学者对福利多元主义供给主体的界定**

学者	多元主体
约翰逊	国家、商业部门、志愿部门、非正式部门
平克	公共部门、私人部门、志愿部门、互助部门、非正式部门
派斯特奥弗	社区、市场、国家、协会组织
埃斯平-安德森	国家、市场、家庭
福格尔	市场、福利国家、家庭

二、福利多元主义对社区居家养老服务的启示

依据福利多元主义理论，养老服务供给主体多元化，对发展社区居家养老服务具有积极意义。社区居家养老服务在提供过程中必须处理好以下几对关系：

（一）政府与市场的关系

福利多元主义强调福利提供的主体由不同部门承担，处理好政府与市场的关系，正确定位各自职责是社区居家养老服务良性发展的关键。政府在社区居家养老服务发展过程中发挥着不可替代的作用，在顶层设计方面需要规划部署；在资源配置方面，需要统筹协调资金、人才和部门；在理念方面，需要引导全社会积

---

① Evers A, Olk T. Wohlfahrtspluralismus: vom Wohlfahrtsstaat zur Wohlfahrtsgesellschaft [M]. Opladen: Leske+Budrich, 1996.

极应对人口老龄化，转变思想，让老年人老有所为、老有所乐。同时，应充分发挥市场在养老服务资源配置中的作用，引入竞争机制，以提高社区居家养老服务的专业化水平，增加服务项目，满足老年人个性化养老需求。

（二）社区居家养老与机构养老的关系

机构养老虽然在养老服务体系中占比较小，但针对失能失智、高龄、空巢老年人等群体，它能够提供全天候专业化服务，满足部分老年人较高养老服务需求。社区居家养老依托家庭保障功能，使老年人能够在自己熟悉的场域养老，符合中国老年人的传统养老习惯，是大多数老年人的实际选择。发展社区居家养老与机构养老并非完全割裂，机构养老选址可以在社区，社区也可以引入机构专业人员上门为老年人提供服务，或者让老年人去养老机构短住，实现老年人照料者的"喘息"等方式。这些方式可以实现养老资源共享，人性化地满足老年人个性化养老需求。

（三）专业服务与志愿服务的关系

社区居家养老服务内容较广，不仅包含洗衣、煮饭、打扫卫生等日常生活照料，还有疾病治疗、康复治疗、心理咨询等医疗护理，以及娱乐健身、旅游休闲、财务管理等精神文化活动。养老服务需要不同领域的专业人才进入，志愿者队伍也是不可或缺的一支力量。社区居家养老服务既要吸引专业技术人员参与，也需要对志愿者进行培训与管理，建立高水平的服务队伍，持续稳定地提供高质量养老服务。

◎ **复习思考题**

1. 马克思主义的需要观和马斯洛的需要层次理论有什么异同？
2. 伯列绍的需要类型理论对社区居家养老服务有什么启示？
3. 在公平理论视角下如何看待社区居家养老服务？
4. 公共服务理论对社区居家养老服务有何意义？
5. 福利多元主义对于社区居家养老服务供给主体有什么启示？

◎ 延伸阅读

1. 《国务院关于印发中国老龄事业发展"十五"计划纲要的通知》

2. 《上海市民政局关于印发〈上海市社区嵌入式养老服务工作指引〉的通知》

第三章　政府与社区居家养老服务

◎ 学习目标

1. 了解养老服务政策的发展变化和社区居家养老服务政策发展的特点。

2. 掌握政府购买服务的含义、类型、影响因素、作用和评价标准以及和社区居家养老服务的关系。

3. 清楚政府这一主体在社区居家养老服务中承担的职责、发展中遇到的困境以及发展方向。

◎ 关键术语

1. 政府购买服务；

2. 政府购买公共服务；

3. 直接购买；

4. 间接购买；

5. 形式性购买；

6. 委托性购买；

7. 契约化购买；

8. 救助型购买；

9. 救助兼福利型购买。

第一节　政府在社区居家养老服务中的责任

一、规划引领

社区居家养老服务属于一种准公共物品，具有保障性质，属于社会福利事业，如何制定发展规划需要从总体上布局谋划并作出具体安排，这关系到一个国家的国计民生和长治久安。政府要加强统筹协调，强化保障措施，在更高起点上对我国社区居家养老服务进行战略规划。国务院发布的《中国老龄事业发展"十二五"规划》《"十三五"国家老龄事业发展和养老体系建设规划》《"十四五"国家老龄事业发展和养老服务体系规划》等一系列规划纲要，为我国社区居家养老服务的发展指明了前进方向。从宏观角度来看，老龄人口的养老问题与社会的稳定发展息息相关。各级政府应将社区居家养老服务纳入国民经济发展规划和城乡建设发展规划中，完善养老服务发展的具体细则，不断健全社会保障制度和社会福利事业。从微观角度来看，中央政府应建立专项财政补助机制，地方政府需建立社区居家养老服务财政补贴机制，并列入本年度财政预算。同时，应对社区居家养老服务的服务人员、使用场地、医疗器材、养老设备、服务项目、应急设施等，都制定明确的标准，使相关部门能依据相应的标准组织实施。

二、政策支持

社区居家养老服务的顺利发展离不开政府颁布的各项政策文件，制度层面的保障才是其得以顺利开展的有力保障。只有在服务对象、制度设计、标准建立、设施建设、服务供给、质量监管等方面有着相应的规范，才能使社区居家养老服务发展有章可依，不断提升服务的质量，确保更好地促进社区居家养老服务事业的健康可持续性发展。

上海市 2019 年 12 月 25 日发布的《闵行区社区居家养老服务标准》，其中服务规范涵盖 13 个方面，包括生活护理、助餐服务、助浴服务、助洁服务、洗涤服务、助行服务、代办服务、康复辅助、相谈服务、助医服务、文化娱乐以及认知障碍老年人照护服务，管理规范系列标准包括《安全管理规范》《档案管理规范》《环境管理规范》《服务人员招聘和培训管理规范》等 11 个部分。在相关文件发布后，闵行区开展社区居家养老服务、职能部门开展监督检查和年度考核等，都将依据此文件实施。该文件能够进一步规范社区居家养老服务行为，引导行业向专业化、标准化和精细化方向发展，对于提升社区居家养老服务管理水平和维护享受养老服务老年人权益具有很大的意义。

三、财政支持

社区居家养老服务的发展离不开财政的有力支撑，政府的财政支持是社区居家养老服务长效顺利发展的重要基础。近年来，政府持续加大对养老服务的财政扶持，2012—2021 年，中央财政累计投入 359 亿元支持养老服务设施建设，高龄津贴、养老服务补贴、护理补贴、综合补贴分别惠及 3069.5 万、447.9 万、78.9 万、70.2 万名老年人；国家卫健委的数据显示，到 2021 年，全国共有 1419.9 万名老年人享受到了最低生活保障，其中 371.7 万名老年人受益于政府对特殊家庭的援助。"十三五"时期，中央专项彩票公益金投入 50 亿元支持 203 个地区开展居家社区养老服务改革试点；2021 年、2022 年，投入 22 亿元支持 84 个地区开展居家社区基本养老服务提升行动。[①] 为提升社区居家养老发展水平和服务质量，政府一直在对其加大财政投入，积极落实床位补贴、运营补贴等。政府部门也通过出台相关优惠政策吸引更多的社会力量参与，其中政策出台主要聚集于土地使用、规划建设、税费优惠、医养结合、运营资助和培训补贴等，为社区居家养老服务提供更稳定、更充实的资金支持。

四、质量监管

社区居家养老服务的有序发展，离不开政府相关部门的有效监管。依据《国务院办公厅关于建立健全养老服务综合监管制度促进养老服务高质量发展的意见》，政府要做好统筹协调，持续深化养老服务领域"放管服"改革，建立健全养老服务综合监管议事协调机制和养老服务监管联席会议制度，加快形成高效规范、公平竞争的养老服务统一市场，引导和激励养老服务机构诚信守法经营、持续优化服务，提升应急管理能力，促进养老服务高质量发展。该意见就监管制度提出了明确监管重点、落实监管责任、创新监管方式三个方面的内容。政府部门要制定配套措施，统筹监管资源，明确各方监管责任，确保工

---

① 国家卫健委：党的十八大以来我国老龄工作取得显著进展和成效［EB/OL］.［2024-09-06］. http：//news.sohu.com/a/586816645_121478296.

作落实见效，提升综合监管能力。各个部门要各司其职，其中，财政部门要依法对养老服务机构奖补资金使用情况进行监督管理；审计部门依法负责对财政资金的使用情况和政府购买养老服务项目的合规性进行审计监督；自然资源部门依法负责对养老服务机构规划用地等事项进行监督检查；应急管理部门要将养老服务安全生产监督管理工作纳入年度安全生产考核等。

第二节　我国的社区居家养老服务政策

一、社区居家养老服务的政策解读

1987 年，民政部在武汉召开首次全国城市社区服务工作座谈会，第一次提出"社区服务"概念，提出社区服务是一种社会福利，是社会保障的一部分，同时是一种互助性服务。2000 年 8 月，《中共中央、国务院关于加强老龄工作的决定》提出，老年服务是社区服务的重要组成部分，发展老龄事业要遵循"坚持家庭养老与社会养老相结合，充分发挥家庭养老的积极作用，建立和完善老年社会服务体系"的原则。2005 年 2 月，民政部在《关于开展养老服务社会化示范活动的通知》中明确指出，建立以国家投入、集体投入为主导，以社会力量投入为新的增长点，以居家养老为基础，以社区老年福利服务为依托，以老年福利服务机构为骨干的老年福利服务体系，为老年人提供生活照料服务。2006 年 5 月，国务院下发《关于加强和改进社区服务工作的意见》，提出要加快老年公共服务设施和服务网络建设，在有条件的地方开展老年护理服务。

2008 年 2 月，全国老龄委办公室、发展改革委、教育部、民政部等 10 个部门联合发布《关于全面推进居家养老服务工作的意见》，提出要在城市社区普遍开展居家养老服务，同时积极向农村社区推进。2010 年 11 月，民政部召开全国社会养老服务体系建设推进会，进一步明确发展居家养老服务的重要性，并提出了具体的发展要求。2011 年国务院印发《中国老龄事业发展"十二五"规划》，提出将家庭养老与社会养老相结合，着力巩固家庭养老地位，优先发展社会养老服务，构建以居家养老为基础的社会养老服务体系，创建中国特色的新型养老模式。2013 年，国务院发布《关于加快发展养老服务业的若干意见》，提出到 2020

年，全面建成以居家为基础、社区为依托、机构为支撑的，功能完善、规模适度、覆盖城乡的养老服务体系。2015 年 5 月 1 日，我国首个居家养老服务地方性法规《北京市居家养老服务条例》开始施行，将居家养老服务需求分为老年人用餐、医疗卫生服务、家庭护理服务、家政服务、文体娱乐服务、精神慰藉等八大类，并明确政府工作职责。

2017 年 2 月，国务院印发的《"十三五"国家老龄事业发展和养老体系建设规划》提出，到 2020 年建立"居家为基础、社区为依托、机构为补充、医养相结合的养老服务体系"。机构养老从"十二五"规划纲要中的"支撑"变为"十三五"中的"补充"，这说明我国养老服务体系建设重心向社区居家倾斜。

2021 年 11 月，中共中央、国务院印发了《关于加强新时代老龄工作的意见》，提出创新居家社区养老服务模式。以居家养老为基础，通过新建、改造、租赁等方式，提升社区养老服务能力，着力发展街道（乡镇）、城乡社区两级养老服务网络，依托社区发展以居家养老为基础的多样化养老服务。地方政府应积极探索并推动建立专业机构服务向社区和家庭延伸的模式。街道社区负责引进助餐、助洁等为老服务的专业机构，社区组织引进相关护理专业机构开展居家老年人照护工作；政府加强组织和监督工作。政府要培育为老服务的专业机构并指导其规范发展，引导其按照保本微利原则提供持续稳定的服务。充分发挥社区党组织作用，积极探索"社区+物业+养老服务"新模式，增加居家社区养老服务有效供给。结合实施乡村振兴战略，加强农村养老服务机构和设施建设，鼓励以村级邻里互助点和农村幸福院为依托发展互助式养老服务。

以习近平同志为核心的党中央高度重视老龄工作，精心谋划、统筹推进老龄事业发展。针对新时代我国人口老龄化的新形势新特点，党中央、国务院立足中华民族伟大复兴战略全局，坚持以人民为中心的发展思想，为全面贯彻落实积极应对人口老龄化国家战略，让老年人共享改革发展成果、安享幸福晚年，出台了一系列政策意见，着力解决老年人在养老、健康、精神文化生活、社会参与等方面的现实需求问题，深入挖掘老龄社会潜能，激发老龄社会活力，切实增强广大老年人的获得感、幸福感和安全感。以下为部分养老政策文件（表 3-1）

表 3-1　　　　　　　　　　　　　　部分养老政策文件

时间（年）	文 件 名 称	政 策 解 读
2008	关于加快发展养老服务业的意见	明确方向，推动养老服务业加快发展
2011	国务院办公厅关于印发社会养老服务体系建设规划（2011—2015 年）的通知	优先发展社会养老服务
2013	国务院关于加快发展养老服务业的若干意见	完善城市和农村养老服务设施，丰富养老服务产品
2015	关于推进医疗卫生与养老服务相结合的指导意见	加快推进医疗卫生与养老服务相结合
2016	国务院办公厅关于全面放开养老服务市场提升养老服务质量的若干意见	推进智能化养老服务
2017	"十三五"国家老龄事业发展和养老体系建设规划	到 2020 年建成更完善的养老体系
2019	国务院办公厅关于推进养老服务发展的意见	确保到 2022 年基本养老服务人人享有，促进养老服务高质量发展
2020	国务院办公厅关于建立健全养老服务综合监管制度促进养老服务高质量发展的意见	建立健全养老服务综合监管制度，深化"放管服"改革
2020	国务院办公厅关于促进养老托育服务健康发展的意见	健全老有所养、幼有所育的政策体系，增强服务供给多元化
2021	住房和城乡建设部办公厅关于印发完整居住社区建设指南的通知	保障一老一小基本生活，配套相应基本生活服务设施
2021	国务院办公厅关于印发"十四五"城乡社区服务体系建设规划的通知	加强城乡社区服务体系建设，健全基本公共服务

二、社区居家养老服务政策的特点

（一）主体协同化

随着老龄化程度的加深，家庭养老模式也在逐渐弱化，老年人对养老需求也越来越呈现多元化和个性化，单纯依靠政府的管理模式已无法满足老年人的切实需要。在多元主体共同参与养老服务的背景下，政府职能的发挥摒弃了大包大揽的全民福利思想，积极顺应"福利社会化""福利多元化"趋势，建立政府职能边界，明确"为"与"不为"界限，构建"小政府、大社会"模式。政府近几年密集出台了一系列相关政策、法规，对社区居家养老服务的发展从顶层设计到设施用地、人才建设、金融支持、多方参与等各项配套政策都有相应规定。政策表明要转变政府职能，深化"放管服"改革，减少行政干预，激发市场、社会组织等各主体参与活力，使其能够意识到协同治理的重要性，使得各主体能够有意识地参与积极提升服务效能，多元主体协同参与有利于实现公共服务供给多元化，满足社会多样化需求，是回应政府职能转变的现实途径。

（二）工具多样化

传统的政府治理模式大多运用公共权力直接发布强制性行政命令。自 20 世纪以来，西方国家治理结构从最初的"官僚统治"发展为"新公共管理"再到当前"社会治理"的转变。① 这也透露出政府角色的不断变化，从最初的唯一福利供给者到现在的与其他主体协同合作共同承担福利供给，与其他主体合作来实现养老服务治理。在养老政策制定的早期阶段，多以行政命令为主。随着老龄化的深入与社会多方的积极加入，激励性融资支持、市场培育号召、激励机制设计、契约关系等以劝导型为主的混合型工具开始凸显并逐年增加。政府借助这些手段，对那些进入公共服务治理领域中的主体施以影响和规劝，凸显了治理行动的合法性，并根据公共服务领域的特性灵活对待，有针对性地选择工具进行设计。面对日趋复杂的养老服务领域，面对人们需求个性化增长，秉持公平与效率相结合原则，政府在制定政策时更多倾向于权变主义风格，采用混合形式工具来解决公共议题。

（三）方式多元化

"互联网+"技术的发展是当今社会的重要进步，正在不断融入养老领域，

---

① 雷雨若，王浦劬. 西方国家福利治理与政府福利责任定位 [J]. 国家行政学院学报，2016（2）.

助推养老服务效能不断完善。将自主寻求与上门服务相结合，极大地增强了社区与老年人之间沟通的及时性和有效性，不仅丰富了养老方式的选择，也提升了养老服务的质量。此外，智能设备可以即时监测老年人的健康指标和位置信息，一旦出现数据异常，系统会自动发出信号，平台会根据具体情况迅速采取相应措施。通过一个中心平台就能够实现涉老数据统一收集和运营管理，从而推动养老数据共享化和养老服务一体化。因此，"互联网+"技术的应用，一站式养老APP的推出和微信公众号的打造，有助于社区及时接收老年人的服务需求，更重要的是变被动为主动，平台解决了过去老年人需求传递不充分、处理不及时和反馈不到位的问题，可以实时通过互联网远程监控，主动定期为老年人提供精准服务，从而大大提升养老服务的质量。老年人也可通过手机"下单"，选择自身需要的服务，相关工作人员在系统后台中即可第一时间"接单"，及时满足老年人个性化养老服务需求，使老年人足不出户便可享受到相应服务。

（四）资源共享化

多元治理本质上是通过多主体协同推进方式参与治理活动，整合资源，信息共享，为解决共同公共议题，最大限度增进和实现公共利益。各主体拥有各自独特的优势，尽管社会资源和价值判断各异，但同处系统内，本就是取长补短、相辅相成的过程，打破信息壁垒，实现资源共享。这种治理模式强调的是一种多元、参与、平等、互动和差异互补，旨在促进各治理主体之间基于共同目标的平等分工和共同行动。

（五）内容丰富化

我国正处于人口老龄化快速增长阶段，"未富先老"境况也得到了相应缓解。富裕老年人也逐渐增多，手中的可支配资金也有明显提升，养老观念发生了巨大变化，老年消费市场潜力巨大，越来越多的老年人愿意也有能力将资金用于满足多样化的养老需求，以提升老年生活质量。老年照护不再只聚焦于衣食住行，而要根据不同老龄阶段的不同需求给予满足，让老年人能够根据自己的偏好去积极生活。随着经济的发展和社会的进步，老年人养老用品需求也更多样化，对老年住宅产业、老年金融产业、文化生活服务、家政服务、保健服务、福利器械用品、老年人生活用品开发与销售等也越来越个性化。结合卫生医疗、保健、教育、娱乐等各种养老服务项目，丰富养老产品的种类，提升服务的便捷性，扩展受益面，满足老年群体多样化和个性化的服务需求。

第三节　政府购买社区居家养老服务

一、政府购买社区居家养老服务的概念

社区居家养老服务作为一种新型养老方式正在逐渐走进人们的视野，已成为越来越多老年人的养老选择，是解决我国老龄化问题的重要方式。但我国老龄人口基数大，如何更好为老年群体提供多元化和个性化的养老服务是政府面临的一大难题。在政府职能转变的背景下，通过购买养老服务，政府调动社会力量参与公共服务，是为老年人提供更加社会化和专业化养老服务的有力举措。

（一）政府购买服务

政府购买服务起源于西方福利国家，指政府通过市场化手段向社会购买公共服务。政府不再大包大揽，而是逐步转变为监督和管理的角色，旨在降低服务成本，提高行政效率。上海在上个世纪末开始实行政府购买服务政策，是我国第一个实行该项政策的地区。在此之后，我国其他地区也陆续启动了政府购买服务的改革，并且购买范围也越来越宽，教育事业、公共卫生、文化事业和养老服务都属于政府购买范畴。具体来说，就是以政府为主导，根据法律规定，通过发挥市场机制作用，按照规范的程序，政府将原本属于其职能的公共服务和所需要承担的部分职责，向符合资质要求的社会力量和事业单位出资购买，由服务提供方根据资金配套要求提供相应的服务。

政府购买服务的对象可以包括企业、民办非企业单位、各类社会组织以及基金会等。需要满足以下要求：首先，须具备独立法人资格，具备高素质人才和掌握先进科技手段，能灵活运用专业知识和技能的团队。其次，规章制度健全科学，内部组织架构完善，拥有良好的社会公信力。最后，能提供专业且稳定持续的服务供给能力。政府购买服务的程序主要为编制预算、管理采购、合同签订、

指导实施和监督管理等。

政府购买服务实行"政府采购、合同管理、绩效评价、信息公开"的管理办法。随着服务型政府的加快建设和公共财政体系的不断完善，政府购买公共服务正逐渐成为提供公共服务的重要方式。

（二）政府购买社区居家养老服务

政府购买社区居家养老服务是在老龄化愈发严峻和政府职能转变的背景下，为了更好应对老龄化带来的各项挑战的新实践探索。因此，政府购买社区居家养老服务既是对老年问题现实压力的回应，也是政府职能转变和适应治理方式变化的选择。在该种服务模式中，政府转让了部分公共权力，委托有资质的单位和社会力量参与服务供给，买卖双方签订相应的合同，明确双方的责任义务，让社会力量代替政府来提供相应的服务，最后再验收服务提供的质量是否合格，充分利用了市场机制的作用。居家养老服务与政府购买社区居家养老服务有着本质区别，前者是单纯在家养老，而后者是在政府宏观指导下，由社区与专业养老服务机构的有机结合。在这一过程中，政府最重要的就是要做好机构的资质评估、选择服务项目以及做好监督管理等多方面的工作。

政府购买公共服务可以为公众提供更加多元化和高质量的选择。老年人作为养老服务的受益群体，可以根据自身健康状况、财务能力和承受能力，考量自己的切实需要，申请购买适合自己的养老服务。随着网络和智慧养老服务的发展，政府购买时能将社会养老资源加以整合，老年人在家里即可快捷下单享受服务。

二、政府购买社区居家养老服务的类型

政府购买社区居家养老服务可以从不同的角度来进行划分，具体有如下几种类型：

第一，从购买主体和承接主体的关系来看，政府购买公共服务可以分为直接购买和间接购买。直接购买是政府购买的主要表现形式，主要包括合同制、直接资助制和项目申请制。合同制是指双方将各自的权利义务通过合同的方式明确下来。直接资助制是政府直接向社会组织下拨物资或资金，再由其根据相应的物资和政策对老年群体提供服务。项目申请制是将居民的意见汇总，形成相关项目，

向上级部门申请批复，以提供养老服务。间接购买主要是凭单制，即政府通过类似优惠券发放的形式，向老年群体发放养老服务消费凭单，由老年群体自行选择机构进行养老服务，这样自主性会更高，也能促进社会组织不断丰富养老服务项目，提升养老服务质量。

第二，从购买程序的竞争程度可以分为形式性购买、委托性购买和契约化购买。形式性购买也叫依赖性非竞争购买，是指购买双方存在着不平等的关系，社会组织作为服务购买的承接方，对于政府有着不同程度的依赖，并缺乏明确的购买目标，因此不存在竞争市场和竞争行为，从政府购买实践来看，这种购买模式比较普遍。委托性购买也叫独立性非竞争购买，是指社会组织作为服务的承接方，具有独立的法人资格和决策权力，能够自行承接政府的部分服务项目，但采用的是非公开的竞标流程，双方是一种独立性非竞争合作关系。契约化购买也叫独立性竞争购买，是指购买双方作为独立的行为主体，不存在任何的依附关系，政府公布服务的相关内容，符合资质的社会组织依规定参加竞标，政府根据中标原则来选择公共服务由哪些社会组织来提供，双方就服务的项目、内容、权责、经费等各个内容达成协议，通过契约化的形式确定下来。①

第三，根据购买政策的不同标准，可分为救助型购买、救助兼福利型购买。救助型购买具有社会救助的性质，政府出资为困难老年人购买养老服务，委托相应的社会组织承接，以保障困难老年群体的基本养老需求。救助兼福利型购买所针对的群体要更加广泛，囊括各类困难老年人，是在救助模式的基础上进行适度普惠养老服务。②

三、政府购买社区居家养老服务的影响因素

（一）服务对象

服务对象是影响政府购买养老服务的主要因素，不同类型和特征的老年人

① 李长远. 我国政府购买居家养老服务模式比较及优化策略［J］. 宁夏社会科学，2015（3）：87-91.

② 杨琪，黄健元. 政府购买居家养老服务政策的类型及效果［J］. 城市问题，2018（1）：4-10.

所需要的养老服务是不一样的。经济收入较低的群体需要的是基本养老的保障，而孤寡独居老年人所需要的精神慰藉服务则会更多，经济收入较为优渥的老年群体对于文娱服务的需求可能会更多。因此，服务对象会影响到政府购买的行为。

（二）制度环境

制度环境因素则是影响政府购买公共服务的客观制度因素，制度的健全与否会对公共服务的购买和使用产生极大的影响。如果购买标准、监管制度、服务要求等相关制度没有完善，那在采购过程中极易出现政府腐败、市场失灵、公共服务不达标等问题。制度的不健全也会使政府的合法性遭到质疑，进而制约社区居家养老服务的发展。

（三）社会组织

良好的市场竞争关系是政府购买养老服务的关键所在。社会组织作为养老服务的提供者，其提供的服务在很大程度上会决定老年人对于社区居家养老的满意度。社会组织的能力越强，规避风险的能力就越高，提供服务的项目就要更多，质量也要更好。对于社会组织来说，要善于运用各种现代信息技术，根据老年人的需求提供符合老年人需要的各项养老服务，满足老年人能够实现在熟悉的地方养老的要求。

（四）服务人员

服务人员作为养老服务的直接提供方，其提供的服务质量和专业化程度会直接影响到老年人对于服务使用的感受。随着老年人对于养老质量要求的提高，养老服务项目的需要不仅仅局限维持日常生活所需的服务，对于医疗服务、精神慰藉、养老保健等都有着不同程度的需求，而这些服务质量都是需要养老服务提供者来保障的。

（五）资金预算

政府对社区居家养老服务的购买预算直接影响着服务质量。目前，购买资金主要依赖政府财政，而通过慈善组织募集的资金和福利彩票相对较少，导致政府资金供应存在不足。政府在购买过程中，实现的是职能转变，但无论如何转变，政府在养老服务中承担的主要责任是毋庸置疑的，养老服务购买的层次和数量与资金预算密切相关。

四、政府购买社区居家养老服务的作用

（一）整合养老资源

家庭养老、机构养老和社区居家养老作为我国目前主要的三种养老方式，均在一定程度上表现出不同的运行限度。总体而言，政府在提供公共物品方面效率较低、供给能力不足和供给质量也有待提升。如何更好地整合养老资源，发挥政府主导作用，提供能够满足我国广大老年群体养老需求的养老服务，是政府在养老问题上面临的主要困境。政府购买养老服务能够发挥政府和社会力量的作用，充分利用社会资源，优化养老服务工作，为老年群体提供更加优质和多样化的养老服务。

（二）履行政府职能

随着社会的发展，多主体治理的方式会更加普及。养老服务作为一种准公共物品，政府有着不容推卸的责任。政府通过职能转移，改变传统的工作模式，通过向社会组织购买养老服务，构建服务型政府，换一种方式来满足老年人群的需求。这种模式不仅更好地履行了政府职能和管理效能，并在一定程度上优化了公共服务体系。

（三）有利于打造优质的社会组织

对于承接机构而言，具备相应的资质是基础，除此之外，还需要具备较强的服务能力和履职意识。政府购买公共服务这有利于促进社会组织的可持续发展，发挥其在社会治理层面上的主观能动性。社会组织在政府的主导与监督下，能够提供更加优质与多元化的养老产品，这有利于打造优秀的社会组织。

（四）促进社会运行稳定团结

通过政府购买养老服务，进一步明确政府、社会组织、老年人和市场等各方主体的关系以及各自在养老问题上的定位，形成治理新格局。这不仅能够提升养老的科学性和高效性，促进社会稳定运行，还能形成良好的政社关系，增强整体稳定性。

（五）提高老年人养老幸福感

社会组织通过提供多样化和个性化的养老服务，满足不同老年群体对于养老服务的不同需求。通过丰富养老服务内容，为老年人提供生活照料、医疗保健、精神慰藉等多样化养老服务，使老年人在熟悉的地方能够接受所需的养老服务，既保障了养老需求，又愉悦了身心，还能有效提升受众群体的社会公平感和幸福感。

五、政府购买社区居家养老服务的评价标准

对于政府购买服务的评价，主要采用 4E 原则，分别是经济性（Economy）、效益性（Effectiveness）、效率性（Efficiency）和公平性（Equity）。

（一）经济性

经济性是指政府购买服务的过程中，能够花更少的钱办更多的事，以最低的投入换取最大的收获，用于考察政府所购买的养老服务支出是否合宜。

（二）效益性

效益性是指所购买的公共服务行为能在多大程度上达到政府政策目标等其他预期效果，即向社会组织等社会力量购买的公共服务是否能够形成合力，满足老年人的养老需求。

（三）效率性

效率性是投入和产出的关系，用于衡量政府在公共服务购买所投入的资金与

社会组织所提供的养老服务之间的比例关系，即支出是否讲究效率，工作方式是否合理有效，服务项目的提供是否达标，是否能满足老年人对养老的需求。

（四）公平性

公平性则关注不同群体是否能够享受到同样的养老服务，接受服务的人群是否得到公平的对待。公平性标准又包括过程公平、机会公平和结果公平。过程公平是指资源分配的过程是公平的；机会公平是指资源分配中各人所享有的资格；结果公平是指资源分配的结果是公平的；过程公平和机会公平都会影响到结果的公平与否。所以对于政府购买社区居家养老服务的评价中，不仅要关注到结果公平，更要对机会公平和过程公平做好监管。

◎ 复习思考题

1. 简述社区居家养老政策的发展趋势以及特点。

2. 政府购买公共服务的类型、影响因素、作用分别是什么？

3. 如何评价政府购买服务的结果？

4. 政府在社区居家养老服务中承担的责任和困境是什么？

5. 为促进社区居家养老服务可持续发展，政府这一主体需要做什么？

◎ 延伸阅读

1. 《中国老龄事业发展"十二五"规划》

2. 《"十三五"国家老龄事业发展和养老体系建设规划》

3. 《"十四五"国家老龄事业发展和养老服务体系规划》

3. 《闵行区社区居家养老服务标准》

4. 《国务院办公厅关于建立健全养老服务综合监管制度促进养老服务高质量发展的意见》

第四章　社会组织与社区居家养老服务

◎ **学习目标**

1. 了解社会组织的含义，掌握社会组织的分类、特性和构成要素是什么。

2. 清楚社会组织参与社区居家养老的必要性、方式和作用有哪些？

3. 掌握社会组织这一主体在社区居家养老服务中的关键环节、困境和发展趋势，以及在其中承担的职责。

◎ **关键术语**

1. 社会组织；

2. 社会组织能力建设；

3. 社会团体；

4. 民办非企业单位；

5. 基金会。

将社会组织引入养老服务领域，由其参与社区居家养老服务的供给，是社会公共服务特别是老年服务领域发展的一个重要思路。随着社会组织的快速崛起和发展，其参与社区居家养老服务不仅是社会养老事业的一大创新点，同时也有利于老年人日益增长的社会福利需求得到满足。

第一节　社会组织概述

一、社会组织的含义

社会管理的三大支柱通常是指政府机构、企业组织以及政府和企业以外的组织。政府和企业以外的组织一般称为社会组织，也叫作"非政府组织""非营利组织""民间组织""第三部门"等。社会组织有广义和狭义之分，广义上是指按照一定的规范并为实现特定目标而成立，依照各自章程而展开活动的组织，与政府组织并列；狭义上是指经各级人民政府民政部门登记注册的社会团体、基金会以及民办非企业单位等。

社会组织能力建设是指社会组织为了适应社会环境的变化，在组织宗旨的指导下，通过不断调整组织的目标，满足社会组织发展与变革的学习能力、内部协调能力、内部治理能力、可持续发展能力的自身培育过程。随着老龄化进程的加快，社会养老服务出现了需求大于供给的矛盾，政府对社会组织寄予了很大的期望，社会组织自身的独特优势也决定了其担当养老责任的能力。社区居家养老服务涉及很多方面，完全由政府来提供不仅不利于效率的提高，还容易造成资源的浪费。多元化的社会主体提供多样化的养老服务，更能满足不同层次的养老需求。所以，鼓励社会组织的参与是社区居家养老服务事业发展的必由之路，有利于社区居家养老服务顺利地推行。

二、社会组织的分类

社会组织种类繁多，依据不同的标准可以有不同的分类方式：

（1）按照组织性质可以分为社会团体、民办非企业单位和基金会。社会团体是按照《社会团体登记管理条例》的规定，由我国公民自愿组成，为实现会员共同意愿并按照自身章程开展活动的非营利性社会组织，常被冠以协会、学会、研究会、商会、促进会、联合会等名称，一般分为专业性、行业性、联合性、学术性四类。民办非企业单位也叫社会服务机构，指按照《民办非企业单位登记管理暂行条例》的规定，企事业单位、社会团体和其他社会力量以及公民个人利用非国有资产举办的，从事非营利性社会服务活动的社会组织；包括民办教育机构、福利院、卫生院所、科研机构、文化艺术单位等。基金会是指按照《基金会管理条例》规定，利用自然人、法人或其他组织捐赠财产，以从事公益事业为目的的非营利性法人。

（2）按照组织成员之间的关系可以分为正式组织和非正式组织。正式组织是指组织内有着明确的规章制度、职务分配明确、旨在努力实现组织目标的群体；

非正式组织没有明确的规章制度，成员之间关系较为松散、自由，带有明确的感情色彩。

（3）根据组织的规模可以分为小型组织、中型组织、大型组织和巨型组织。这是一个比较模糊的划分方式，这种划分具有相对意义。

三、社会组织的特性

（一）自发性

社会组织往往是基于其成员的兴趣、爱好、信念等内在因素自发形成，是基于成员内驱力，而非外在因素强迫而成。

（二）主动性

社会组织应积极动员社会力量，链接各方资源，参与社会治理并承担社会责任。社会组织应积极主动识别社会需求，发挥市场与政府间的纽带作用，并为解决社会问题主动提供相应的帮助，而不是被动响应。

（三）公益性

公益性主要体现在社会组织所提供的服务和产品追求的是公共利益，主要体现在公益、福利、教育、卫生、文化、环保等有关社会大众福祉的活动。

（四）服务性

服务性是社会组织的重要特性。社会组织在识别出所存在的社会问题后，为平衡公众需求，社会组织不仅要为社会提供相应的公共服务，也是群众诉求表达、利益协调、权益保障的重要渠道。

（五）公共性

社会组织参与并提供的服务是面向社会大众的，而非特定群体。社会组织参与提供的服务一般来说就是具备公共属性的准公共物品，强调的是基本公共服务的普及化程度较高。

（六）非营利性

社会组织不以营利为目的，其资产投入者对投入的资产不享有所有权。

（七）非行政性

社会组织不是政府机构，不具备行政职能，仅在组织内行使相应的职权，也不存在上下隶属关系。

四、社会组织的构成要素

（一）角色

角色原指演员在影视作品或戏剧中所扮演的某一特定人物，也泛指人们对在某个社会性单位中担任某个职位的人所期望的一系列行为表现。角色不同，人们的行为也就不同。社会组织就是一群相互依存、相互联系的角色构成的。

（二）权威

权威是一种合法化的权力，它能促使个体调整并规范自己的行为，使得自己的表现和社会组织要求的相一致，这是社会组织正常运行的必要条件。

（三）地位

为了实现组织的目标并提高活动效率，社会组织一般具备根据功能和分工而设立的制度化部门结构，通过职权协调各个部门和人员之间的关系，以顺利开展各项活动，从而达成组织目标。地位是别人对群体或群体成员所处位置的一种社会性界定，是个人在团体关系中所处的位置，主要通过社会符号来区别，比如工作服、职位、头衔以及工作环境等。

（四）规范

规范是由群体所确立的，并为群体成员所共同接受和遵守的规章制度、行为准则，一般以章程的形式出现，主要通过奖惩制度制约成员的行为，以达到维持组织成员一致性的目的。规范是每个社会成员必须遵守的行为准则，是社会组织成员行为表现保持一致性的基本要素，也是社会组织可持续发展的重要基础。

第二节 社会组织的参与基础

一、社会组织参与社区居家养老服务的必要性

(一) 相关政策依据

社区居家养老服务的有效运行，离不开政府的主导，也离不开社会力量的积极参与。政府为更好优化社区居家养老服务供给网络，出台了一系列政策。2017年1月，民政部印发了《关于加快推进养老服务业放管服改革的通知》，提出"激发市场活力和民间资本潜力，促进社会力量逐步成为发展养老服务业的主体"，为进一步调动社会力量积极参与养老服务领域的积极性。2021年10月，民政部印发了《"十四五"社会组织发展规划》，提出"动员社会组织参与养老服务等公益性事业，重点培育提供养老服务的社会组织"。2023年5月，中共中央办公厅、国务院办公厅印发了《关于推进基本养老服务体系建设的意见》，提出"要完善基本养老服务保障机制，鼓励社会力量参与提供基本养老服务，并支持物业服务企业因地制宜提供居家社区养老服务。支持社会力量为老年人提供日间照料、助餐助洁、康复护理等服务。"国家连续出台了一系列鼓励社会组织参与社区居家养老服务的政策，可以看出社会组织在其中扮演着越来越重要的角色，也为越来越多社会组织参与社区居家养老服务提供了新的机遇。

(二) 社会组织的内在特性

养老服务属于准公共产品，除了政府之外，各类社会组织也是重要的供给主体。社会组织具有自愿性、自发性、公共性、公益性等特点，这些特性也就决定了在养老服务的提供和管理上，社会组织有着不可推脱的责任。近年来对弱势群体所提供的公共服务上，社会组织作用也日渐凸显，在养老服务领域，社会组织深入社区或家庭所提供的生活照料、医疗保健、精神慰藉、心理保健等服务已初

具成效，实践经验也越来越丰富，在以后的社区居家养老服务中，社会组织将会扮演着越来越重要的角色。

（三）"政府失灵"和"市场失灵"

政府和市场是现代经济社会发展的两大重要主体，尤其是在服务提供上扮演着无比重要的角色。关于政府和市场的关系，虽然引起了广大经济学家的各种讨论，但仍没有一个确切的答案。然而，在社会发展的过程中，出现了一些无论是靠政府还是市场都无法妥善解决的问题，便导致了所谓的"政府失灵"和"市场失灵"。

养老服务作为准公共物品，具备公共物品的一些属性，理应由政府提供。但政府部门由于资源受限、效率低下、腐败寻租等问题的存在，不能很好地提供让老年群体满意的养老服务产品。同时市场具有逐利特性，成本与收益是市场在进行经济活动时首要考虑的因素。如果把养老服务这种惠及民生的产品转由市场提供，易出现养老服务的质量参差不齐、价格偏高、覆盖面低以及搭便车等问题。这个时候就需要作为独立于政府和市场的社会组织来提供养老服务产品，以弥补政府和市场存在的失灵问题，社会组织本身具备的非营利性和公共性，能更好地履行社会责任承担社会义务，是参与社区居家养老服务的有力主体。

二、社会组织参与社区居家养老服务的方式

随着国家相关政策的密集出台，各地政府也在结合当地实际情况开展实践，归纳下来，社会组织参与社区居家养老服务主要包括两种形式：一是政府购买社会组织社区居家养老服务；从嵌入性视角出发，也叫"规制依附嵌入"，是政府提供资金向具有相应资质的社会组织机构购买公共服务，社会组织接受委托承接运营，旨在为老年群体提供个性化、专业化、优质化的养老服务，这也是目前最为普遍存在的一种形式，二者的有机结合能够有效弥补政府失灵的问题，有利于养老模式的发展。"项目发包方"政府与"项目承接方"社会组织形成了"委托—代理"关系，社会组织方需按照合同相关规定提供要求的服务项目、服务人次和服务价格等。二是社会组织志愿参与社区居家养老服务，也叫"引导自发嵌入"，社会组织深入社区，遵守社区的规则以及相关管理办法，为老年群体提供

相应的老年服务。政府、社会组织、服务对象三者之间的关系主要基于信任而非契约关系建立，但实际上服务对象和政府如何确定社会组织安全、可持续、稳定的身份关系也是一个值得探讨的问题，另外对于服务质量和服务效果也不易监管。

第一种方式弱化了社会组织的独立性，增强了社会组织的依赖性，对社会组织作为独立主体供给社区居家养老服务的事实缺乏足够重视。第二种方式则又面临着养老服务的非专业化和可持续性挑战的危机，对社会组织与政府、服务对象的互动关系关注不够。构建"合作共治"型社区居家养老模式是使社会组织能够参与社区居家养老服务问题的有效途径。"合作共治"就是指从政府大包大揽的模式转向以政府为主导的多主体合作的共治局面。双方以签订契约为基础，以相互信任为准绳，以共同利益为目的，不断优化政府与社会关系。不同于单纯的"承包""合作共治"下社会组织与政府有着极强的粘合性，双方也不再是"发包者"与"承包者"的关系，而是更紧密的合作伙伴，社会组织也不再机械地按照政府规定提供服务项目，双方可以根据各地实际情况，灵活地根据居民的需求，创新化地提供相应的多元化与个性化服务，以更好提升服务的质量，并共同监管服务的效果。

三、社会组织参与社区居家养老服务的作用

(一) 满足多元化养老服务需求

老年人所需要的养老服务既普遍又特殊，一般包括生活照料、医疗保健和精神文化三个方面，但这三方面又会涉及很多不同的内容。社会组织通过深入社区和老年群体，真正了解其需求和痛点，将老年人的物质需求和精神需求有机结合起来，并为老年群体提供丰富多元化的养老服务产品，如助餐、助浴、文娱项目、情感疏导、心理咨询、医疗康复、健康体检、聊天解闷、保洁家政、外出服务、援助支持等。针对部分老年人对智能产品的需求，还可以开设相关智能产品学习课程。通过专业化和精细化的养老服务提供，不仅提升了老年人的养老服务质量，还增强了老年人对社区居家养老服务的满意度，更满足了老年人对美好生活的追求。

（二）推动政府职能转变

社会组织的参与，使政府从纯粹的养老服务提供者变成了政策的制定者和服务的监督者。这一过程的转变，既是"放管服"的具体体现，也是我国发展从"经济建设型"向"社会服务型"转变的内在要义。在养老服务的有些领域上，政府要主动退出，从全能型政府转变成高效型政府，具体操作要交给专业的社会组织来运行。政府对社会组织参与社区居家养老服务，不仅要提供相应的政策支持，还要提供相应的财政支撑，并做好监督管理。

（三）合理配置社会资源

在养老服务供给领域，一直以来就是政府主导着制度设计、资源分配、服务供给等各个环节。政府作为养老服务的单一供给主体，由于资源有限、资金限制以及专业化程度低等原因，容易出现养老服务资源分配不均。社会组织参与社区居家养老服务，不仅能够将分散的财力、物力、人力有效统合起来，使社会资源得到有效利用，还能提升社区居家养老服务的发展质量。

（四）缓解政府财政压力

将原来需要由政府提供的养老服务，通过社会力量参与的形式，促进政府下放部分权力和转移部分责任，从而能在一定程度上减轻政府的养老负担。社会组织参与社区居家养老服务，承接政府转移出来的部分责任，能够在一定程度上缓解政府的财政压力。

第三节 社会组织参与社区居家养老服务管理

一、关键环节

（一）服务内容

社会组织所提供的养老服务是专业的，包括需要具备相关资质、培训养老服务人员、提供设施设备、完善规章制度等内容，并且能够和外部养老资源形成联动，实现资源互补。社会组织为老年人提供的服务不只局限养老照料，对于医疗保健的规模和质量的提升更是一个不能忽视的重点，还要为老年人提供精神慰藉和心理咨询服务，丰富老年人的精神世界，帮助他们实现自我价值。社会组织要深入社区和市场，以便了解该地老年人需要的养老照护服务，因人而异、因地制宜为老年人提供个性化、多元化和专业化的养老服务产品，满足老年人的养老服务需求。

（二）运营模式选择

社会组织以不同的方式参与社区居家养老服务，关键是如何选择更为适宜的运营模式。可以通过政府补贴为老年人提供低偿或无偿服务，也可以和政府签订协议，通过"准市场化"的运营模式，还可以通过社会组织专项途径向政府出售部分养老服务。不同运营模式的选择对于养老服务的提供来说会有不同的效果，社会组织要根据当地实际情形，选择适宜的方式来提供专项养老服务。总之，社会组织运作机制灵活，能够根据老年人的实际情况，适时调整服务地点、服务内容和服务方式，以不断优化养老服务内容，为老年人提供更为舒适的服务体验。

（三）人力资源配置

社会组织在提供社区居家养老服务时，要注意人员的配置，上门服务者、社区中心工作人员、医疗人员和管理人员都是服务提供中不可或缺的队伍。针对不同需求的老年人，社会组织应该均衡医务人员和养老年人员的数量，多方位吸纳社会人员和志愿者的加入，并定期展开培训，提升服务人员的专业水平。针对专业化程度高的医护人员配备问题，社会组织要严格选拔，并多与周边大型医院合作，实现医疗资源的共享，以提升医务人员服务的专业化水准，同时还可以请专家来社区开设讲座或坐诊，向老年人传授中医保健、营养学和疾病预防等方面的知识。社会组织应拥有多领域专业资格人才，鼓励考取各种资格证书，如社工师、公共营养师、心理咨询师等，促进人才结构合理并多元化发展。

（四）内部资金运营

资金充足是保证社会组织参与社区居家养老服务稳定发展的重要前提，正如"巧妇难为无米之炊"所言，社会组织需要持续的资金来保证运行的可持续性。社会组织的资金来源一般为政府购买服务、福利彩票公益基金、社会捐助以及市场开拓服务等，但这对于社会组织而言，资金来源不稳定且数量有限，政府购买服务资金仅能够维持基本运转，难以为社会提供更优质的养老服务。从我国整体情况来看，老年人退休收入普遍不高，对于较贵的项目并没有支付能力，服务效果难以达到预期。此外，养老服务设施的维护、养老服务人员工资的发放、物资采购和活动开展等都需要充足的资金支持。因此，充裕的资金储备是社区居家养老服务可持续发展的关键因素。

二、社会组织参与社区居家养老服务困境

（一）资金困境

养老服务事业不同于一般的社会服务项目，是一种准公共物品，服务项目提供具有公益性和非营利性。因此，其资金来源主要为政府财政及慈善公益资源支持。财政资金通常不是一次性全部给予，而是在服务提供过程中分次发放，并且项目评估验收程序较为复杂。在发放过程中，由于政府政策制定或执行过程中的各种因素影响，不能保障资金发放的及时性，这在一定程度上会制约社会组织提供服务的积极性与有效性。另外，政府提供的资金并不能全部涵盖组织在运营过程中的所有成本，因此资金运作仍有缺口。在我国，目前社会普遍存在公益社会资源短缺的问题，社会慈善氛围的营造和人民奉献意识还有待加强，慈善公益资金保障性较差。这使得社会组织在资金筹集方面表现出明显的依赖性，自主性较差。

（二）服务困境

随着社会的发展与老年人自身养老意识的改变，老年人不再仅仅满足基本的老年照护服务，我国的"未富先老"困境也得到了一定程度的缓解，富裕老年人

变多，而且也愿意将更多的资金投入自身的养老，老年服务需求存在着极大的差异化与多元化。大多数社会组织提供的养老服务内容比较单一，主要集中在基本的照护和生活服务，如代买药品食物、上门测量血压、理发助浴等服务，对于老年人需求极广的医疗保健、心理慰藉、疾病护理等方面较少或几乎无涉及，缺乏开展专业化服务的能力，从而无法真正地满足老年人多样化的养老需求。

（三）人才困境

养老服务行业需要成员有极高的爱心与责任心，对专业素养的要求也非常高。但是，在实践中，社会组织成员因受薪资较低和社会偏见等各种因素的影响，人才资源缺乏且流动度高，导致项目跟进存在较为严重的脱节状况。对于老年人来说，喜欢在熟悉的环境养老，同样也喜欢熟悉的工作者来为自己服务。如果专业人才流失严重，可能造成工作人员一直在发生变动，这样双方的接触与了解无法得到更进一步的深入，如果双方没有形成良好的互动与沟通，服务效果会大打折扣，还会对社会组织参与社区居家养老服务的可持续性和稳定性产生不良影响。

（四）认可困境

社会大众对于养老服务工作人员和社会工作人员的认可度较低，尤其是对养老服务工作者的认知不足。部分老年人对于社会组织的了解较少，也不认同社会组织参与社区居家养老服务，对于社会组织工作人员上门服务存在着各种不信任的心理，这使得相关服务不能得到很好的推进。社会信任是社会组织的无形财富，然而，在我国社会组织发展相对缓慢的背景下，民众对于政府的信任明显是要高于社会组织的。社会组织在项目推进的过程中，为了更加顺畅地提供服务，会假装社区工作人员或志愿者，使老年人放下戒备心理，但这一行为又使社会组织工作人员的身份难以深入老年群体。

三、社会组织参与社区居家养老服务的发展趋势

2017 年财政部、民政部印发的《中央财政支持居家和社区养老服务改革试点补助资金管理办法》明确提出，支持通过购买服务、公建民营、民办公助、股权

合作等方式，鼓励社会力量管理运营居家和社区养老服务设施，培育和打造一批品牌化、连锁化、规模化的龙头社会组织或机构、企业，使社会力量成为提供居家和社区养老服务的主体。① 因此，社会组织参与社区居家养老服务的提供是大势所趋，其良性运作和发展关键在于构建政府、社区、社会组织和服务对象四个主体的良性合作机制（图 4-1），社会组织服务功能的"嵌入"使原有居家养老模式形成一个新的"社区居家养老服务网"。各主体各司其职，资源整合，协调配合，不断提升社会组织的参与能力，从而完善社区居家养老服务能力建设。

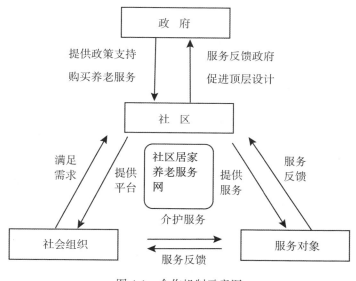

图 4-1　合作机制示意图

（一）完善顶层设计，为社会组织运营能力提供保障

1. 完善法律法规建设，建立制度保障机制

政府作为社区居家养老服务的主导者，应该引领其发展方向，建立健全各项

---

① 　财政部 民政部关于印发《中央财政支持居家和社区养老服务改革试点补助资金管理办法》的通知 ［EB/OL］．［2024-08-09］. http：//www.gov.cn/gongbao/content/2017/content_5222958. htm.

法律法规，为社区居家养老服务的发展建立制度保障。首先要通过法律手段对社会组织的权责义务、与其他主体的关系、性质、登记管理、组织形式、人员保障、经费来源、优惠扶持政策等作出基本的规定，使社会组织走向法治化、制度化、规范化。① 政府要积极给予用地、税收优惠和金融支持等方面的政策倾斜，并出台相关配套政策，充分挖掘民间资本，积极调动多方力量参与养老事业，优化社会组织发展环境，使社会组织工作的开展做到有章可依、有法可循。

政府可结合自身实际情况，联合社会组织探索将"时间银行"志愿服务平台嵌入社区居家养老服务系统。"时间银行"是一种居民互助互惠的养老服务应用，针对志愿者参与志愿服务的时长提供存储、支取、兑换等相应服务的第三方时间存管平台，广泛吸纳志愿者参与为社区老年人提供居家上门、生活照料、买药陪诊、精神慰藉等多项服务，老年人可根据自身需求在相应平台上"下单"，志愿者"接单"后即根据老年人的需求提供相关的上门服务，每个服务项目都标注了相应的"价格"，即"时间币"。志愿者可将这些积累的"时间币"用于兑换自己需要的服务或资源，可采用"服务换资源"的方式到"时间银行"指定地点领取米面油等生活用品或超市代金券等，也可用"服务换服务"的方式待自己年老时再支取，以换得其他养老服务。"服务换服务"和"服务换资源"这两种方式满足了志愿者物质需求和精神需求，良好服务关系的建立使得服务双方都产生了愉悦的感受，也更易激励志愿者产生"我为人人，人人为我"持续性的自发互助关系，在实践中形成规模稳定的志愿者服务队伍，从而形成对社区和家庭照护方式的有效补充。②

2. 完善监督体系

虽然社区居家养老服务主体多元化，但政府仍在其中占主导地位，因此政府加强对于社区居家养老服务的监管是必不可少的。一般来说，分为事前监督、事中监督和事后监督。要对社会组织参与社区居家养老服务的过程、内容、服务方式、服务流程、基础设施建设、服务效果等加强监管，政府也可开通服务反馈热

---

① 徐桂霞. 关于社会组织参与社区居家养老服务问题的研究——以南京市鼓楼区为例 [D]. 南京：中共江苏省委党校，2015.

② 李文祥，韦兵. 社会组织参与社区居家养老服务的嵌入模式及其优化——基于 G 市的比较研究 [J]. 社会科学战线，2022（6）：225-231.

线，鼓励社会各方积极主动参与监督过程，还可成立一个第三方监管机构，独立客观地对养老服务的提供做出评估。对服务质量提供存在问题的组织，要进行约谈，责令其限期整改；对违规操作的组织，政府部门可以暂停其运营资格；对老年人给予评价较高的组织，则可邀请其分享经验，供其他组织之间交流学习，不断提高服务质量。

（二）提升社会组织能力建设

1. 提高筹资能力，丰富服务内容

资金是社会组织发展的基础，也是社会组织开展各项活动的前提。社会组织的发展离不开资金的投入，社会组织应集合多方面社会力量，健全资金保障机制，充分调动民间资源，积极争取与基金会、慈善机构、社会捐助、民间投资企业的合作，建立资金筹集的多种渠道。社会组织可通过公开收支情况，做到财务公开透明，赢取公众信任，并加强财务管理，以争取各种形式的社会资助。

老年人需要各种各样的服务，社会组织需要为其创造必要的条件，不断创新服务供给机制，以提高资源配置的效率，来满足老年人多层次、多元化的养老需求。对于社会组织来说，需要参照两个标准：一是要关注国家相关部门出台的政策，包括国家和各地的民政动态、社区居家养老服务政策法规等，社会组织只有了解最新的政策法规，才能知道社区居家养老未来的发展方向；二是社会组织可以和社区联合起来通过访谈、聊天或者类似于"听证会"的形式了解到老人真正需要的服务，各个社区老人文化水平、收入水平和健康状况各异，做好服务需求分析是第一步，然后才可以有针对性地提供服务项目。① 社会组织要根据老年人的需求，不断丰富和优化服务内容，提供包括生活照料、家政服务、医疗保健、法律顾问、文娱活动、精神慰藉等一系列服务，来拓宽服务范围和提升服务质量。

2. 提升服务人员专业化水平

---

① 孔令雪. 长春市社会组织参与社区居家养老服务能力提升路径研究［D］. 长春：长春工业大学，2019.

人才队伍建设是社会组织能力提升的重要渠道。随着老年人对养老服务质量的要求越来越高,需求层次也逐渐多元化,加强社区居家养老管理队伍、专业服务队伍建设也显得更加重要,因此需要一大批有爱心、有专业、有素养的人才队伍。面对这强大的潜在市场,社会组织要争取优秀人才的聘用,树立"以薪养廉"的观念,提高人员薪资水平,打通人才发展和提升通道,实现社工人才队伍建设"引得进,留得住",从而弥补我国社会组织人力资源的不足。此外,社会组织要注重对员工的专业培训,提高其服务水平和专业知识,增强与老年人沟通时的耐心、爱心与责任心,提高社会组织服务的整体专业化水平,也提高老年人的满意度。"内培""外招"双管齐下,保证高素质的管理人员和专业服务人员数量充足,队伍专业化是居家养老服务体系建设的重要目标之一。总之,要使老年照护服务行业成为受人尊重、具有吸引力的行业。

(三) 社区配合社会组织发挥资源平台作用

社会组织依托社区的基础建设,给老年人提供专业化与个性化的养老服务。社区对居民信息和资源有着充分的掌握,对社区老年人的基本情况和需求有着一定程度的了解,并能调集和配置社区里各种资源,调动居民参与积极性,这是社会组织所不具有的优势。因此,社会组织和社区是友好合作的关系。社区的职能就是在为社会组织提供服务平台的同时,发挥居民委员会的力量协助社会组织共同为社区有需求的老年人提供居家养老服务,让社区成为老年人享受居家养老服务最好的平台和载体。在具体运行实践过程中,一方面,社区需要通过改扩建等多种形式加快完善社区办公场所等基础设施,为社会组织和社工提供办公场地、活动场所以及其他硬件的配备和支撑,形成比较完善的为老服务中心,带动社会组织和社工开展专业的有针对性的优质服务;另一方面,以社区为平台整合社会资源,为社会组织提供便利,并积极配合社会组织为居家老年人提供的服务项目,发挥其资源平台作用,形成资源共享机制。只有当社区内的资源得到了充分利用之后,社会组织才能依托社区为老年群体提供多方位、多功能和多层次的社区居家养老服务。

武汉市东亭社区"五社联动"社区居家养老服务项目的实践,是在疫情后政府首次提出将社区居家养老服务和"五社联动"相结合,通过政府购买服务的形式，搭建专业化的养老服务平台，整合各主体资源，充分调动专业队伍和志愿者积极性，保障人才队伍数量充足。社区负责提供场地和搭建平台，社会工作者运用专业知识，结合社区实情，开展相关服务，社会组织参与该项目的实施和具体服务，并对服务队伍进行专业化定期培训，社区志愿者积极响应社区号召参与养老服务，社区公益慈善资源充分保障养老服务项目实施效果。通过"五社联动"，各主体充分发挥自身资源优势，充分保障了养老服务效果的顺利实施，在一定程度上能保证养老服务需求满足的精确性。①

（四）老年人充分发挥自身权利，监督反馈提升服务质量

社区居家养老服务的对象是老年人，因此老年人对服务效果的好坏以及是否能够满足自身的需求有着最直观的感受。老年人在这个过程中有着双重的身份，既是服务的享受者，也是服务的监督者，他们对于服务提供的质量能给予客观正确的评价。老年人通过自身感受到的服务质量给予及时有效的评价，能为相关评估提供最真实的数据，帮助社会组织及时发现并不断完善服务提供中出现的各种问题，推动社区居家养老服务的质量不断提升。

政府、社会组织、社区、老年人在社区居家养老服务体系中都有自己的定位和职责。政府负责相关政策文件的出台和资金保障；社区提供专业化的服务平台为社区居家养老服务的发展提供支撑；社会组织则根据社会的发展和老年人的需求按需提供个性化、多元化的服务内容；老年人作为服务的需求方则积极参与社区居家养老照护服务，及时有效提供服务反馈。各主体严格履行自身职责，共同为社区老年人提供专业化、多元化的养老服务需求，实现老年人服务供给和需求的平衡，这是社区居家养老模式得以平稳运行的前提，也是社会组织有效地提供社区居家养老服务的条件。

◎ **复习思考题**

1. 简述社会组织的特性。

---

① 牛梦，李华俊. "五社联动"模式下社区居家养老服务的实践探索——以武汉市东亭社区社区居家养老服务项目为例 [J]. 连云港职业技术学院学报，2022（9）：58-64.

2. 社会组织为什么要参与社区居家养老服务的提供？

3. 社会组织参与社区居家养老服务的作用是什么？

4. 社会组织参与社区居家养老服务的关键环节有哪些？

5. 社会组织在参与服务提供的过程中，遇到的困境有什么？

6. 政府、社会组织、社区、老年群体应该如何履行各自的职责，才能使得社区居家养老服务有效可持续发展？

◎ 延伸阅读

1. 《关于加快推进养老服务业放管服改革的通知》

2. 《社会团体登记管理条例》

3. 《民办非企业单位登记管理暂行条例》

4. 《基金会管理条例》

5. 《"十四五"社会组织发展规划》

6. 《"十四五"公共服务规划》

第五章　社区居家养老服务的需求评估

◎ 学习目标

1. 区分需求与需要。

2. 掌握需求评估的含义。

3. 描述评估对象、评估主体与评估内容。

4. 掌握需求评估的方法。

5. 对比需求评估的不同工具。

6. 了解需求评估的政策。

◎ 关键术语

1. 需求；

2. 需求评估；

3. ADL 量表。

第一节　需求评估的概念与对象

一、养老服务需求

(一) 需要与需求

在汉语日常使用中，需要和需求并没有严格的区分。在经济和管理类学科中，需要及需求两个概念是必须区分的。① 通常认为，需要是一个心理学概念，需求是一个经济学概念。从心理学角度看，需要是指个体对内外环境的客观需要（包括人体的生理需要和社会需要），表现为个体的主观状态和个体倾向性。② 需求是指在具体的时间、条件、环境约束下，需要的特定体现。不仅关注"要"，还强调与"要"相关的各方面，即需要是需求的基础，需求是需要的具体体现。③ 需求作为一个经济学概念，是指在既定的价格水平下，消费者愿意而且能够购买的某种商品或服务的数量。④

【案例】

　　某老年人退休后在同伴的带领下参加了几次路亚活动，对路亚产生了极大的兴趣。于是，老年人想自己买一套路亚装备，闲暇时去钓鱼。经了解，一套路亚装备需要好几百元，且需要一定耗材支出。老年人退休金较少，日常支出后已经所剩无几。因此该老年人有购买路亚装备的需要，但是并没有购买的需求。

在国外研究养老服务的文献中，大多使用需要（need），而在我国关于养老服务的研究文献中，通常使用需求（demand），但实际涉及的却是调查对象对养老模式或服务项目的主观意愿或偏好。养老主观意愿与偏好要能成为经济学中的需求，或者说有效需求，必须是老年人愿意且能够购买到的商品或养老服务。这涉及三个层面：老年人有需要、有相应的商品或服务提供、老年人能买得起。经济学家关注的主要是需求，而需要作为一个社会福利概念也得到越来越多的关注。R. F. Conner（1985）指出，在公共政策的制定过程中，对需要的评估很重

① 黄顺春. 需要与需求辨析［J］. 全国商情·经济理论研究，2005（8）：42-43.
② 国家应对人口老龄化战略研究. 中国城乡老年人基本状况问题与对策研究［M］. 北京：华龄出版社，2014：38-39.
③ 伊文斌，邓志娟. 需求与需要辨析［J］. 管理观察，2005（10）：17-18.
④ ［美］曼昆. 经济学原理（第5版）：微观经济学分册［M］. 梁小民，梁砾，译. 北京：北京大学出版社，2009：73.

要，需要既代表了服务对象的利益诉求及偏好，也是服务对象消费服务的动机。① 对于社会政策而言，识别真正的需要而不是考虑支付能力是公共服务的特点。②

（二）养老服务需要的特点

老年人的需要与其他年龄段人群的需要相比，有相同点，也有不同之处。养老服务是围绕老年人及家庭的需要展开，不断满足老年人日益增长的多层次、高品质健康养老需要。

1. 多样性

人在日常生活中有基本的生理、心理、社会等需要，老年人随着年龄的增长，身体机能衰退，需要他人的帮助来满足其基本生活需要。老年人养老服务需要包括助餐、助洁、助急、助行、助浴、助医等多个方面。老年人的需要不仅包括生理上的工具性需要，还包括社交、文化、精神等方面的需要。

2. 周期性

老年人的服务需要很大程度基于自身的身体条件。虽然从长期来看，人逐步走向衰老是一个不可逆的过程，但是每一个老年人个体，在其生命周期中，生理机能的衰退和疾病的发展可能是一个反复的过程。在这一周期性基础上的需要与满足也呈现出一定的特点。

3. 差异性

不同老年人的养老需要存在明显差异。从养老方式上来看，有的老年人选择机构养老，有的老年人选择社区居家养老；从养老服务内容上来看，能自由活动的老年人存在较高的文化娱乐需要，失能老年人的照护需要较高；从养老服务购买意愿来看，有的老年人愿意付出较高的养老服务成本获得高质量的养老服务，有的老年人只愿意享受免费的基本养老服务。

---

① Conner R F, Jacobi M, Altman D G, et al. Measuring need and demands in evaluation research [J]. Evaluation Review：A Journal of Applied Social Research, 1985, 9 (6)：717-734.

② 国家应对人口老龄化战略研究. 中国城乡老年人基本状况问题与对策研究 [M]. 北京：华龄出版社，2014：38-39.

二、养老服务需求评估

(一) 养老服务需求评估的含义

需求评估 (needs assessment) 是对服务对象的需求进行认识和确认,在综合分析的基础上,确定其需求满足状况及成因,以便有效地改善其生活质量。① 罗秀华认为,需求评估需考虑的因素有:谁有需求、需求什么、哪些地方有需求、需求量、供需比例、现有资源运用状况、所需成本、如何赞助服务方案等。② 通过需求评估,可以有效识别老年人的服务需求,是开展社区居家养老服务工作的重要前提。对养老服务而言,需求评估具有重要意义。通过需求评估可以准确与高效地甄别老年人及家庭的需要,以便有针对性地提供服务、满足需要、解决养老问题,使养老服务更加有效。

(二) 养老服务需求评估的主要对象

1. 高龄老年人

我国一般把 80 岁及以上的老年人称为高龄老年人。中共中央办公厅、国务院办公厅印发的《关于推进基本养老服务体系建设的意见》中发布了《国家基本养老服务清单》,其中明确高龄津贴的发放对象是 80 周岁及以上老年人。③ 近年来,我国人口预期寿命也在持续提高,2020 年 80 岁及以上人口有 3580 万人,占总人口的 2.54%,比 2010 年增加了 1485 万人,占比提高了 0.98 个百分点。④高龄老年人身体功能日益衰退,是养老服务的重点对象。尤其是高龄老年人中的女性,女性的预期寿命高于男性,且女性的退休金普遍低于男性,应该给予更多

---

① 刘艳艳. 社会治理新格局视野下的社区养老服务创新研究 [M]. 长春:吉林大学出版社,2020.

② 顾东辉. 社会工作评估 [M]. 北京:高等教育出版社,2009.

③ 中共中央办公厅 国务院办公厅印发《关于推进基本养老服务体系建设的意见》[EB/OL]. [2024-09-09]. https://www.gov.cn/gongbao/2023/issue_10506/202306/content_6885267.html.

④ 国家统计局 国务院第七次全国人口普查领导小组办公室负责人接受中新社专访 [EB/OL]. [2024-08-09]. https://www.stats.gov.cn/sj/sjjd/202302/t20230202_1896487.html.

关注。

2. 失能失智老年人

随着我国老龄化程度的加深，失能失智老年人口规模将进一步扩大。有预测显示，2050 年，失能老年人数量将超过 6000 万。① 失能失智老年人生活不能完全自理，对照护有更高的要求。对这类老年人的照料如果采用传统的家庭养老模式，会给家庭带来较大的负担。针对失能失智老年人的养老需要，通常需要专业化人才和市场的介入，才能更好地进行评估与响应。

3. 空巢老年人

研究显示，到 2030 年，我国空巢老年人比例将达到 90%，预计将有超 2 亿老年人成为空巢老年人。② 空巢老年人与子女分居，无法经常、及时与子女沟通，也没有办法获得日常的照料。空巢老年人的出现与城市化进程有关，人口的大规模流动导致传统的家庭养老功能弱化。在下一代对上一代养老照料不足的情况下，需要进一步识别空巢老年人的养老需求。

4. 失独老年人

据《国家应对人口老龄化战略研究总报告》，2012 年，中国至少有 100 万个失独家庭，且每年以约 7.6 万个的数量持续增加。据《老龄蓝皮书：中国老龄产业发展报告（2014）》的统计，随着失独老年人的增多、丁克家庭以及单身贵族进入老年期，无子女老年人将越来越多，预计到 2050 年，临终无子女老年人将增加到 7900 万。③ 失独老年人的出现与我国计划生育政策有关，需要政府、社会给予关注，不能让响应国家号召只生一个孩子的家庭，变成失去唯一子女后老无所依的弱势群体。

5. 农村老年人

---

① 郭庆，吴忠. 基于 Markov 模型的群体分异视角下失能老人长期护理需求预测及费用估算［J］. 中国卫生统计，2021，38（6）：870-873.

② 常慧，王秀红，王志稳. 我国空巢老人成功老龄化性别差异及其分解研究［J］. 军事护理，2023（12）：6-9.

③ 吴玉韶，党俊武. 老龄蓝皮书：中国老龄产业发展报告（2014）［M］. 北京：社会科学文献出版社，2014.

农村老龄化程度高,农村老年人得到的养老服务却比较少。农村老年人的社会保险收入低于城市老年人,文体娱乐活动更少。农村居住条件相对简陋,医疗卫生条件较差。农村老年人与城市老年人有类似的养老需要,但是因为经济状况的差别,导致有效养老需求较少,也需要进一步识别农村老年人不同于城市老年人的个性化养老需要。

第二节 需求评估的主体与内容

一、需求评估的主体

(一) 老年人及家庭

前面已经讨论到需要是需求的基础,如果老年人自己都不清楚自己有何养老需要,那不管由谁作为评估主体,都不可能得到有用的信息。老年人不是养老服务的唯一使用者,家里的年轻人或者实际养老责任的承担者都可以是养老服务的购买者。老年人及家庭对于养老服务需要进行自我识别是养老服务得以实现的第一步。

(二) 市场

市场要想在养老产业中获利,必须对养老需求进行评估,针对老年人的需要进行相应的产品与服务的提供。反之,如果市场提供的是老年人完全不需要的东西,那是不可能获利的。老年人获得的供给与其自身支付能力密切相关。老年人在养老服务市场上的购买以需要为基础,因此市场有直接动力进行需求评估。

(三) 政府

需求者能够通过市场得到供给的前提是他们有一定的支付能力。然而,并不是所有老年人针对自己的需要都有支付能力。这个时候政府需要承担一部分兜底责任。由于政府的购买力不能覆盖所有老年人的养老需要,因此这个时候必须进行需求评估,对特殊群体的基本需要进行优先满足。

【案例】

　　2022 年，上海市人民政府办公厅发布关于印发修订后的《上海市老年照护统一需求评估及服务管理办法》的通知。通知中明确了老年照护统一需求评估定义、适用对象、部门职责、评估机构、评估人员、评估行为规范、评估方法、评估申请等内容。老年照护统一需求评估是指对具有照护需求且符合规定条件的老年人，按照全市统一的评估标准，依申请对其失能程度、疾病状况、照护情况等进行评估，确定评估等级。评估等级作为申请人享受长期护理保险待遇、养老服务补贴等政策的前提和依据。①

二、社区居家养老服务需求评估的内容

　　对于养老需求的内容，学者们有着不同的观点。比如，孙鹃娟认为农村留守老人的养老主要分为经济供养和生活照料两大类②；宋月萍指出老人具有物质与精神两方面需求③；杜鹏、张文娟等认为，老年人养老需求涉及身体和心理健康、经济状况、社会参与、养老期望几方面④；龙鑫、沙莎等认为老年人健康养老需求模型包括生存型需求、享乐型需求、发展型需求和经济型支持 4 个维度⑤。更多的学者从经济供养、生活照料、精神慰藉三方面定义养老需求⑥，几

　　①　上海市人民政府办公厅关于印发修订后的《上海市老年照护统一需求评估及服务管理办法》的通知 ［EB/OL］. ［2024-08-09］. https：//www. shanghai. gov. cn/zhfwzfbzsjzc/20230404/b9ecfc92832544c5b046ac8c71ddcb76. html.
　　②　孙鹃娟. 劳动力迁移过程中的农村留守老人照料问题研究 ［J］. 人口学刊，2006 （4）.
　　③　宋月萍. 精神赡养还是经济支持：外出务工子女养老行为对农村留守老人健康影响探析 ［J］. 人口与发展，2014 （4）.
　　④　杜鹏，孙鹃娟，张文娟，等. 中国老年人的养老需求及家庭和社会养老资源现状-基于 2014 年中国老年社会追踪调查的分析 ［J］. 人口研究，2016 （6）.
　　⑤　龙鑫，沙莎，郭清，陈子姚，杨鑫鑫. 基于扎根理论的老年人健康养老需求调查研究 ［J］. 中国健康教育，2024 （40）.
　　⑥　穆光宗. 家庭养老面临的挑战及社会对策问题 ［J］. 中州学刊，1999 （1）.

乎已成为学界共识。①

因为经济供养容易让大众与货币供给混淆，所以将经济供养明确为社区居家养老服务满足更多的物质生活需求，并且把对老年人极为重要的医疗保健需求单列出来。本教材将社区居家养老服务需求评估内容界定为物质需求、日常照料需求、医疗保健需求、精神慰藉需求，这也与第一章中社区居家养老服务内容相对应。

三、社区居家养老服务需求评估的影响因素

从经济方面来看，老年人主要的生活来源为：自己或配偶的退休金或养老金、子女的资助和自己的劳动所得。城市老年人依赖自己的退休金或养老金的比例较高，农村老年人依赖子女资助和自己的劳动所得的比例较高。老年人的日常照料需求差异较大，主要受生活自理能力、认知能力以及是否与家人同住等因素的影响。失能半失能老年人、失智老年人、高龄老年人、独居老年人等群体，其照料需求较高。社区居家养老服务种类参差不齐，城乡差异较大。不同健康程度的老年人对医疗保健的需求差异较大。不同级别医院、诊所在城乡分布极不均衡，优质医疗康复健康服务的可及性与老年人及家庭的经济水平、认知水平、社会资源动员能力有很大关系。一部分的老年人精神文化生活单调，缺乏心理慰藉，精神慰藉程度不足。老年人的孤独感随着年龄增长而增加，并且与自身健康水平紧密相关，失能老年人孤独感强烈。老年人的精神需求满足情况受个人、家庭和社会文化等多因素影响。

整体来看，个体特征、家庭特征、经济特征、地区特征是影响社区居家养老服务需求评估的主要因素，各因素的子影响项目见表5-1。

表5-1　　　　　　　社区居家养老服务需求评估影响因素

分类	影 响 因 素
个体特征	性别、年龄、民族、学历、身体健康状况、养老观念
家庭特征	婚姻状况、子女个数、与子女同住、居住环境

① 方菲. 劳动力迁移过程中农村留守老人的精神慰藉问题探讨［J］. 农村经济，2009（3）.

续表

分类	影响因素
经济特征	月收入、养老保险、医疗保险
地区特征	城乡、东西部、南北地区、地貌特征、民族地区

【案例】

北京市丰台区聚焦失能失智老年人刚需，发展"喘息服务"①

"以前不敢把老年人送到养老院，很怕别人说对父母不孝，现在看来，没想到你们把老年人照顾得这么好，到养老院就是过来享福了，关键是还让我们解放一下，歇口气，真心太感谢了。"

说这话的是丰台区一位多年卧病在床老人的家属刘女士。刘女士的妈妈卧床多年，为了照顾老人，作为子女的她们一直不能外出，就算是出去买菜也是急急忙忙的，长年累月地照顾老年人，可谓身心疲惫。经过一番思想斗争之后，刘女士申请了丰台区试点先行的"喘息服务"，经过评估审核后，老人符合享受喘息服务的条件，在居家照护和入院服务两者之间，刘女士选择了入院服务。

丰台区人口老龄化程度较高，失能、失智老年人的照护问题尤为突出。2018年，作为首批国家级居家和社区养老服务改革试点地区，丰台区在全市率先试点开展了给失能、失智老年人的看护者"放个假"的"喘息服务"，聚焦失能、失智老年人照护中"一人失能，全家失衡"这一养老难点和家庭痛点，重点解决照料者照护技能不足以及由于长期不间断照护、自己无法休息导致的相关心理及家庭矛盾问题。

丰台区民政局于2018年10月至2020年10月，"以1个月服务4天，可分散或集中享受服务"的方式，开展了2期失能、失智老年人居家照料者

---

① 丰台区"喘息服务"获评全国养老服务改革试点工作优秀案例［EB/OL］.［2024-08-09］. http://www.bjft.gov.cn/ftq/zwyw/202203/84c64fddb9d34ec283e8c6e109861c80.shtml.

"喘息服务"试点工作，两期共服务 1110 人，累计服务 1.78 余万人次，服务费结算总金额 339.3 万元，目前全部由政府买单。"喘息服务"不仅将原本照护老人的亲属"解放"出来，得以喘息缓解，同时通过专业机构传帮带，让家属也成为照护能手。通过"喘息服务"，老年人和家属对养老机构的护理专业和服务有了进一步了解，对养老机构服务内容有了新的认识，提升了丰台区养老机构的入住率，推动形成"政府购服务、老人享服务、家庭得实惠、企业促发展"的失能、失智老年人居家照护服务新格局。

"喘息服务"作为丰台区试点项目已由丰台区民政局为老服务项目上升为丰台区民生实事项目，项目发布后采取随报随享受服务的方式，全年可选择分散或集中享受服务，服务总天数不超过 32 天。服务费用方面，机构照护服务费用和居家上门照护服务费用定价均为每人每天 220 元。

"喘息服务"工作把失能失智老人家庭的迫切需求和养老机构的服务有效衔接，不但提升了老人照护质量，更进一步整合规范了区内养老机构，引领并带动区内各方养老力量融合发展，实现了养老事业和养老产业的"双赢"。

通过阅读丰台区发展"喘息服务"的案例，请思考在选择社区居家养老服务需求评估主体时有哪些注意事项，需求评估的内容与影响因素有哪些。

第三节　社区居家养老服务需求评估的方法

一、社区居家养老服务需求评估的方法

（一）需求评估的基础

对老年人进行社区居家养老服务需求评估，应当包括老年人生活状况的所有方面，需要采用整体、综合的方式，即多维评估分析。评估者既要掌握专业的评估知识和技巧，也需要具备使用相应评估工具的能力。评估的范围包括老年人的健康状况、行为表现、生活能力、家庭状况、环境支持条件及所处的社

会环境等。评估的目的是发现老年人尚未被满足的需求及影响其生活质量的因素。

(二) 需求评估的方法

对老年人需求评估的方法大体分为两类，定量方法和定性方法。定量研究是社会科学领域的一种基本研究范式，它通过对研究对象的特征进行量的比较和测定，以揭示其数量变化规律。统计分析是定量研究的核心方法，它通过对收集到的数据进行处理和分析，揭示数据背后的规律和趋势。统计分析方法包括描述性统计和推断性统计等。描述性统计可以描述数据的基本情况，如均值、标准差等；推断性统计则可以通过样本数据推断总体情况，如置信区间、假设检验等。定量研究还可能涉及一些其他方法，如比率分析法、趋势分析法、结构分析法、相互对比法等，这些方法在财务分析和经济预测等领域有广泛应用。定性研究旨在通过发掘问题、理解事件现象、分析人类的行为与观点以及回答提问来获取敏锐的洞察力。与定量研究相对，定性研究更侧重于深入研究对象的具体特征或行为，进一步探讨其产生的原因，解决的是"为什么"的问题，而不是"是什么"或"怎么办"的问题。

不管是用定量研究还是定性研究，都需要进行资料收集。收集需求评估相关资料是评估的前提和基础。收集资料的对象主要是老年人自身，还应包括老年人的家人、亲友、邻居、社区工作者、养老服务机构工作人员等。资料收集可以采用调查法，调查法包括问卷调查法、访谈法、观察法等。这是一种广泛应用的研究方法，旨在通过系统制定计划，全面收集研究对象的特定信息。

（1）问卷调查法。问卷调查法是使用预先设计的问卷，向大量的受访者收集数据。这种方法可以覆盖广泛的样本群体，收集大量数据、信息。但问卷设计需要科学严谨，避免引导性问题和歧义，以确保内容的准确性和可靠性。

（2）访谈法。访谈法是与受访者进行一对一的交流，收集更深入的信息。访谈法可以根据研究目的采用结构式、半结构式或非结构式访谈，以获取丰富的实质性数据。

（3）观察法。观察法是直接观察研究对象的活动或行为，收集客观信息。观察法可以分为参与式观察和非参与式观察，适用于需要了解研究对象在自然状态下的行为或活动的场景。

（三）需求评估的注意事项

收集需求评估资料时应保障老年人的知情同意权。在评估前，详细向老年人解释评估的目的、评估的内容、评估结果用来做什么等相关事宜。评估必须获得老年人在知情情况下的授权。评估资料难以做到绝对保密，因为相关的社会服务机构、医疗机构、政府部门可能需要了解老年人评估的结果。但评估人员有责任告知老年人，并对评估结果采取保密措施。要对收集到的信息负责，保证老年人的个人资料会得到尊重与保护，只在限定范围内使用。此外，还应注意评估的场所应相对安静且不受打扰，最好在老年人熟悉且能放松的环境中进行，减少老年人在陌生环境中的紧张感。评估时间的选择要恰当，避开老年人疲倦或状态不佳的时段，每次评估时间不宜过长。

二、社区居家养老服务需求评估的工具

目前，对老年人的评估重点是独立生活能力，常用的评估工具是日常生活活动能力量表（ADL），分为基础性日常生活活动能力（BADL）和工具性日常生活活动能力（IADL）。基础性日常生活活动能力（BADL）是指病人在家中或医院里每日所需的基本运动和自理活动，包括生活自理活动和进行功能性移动两类活动。自理活动包括进餐、洗漱、如厕、穿衣等；功能性移动包括翻身、起床、行走、上下楼梯等。完成这些活动是达到回归家庭的必要条件；评估结果反映了个体较大的运动功能，常在医疗机构中应用。工具性日常生活活动能力（IADL）是指人们在社区中独立生活所需的高级技能，常需借助各种工具，包括购物、家务、使用交通工具、娱乐活动、旅游等。完成这些活动是达到回归社会的必要条件；评估结果反映了较精细的运动功能，常用于社区老年人和残疾人。

我国目前的养老服务领域，部分地区在长期护理保险试点的基础上，在失能等级评估方面有较为明确的标准，但是存在一定差异。表5-2为我国部分地区需求评估使用量表。

表 5-2   我国部分地区需求评估使用量表

城市	标　　准	量　　表
青岛	青岛市长期照护需求等级评估表	ADL 量表、MMSE 量表
成都	成都市成人失能综合评估技术规范	Barthel 指数分级
上海	上海市老年照护统一需求评估调查表	分类拟合工具（线性判断法和支持向量机法）
苏州	苏州市失能等级评估参数表（试行）	感知能力评估参数表、认知能力评估参数表、行为能力评估参数表、特殊护理项目评估参数表、失能等级评估参数汇总表

◎ **知识链接：**

日常生活能力评定量表（ADL 量表）

项目	评 定 标 准	评　　分	
		分值标准	护理机构评分
进食	较大或完全依赖	0	
	需部分帮助（夹菜、盛饭）	5	
	全面自理	10	
洗澡	依赖	0	
	自理	5	
梳洗修饰	依赖	0	
	自理（能独立完成洗脸、梳头、刷牙、剃须等）	5	
穿衣	依赖	0	
	需一半帮助	5	
	自理（系开纽扣、开关拉链和穿鞋）	10	

续表

项目	评定标准	评分	
		分值标准	护理机构评分
控制大便	昏迷或失禁	0	
	偶尔失禁（每周<1次）	5	
	能控制	10	
控制小便	失禁或昏迷或导尿	0	
	偶尔失禁（<1次/24小时；>1次/周）	5	
	能控制	10	
如厕	依赖	0	
	需部分帮助	5	
	自理	10	
床椅转移	完全依赖	0	
	需大量帮助（2人），能坐	5	
	需少量帮助（1人），或监护	10	
	自理	15	
行走	不能	0	
	在轮椅上独立行动	5	
	需1人帮助（体力或语言督导）	10	
	独立步行（可用辅助器具）	15	
上下楼梯	不能	0	
	需要帮助	5	
	自理	10	
合计			

◎ 知识链接：

Lubben 社会网络量表（改良版）①

与亲人（同你有血缘或婚姻关系的家人）的来往

1. 你有多少个亲人每个月至少同你来往一次？

0＝无　1＝一个　2＝两个　3＝三四个　4＝五至八个　5＝九个或以上

2. 你经常同那个与你联系最多的亲人来往吗？

0＝没有　1＝很少　2＝有时　3＝经常　4＝时时　5＝随时

3. 你有多少个可以让你很放心地讨论私人事情的亲人？

0＝无　1＝一个　2＝两个　3＝三四个　4＝五至八个　5＝九个或以上

4. 你有多少个亲人让你觉得关系很好并可以找他们帮忙的呢？

0＝无　1＝一个　2＝两个　3＝三四个　4＝五至八个　5＝九个或以上

5. 如果你的亲人需要作出一个重要的决定，他会找你商量吗？

0＝没有　1＝很少　2＝有时　3＝经常　4＝时时　5＝随时

6. 当你需要作出重大决定时，你至少可以找到一位亲人去商量吗？

0＝没有　1＝很少　2＝有时　3＝经常　4＝时时　5＝随时

与朋友（与你住在同一社区的朋友）的来往

7. 你有多少个朋友每个月至少会同你来往一次？

0＝无　1＝一个　2＝两个　3＝三四个　4＝五至八个　5＝九个或以上

8. 你经常同那个与你联系最多的朋友来往吗？

0＝没有　1＝很少　2＝有时　3＝经常　4＝时时　5＝随时

9. 你有多少个可以让你很放心地讨论私人事情的朋友？

0＝无　1＝一个　2＝两个　3＝三四个　4＝五至八个　5＝九个或以上

10. 你有多少个朋友让你觉得关系很好并可以找他们帮忙的呢？

0＝无　1＝一个　2＝两个　3＝三四个　4＝五至八个　5＝九个或以上

11. 如果你的朋友需要作出一个重大决定，他会找你商量吗？

---

① Lubben J E. Evaluating social networks amongelderlypopulations［J］. Family and Community Health，1988，11（3）：42-52.

0＝没有　1＝很少　2＝有时　3＝经常　4＝时时　5＝随时

12. 当你需要作出重大决定时，你至少可以找到一位朋友一起商量吗？

0＝没有　1＝很少　2＝有时　3＝经常　4＝时时　5＝随时

◎ 知识链接：

OECD 国家评估标准对比①

统一范围	国家	评估标准	内容
全国统一标准	爱尔兰	统一评估工具结合辅助单项评估标准	"通用摘要评估报告"＋评估对象日常生活活动能力、认知和灵活性需要、医疗需要和影响护理需要的其他相关事项
	捷克	《社会服务法案》确定评估标准	近似于 ADL 和 IADL 测试
	澳大利亚	老年人护理资金工具	衡量有依赖者的日常生活活动、行为和综合医疗护理需要
	法国	AGGIR 标准	针对服务机构和社区中老年人失能程度
地方统一标准	英国	地方统筹等级标准	问卷调查和进一步的医学考评
	丹麦	无统一评估标准	根据评估时段老年人个人所处背景和整体功能

第四节　需求评估的政策

一、国际需求评估的政策

目前，国际上大多数国家的需求评估都是针对到达一定年龄的老年人，申请人向有关部门提出申请后开展的。有关部门收到申请后会组织专业的评估人员进

---

① 戴卫东，顾梦洁. OECD 国家长期护理津贴制度研究［M］. 北京：北京大学出版社，2018.

行审核，依据国家标准或地区标准，采用不同的评估工具，对申请者的生理、精神及相关护理资源进行调查。经过初次评估后，将结果上交至上级审查委员会进行二次评审。表 5-3 为国外需求评估流程对比表。

表 5-3　　　　　　　　　　国外需求评估流程对比表①

国家	评估工具	评估内容	评估流程	优点
日本	介护认定调查表	共 85 项内容，包括言语交流能力、肢体与关节功能、复杂动作、移动和平衡能力、工具性日常生活能力、行为障碍、特殊医疗、特别护理需求等	市町村接收到申请后，派调查员初次评估，主治医生进行复核，最后护理认定审查会判定②	通过计算使初次判定更科学
德国	Das neue Begutach-tungsassessment，NBA（新评估工具）	包含认知和沟通能力、心理和行为、活动、自我照顾能力、疾病相关管理、家务活动、社会接触等方面	MDK（德国长护险评估机构）接收到评估申请后，派评估员上门进行一次评估认定，并拟订照护计划，健康保险疾病基金根据以上评估资料进行二次判定③	评估内容包含精神、认知等方面
荷兰	International Coach Federation，ICF（护理评估中心）	总体健康状况、失能程度、心理和社会功能、家庭和生活环境等	由 CIZ（国家需求评估中心）负责组织评估并做最终判定④	评估内容更全面，包含环境因素以及个人因素

①　王瑶.上海市长期护理保险需求评估问题研究——以 P 区为例［D］.2021.

②　高春兰.老年长期护理保险制度——中日韩的比较研究［M］.北京：社会科学文献出版社，2019：9.

③　张连增，国畅.国际经验对我国长期护理保险评估体系建设的启示——以德国、荷兰、日本、韩国为例［J］.未来与发展，2018（4）.

④　季佳林，刘远立，仲崇明，胡琳琳，雷雯.荷兰长期护理保险制度改革对中国的启示［J］.中国卫生政策研究，2020.

二、中国需求评估的政策

与国际实践类似，我国的需求评估也基本按照相关人员申请、评估机构受理与审核、评估开展、评估公示与反馈等步骤进行。各地对评估申请对象、评估的开展与评估具体的流程上稍有不同。例如在申请对象上，上海市规定可由本人、监护人或代理人提出申请，而青岛市只能由本人或家属提出申请。

【案例】

上海市老年照护需求评估的初次申请流程参见《上海市老年照护统一需求评估办理流程和协议管理实施细则（试行）》①

◎ 复习思考题

1. 需要与需求的区别是什么？
2. 需求评估的主要对象有哪些？
3. 需求评估的主体有哪些？
4. 需求评估的内容与影响因素有哪些？
5. 常用的需求评估方法有哪些？
6. 常用的需求评估工具有哪些？

◎ 延伸阅读

1. 《中共中央办公厅 国务院办公厅印发〈关于推进基本养老服务体系建设的意见〉》
2. 《国务院第七次全国人口普查领导小组办公室负责人接受中新社专访》

---

① 关于印发《上海市老年照护统一需求评估办理流程和协议管理实施细则（试行）》的通知［EB/OL］.［2024-08-09］. https：//www. shanghai. gov. cn/gwk/search/content/0185684f7208400fac0bfef1eb699405.

3.《上海市人民政府办公厅关于印发修订后的〈上海市老年照护统一需求评估及服务管理办法〉的通知》

4.《关于印发〈上海市老年照护统一需求评估办理流程和协议管理实施细则（试行）〉的通知》

5.《青岛市医疗保障局 青岛市财政局关于实施〈青岛市长期护理保险办法〉有关问题的通知》

6.《成都市医疗保障局 成都市财政局 成都市人力资源和社会保障局 国家税务总局成都市税务局关于印发〈成都市城乡居民长期照护保险实施细则〉的通知》

7.《成都市医疗保险管理局 关于印发〈成都市长期照护保险失能照护服务项目和标准（失智）〉和〈成都市长期照护保险协议照护服务机构标准（失智）〉的通知》

8.《关于印发苏州市长期护理保险失能等级评估参数表和自测表（试行）的通知》

第六章　社区居家养老服务设计与开发

◎ 学习目标

　　1. 掌握社区居家养老服务设计概念。

　　2. 熟悉社区居家养老服务设计与开发技术。

　　3. 了解社区居家养老服务设计与开发步骤。

◎ 关键术语

　　1. 社区居家养老服务；

　　2. 服务设计与开发。

第一节　社区居家养老服务设计与开发概述

　　社区居家养老服务设计与开发涉及多个方面，主要包括服务定位、服务内容、服务模式以及技术支撑等。社区居家养老服务设计与开发的目标是创造一个支持性的环境，使老年人能够在家中和社区中独立且尊严地生活，同时获得必要的支持和关怀。通过综合考虑老年人的生理、心理和社会需求，服务设计与开发可以显著提高他们的生活质量，并帮助他们更好地融入社会。

一、服务设计的发展和概念

　　服务设计是一个相对较新但发展迅速的领域。它在 20 世纪 80 年代末和 90 年代初开始崭露头角，最初在设计咨询公司中得到应用。随着时间的推移，服务设计逐渐受到更多的关注和重视。许多企业开始意识到，仅仅优化产品是不够的，还需要优化整个服务流程和客户体验以提高竞争力，服务设计在这样的背景下开始进入人们的视野。在 21 世纪初，服务设计的发展经历了两个重要阶段，第一个阶段是设计服务、触点和体验阶段（2001—2010 年），这一阶段服务设计更加关注服务过程中的触点和体验，通过设计手段提升服务的整体质量和用户体验。随着数字化技术的普及和客户体验的重要性日益凸显，服务设计的应用范围不断扩大。第二个阶段是赋能和催化长期的服务变革阶段（2011—2020 年），这一阶段服务设计开始赋能各行各业，催化长期的服务变革，通过跨领域合作、数字化与智能化等手段，推动服务设计的创新与发展。

近年来，服务设计融合设计、管理、工程、信息技术等多个领域的知识和方法。它不仅在商业领域得到广泛应用，还在公共服务、医疗保健和教育等领域发挥着重要作用。服务设计是一种以人为中心，通过整合有形和无形的要素，来规划和组织服务的流程、触点和系统，以提高服务的质量和用户体验的设计活动。服务设计强调要以服务为重点，并且强调所有利益相关者的参与和协作。

服务设计将以人为本的设计理念贯穿于始终，其关注的不仅仅是单个的服务触点，如网站界面或客服电话，而是整个服务系统，包括服务的前后台流程、人员、设施以及信息等。例如，一家餐厅的服务设计不仅包括菜品的质量和菜单的设计，还包括餐厅的布局、服务员的培训、点餐系统的便捷性、结账流程等多个方面。通过优化这些要素的整合和交互，可以为顾客提供更加优质、流畅和满意的服务体验。在公共交通领域，服务设计可以考虑乘客的购票流程、车辆的舒适性、站点的布局以及实时信息的提供等，以此提升乘客的出行体验。总体而言，服务设计的核心是关注以用户为中心的服务体验，通过跨领域合作和技术创新以及设计思维和方法来改善或创新服务流程，提高服务的效率和质量，从而满足用户需求。

随着社会的发展，消费者对服务的期望不断提高，服务设计在提升服务体验和企业效率方面发挥着越来越重要的作用。在中国，服务设计虽然起步较晚，但市场需求巨大，以人为本的设计理念日益普及，预示着服务设计行业在中国有着巨大的发展潜力。中国的一些高校，如清华大学美术学院服务设计工作室，已经开始进行服务设计相关的研究和项目合作。总体而言，服务设计是一个不断发展和创新的领域，它通过整合设计、管理和技术等多学科知识，致力于创造更加优质与高效的服务体验。随着服务设计教育和实践的不断深入，其概念和应用范围将继续扩展和深化。

二、社区居家养老服务设计与开发的概念

随着我国养老服务政策的积极推动，社区居家养老服务质量正逐步向品质化提升。在这个过程中更加注重和体现了服务供给中人和系统的影响因素，因此服务设计的思维也越来越多地被应用在社区居家养老服务创新中。

社区居家养老服务设计与开发是以家庭为核心，社区为依托，专业化服务为依靠，通过综合运用多种技术手段，旨在为老年人提供综合性强、个性化和便捷化养老服务的规划和安排。它强调的是从老年人的实际需求和生活场景出发，整合社区内的各种资源，包括人力、物力、财力和社会关系等，构建一个能够满足老年人在生活照料、医疗保健、精神慰藉以及社交互动等多方面需求的服务体系。

社区居家养老服务设计与开发不仅仅是简单地提供服务项目，更注重服务的整体性和连贯性。它要综合考虑老年人在不同生活阶段和健康状况下的变化，以及服务的可持续性和适应性。例如，对于身体较为健康、能够自理的老年人，服务设计可能侧重于提供社交活动、文化娱乐和健康咨询等方面的支持；而对于失能或半失能的老年人，重点可能在于提供专业的护理服务、康复训练以及日常生活照料。

在社区居家养老服务设计与开发过程中，还需要充分考虑社区的环境和设施，如无障碍通道的建设、公共休息区域的设置等，以方便老年人的出行和活动。同时，社区居家养老服务设计也注重与社区内其他服务机构和组织的协同合作，形成一个有机的服务网络。例如，与附近的医疗机构建立合作关系，实现医疗资源的共享和便捷对接；与志愿者组织合作，为老年人提供陪伴和帮助。总体而言，社区居家养老服务设计与开发是一个以人为本、综合性强与动态调整的过

程，旨在通过创新的服务和产品设计与开发，为老年人创造一个舒适、便捷、有尊严的养老环境，从而提高他们的生活质量和幸福感。

第二节　社区居家养老服务设计与开发技术

社区居家养老服务的设计与开发技术是一个复杂而系统的过程，需要综合运用物联网、大数据、云计算、人工智能等多种信息化技术手段，并注重服务设计的合理性和技术实现的可行性。

一、社区居家养老服务设计与开发技术的类别

社区居家养老服务设计与开发技术是一个综合性的过程，它结合了多种先进的技术手段，旨在提高老年人在社区和家庭环境中的生活质量及独立性，满足他们的养老需求。主要包括下列技术：

（一）需求评估技术

通过问卷调查、访谈、观察等方法，深入了解老年人的身体状况、生活习惯、兴趣爱好、社交需求等，为制定个性化的服务方案提供依据。例如，对一位患有慢性疾病但喜欢社交的老年人，可能设计包含定期医疗护理和社区活动参与的服务计划。

（二）服务流程设计技术

对养老服务的各个环节进行优化和整合，确保服务的高效性和连贯性。例如，设计上门护理服务的流程，包括预约、上门准备、服务实施、反馈等环节，减少等待时间和服务漏洞。

（三）信息化技术

利用互联网、物联网和智能设备，实现服务的智能化管理和监控。例如，为老年人配备智能手环，实时监测健康数据并发送给家人和医护人员；或者开发养

老服务 App，方便老年人及其家属预约服务、查询信息等。

（四）空间设计技术

打造适合老年人生活的居家环境和社区空间。例如，在社区内设置无障碍通道、休息座椅和健身设施等，对老年人的住房进行适老化改造，如安装扶手、调整照明等。

（五）人力资源管理技术

合理配置和培训服务人员，包括护理员、志愿者、社工等。例如，开展专业护理培训课程，提高服务人员的技能水平和服务意识。

（六）服务质量评估技术

建立科学的评估体系，定期收集老年人及其家属的反馈，以不断改进服务。例如，通过满意度调查、定期回访等方式，了解服务的优点和不足，并及时调整。

（七）社交互动设计技术

组织各类社区活动，促进老年人之间的交流和互动。例如，举办老年合唱团、书法班、手工制作活动等，增强老年人的社交联系和精神慰藉。

（八）健康管理技术

整合医疗资源，为老年人提供疾病预防、康复护理、健康监测等服务。例如，与附近的医疗机构建立合作，开展定期体检、远程医疗咨询等服务。

二、社区居家养老服务设计信息化技术

社区居家养老服务设计技术通过应用一系列设计原则和方法，提高社区居家养老服务的质量和效率，满足老年人多样化的养老需求，让他们在熟悉的环境中安享晚年，其中信息化技术是社区居家养老服务设计的支撑。以下是信息化技术中一些关键的技术基础和技术实现。

(一) 技术基础

1. 物联网技术：通过物联网技术，将老年人生活中的各种设备（如智能手环、智能血压计、智能床垫等）连接起来，实现数据的实时采集和传输。物联网技术使远程监控、健康管理和紧急救援等成为可能，为这些服务提供技术支持，提高了服务的即时性和效率。

2. 大数据技术：利用大数据技术，对老年人的健康数据、生活习惯、服务需求等信息进行收集、存储、分析和挖掘。通过数据分析，可以发现老年人的潜在需求，为个性化服务的发展提供数据支持。

3. 云计算技术：云计算技术为社区居家养老服务提供了强大的计算和存储能力，使得各种服务能够高效和稳定地运行。通过云计算平台，可以实现资源的共享和协同作业，提高服务的整体效率。

4. 人工智能技术：人工智能技术在语音识别、图像识别、自然语言处理等方面具有广泛应用，可以提高服务的智能化水平。[1] 例如，通过智能语音助手，老年人可以通过语音指令控制家电设备、查询天气、获取新闻等。

5. 移动通信技术：移动通信技术为社区居家养老服务提供了便捷的信息交互和数据传输通道。通过手机 App、短信等方式，老年人可以方便地获取服务信息、进行健康监测、发起紧急呼叫等。

(二) 技术实现

1. 系统架构设计：设计合理的系统架构，包括前端界面、后端服务、数据存储等部分。确保系统能够稳定运行，同时具备良好的扩展性和可维护性。

2. 设备选型与集成：选择适合老年人使用的智能设备，并进行集成和调试，确保设备之间的互联互通和数据共享。

3. 软件开发与测试：开发符合需求的服务软件，包括手机 APP、管理平台等。进行严格的软件测试，确保软件的稳定性和安全性。

---

[1] 姜宇，黄芳. 大数据环境下计算机应用技术的发展趋势 [J]. 数字技术与应用，2024，42（1）：45-47.

4. 数据安全与隐私保护：加强数据安全措施，确保老年人的个人信息和隐私不被泄露。遵守相关法律法规和标准规范，确保数据的安全性和合规性。

第三节　社区居家养老服务设计与开发步骤

社区居家养老服务设计与开发是一个系统性、迭代性的过程，始终以用户需求为中心，不断优化以提供更好的服务体验。社区居家养老服务设计通常包括以下步骤，以确保满足老年人的需求并提供高质量的服务体验。

一、用户研究与需求调研

在这一过程中，需要鼓励老年人、家庭成员、服务提供者和其他利益相关者参与服务设计过程，共同创造价值。一是了解社区内老年人的数量、年龄分布、健康状况、经济状况和养老需求；二是分析社区的人口结构、经济状况、现有养老服务资源以及评估社区的养老服务承载能力、评估社区提供养老服务的能力和潜力等。

可以通过与社区居委会合作，获取老年人的基本信息，或者组织社区座谈会，邀请老年人及其家属参与。通过面对面访谈，深入了解老年人的生活状况、健康状况、兴趣爱好、日常需求以及对养老服务的期望。同时，与老年人的家属进行交流，直接获取他们对老年人养老需求的看法和建议。也可以通过问卷调查或家庭走访等方式进行老年人对社区居家养老的需求的收集。例如，针对行动不便的老年人，了解他们对上门护理服务的具体需求，如护理的频率、服务项目等。对于较为活跃的老年人，可能更期待丰富的社交活动和文化课程。

二、确定服务设计总体目标

根据需求调研结果，结合社区特点和资源优势，明确社区居家养老服务设计的总体目标，并确保服务设计遵循相关的政策、法规和标准，保护老年人的权益。例如，提高老年人的生活质量、增强老年人的社交互动、提供便捷的医疗护理、保障老年人的健康安全等。同时，将总体目标细化为具体的、可衡量的子目标。例如，每月为老年人提供一定次数的医疗服务、组织若干次社交活动以及将服务目标设定为"在一年内，使 80% 的服务对象对生活照料服务表示满意，并减少 50% 的孤独感发生率"。

三、制定服务策略

根据服务供给的目标和服务对象的需求，来确定服务的定位和特色。例如，根据老年人的身体机能和心理状况等因素，确定服务供给的重点是专业医疗护理，还是精神文化生活的丰富，以及确定服务的覆盖范围和服务对象的优先级。

四、智慧养老系统建设

智慧养老系统建设主要包含以下三个方面：

一是平台建设。建立智慧养老系统平台，实现老年人基础信息、健康数据以及日常活动情况的收集与存储。

二是服务管理。利用平台进行服务管理，包括服务预约、服务实施、服务监控等。

三是增值服务。提供远程医疗、在线学习、安全提醒、物联网智能家居等增值服务。

五、服务内容设计

设计跨渠道的服务内容体验，包括线上平台、移动应用、社区中心和家庭服务等。利用智能家居、远程医疗、智能穿戴设备等技术，提供自动化和个性化的养老服务。在技术应用中融入人文关怀，以确保服务既高效又具有同理心。

（一）生活照料服务

包括饮食配送、家政服务、购物协助以及建立助餐服务点等。例如，为行动不便的老年人提供上门做饭和打扫卫生的服务，以及制定详细的服务项目，包括送餐服务的时间和菜单安排、家政服务的范围和标准等。

（二）医疗保健服务

可规划医疗服务的种类，如定期体检、康复护理、疾病诊治、疾病预防讲座等。例如，与附近的医疗机构合作，建立家庭医生签约服务制度，提供上门巡诊和健康咨询。

（三）社交和娱乐活动

如组织老年俱乐部、兴趣小组、设计丰富多样的文化娱乐活动等。例如，每周组织一次书法绘画交流活动，邀请专业老师指导；设立社区图书馆、活动室，丰富老年人的精神生活。

（四）心理支持服务

包括心理咨询、情感陪伴等。例如，定期为老人进行心理咨询服务，正视老年人的心理和情感需求。通过树立积极老龄化思想，帮助老年人转变负面心态，从而促进老年人精神健康。

（五）紧急救援服务

建立紧急救援机制，设计紧急救援服务，包括紧急呼叫系统、实时定位与追踪等。在老年人遇到紧急情况时，能够迅速调动资源，提供及时的医疗和安全援助。例如为老年人配备紧急呼叫设备，建立 24 小时响应机制。

（六）个性化服务

根据老年人的个性化需求，提供定制化的服务方案。通过数据分析了解老年人的生活习惯和偏好，为他们提供更加贴心、个性化的服务。

六、规划服务流程和制定服务标准

制定服务标准和操作流程，确保服务质量和一致性。明确服务的质量标准，如服务的及时性、专业性、安全性等，确保便捷高效。可以开通线上和线下的申请渠道，简化申请表格和手续。制定从服务申请、受理、评估、提供到监督反馈的服务全流程，明确每个环节的责任人和时间节点。例如，上门医疗服务的流程可以是：接到预约—安排医护人员—准备医疗设备—上门服务—记录服务情况—后续跟踪。

七、设计服务触点和体验

确定老年人与服务接触的关键环节，如服务咨询、服务交付等。例如，在社区设立专门的养老服务咨询点，优化这些触点的体验，包括环境布置、服务人员的态度和沟通方式等；通过绘制用户旅程图，展示老年人与服务接触的全过程，识别体验中的痛点和改进点；通过绘制服务蓝图来可视化服务流程，详细规划服务的前台和后台流程，确保每个服务环节都能满足用户需求。

八、资源配置

评估所需的人力、物力和财力资源。计算需要招聘的护理人员数量、采购的医疗设备种类和数量等。对服务所需的人员工资、设施设备购置、活动经费等进行详细预算，并制定资源获取和分配计划。

（一）人力资源方面

招聘和选拔具备专业知识和爱心的服务人员，包括护理员、社工、志愿者等，明确他们的工作职责和服务规范。为服务人员提供定期的培训和继续教育，开展急救知识培训和沟通技巧培训等课程，提高其服务技能和职业素养。

（二）物力资源方面

规划和建设社区养老服务中心，合理布局各个功能区域。配备必要康复器材、娱乐设施、医疗设备等设施。整合社区内的场地、设备、资金等各类资源。利用社区闲置的房屋作为养老服务活动场所；与周边的医疗机构、商业机构、社会组织等建立合作关系，实现资源共享和优势互补；与附近的超市合作，为老年人提供送货上门服务。

（三）财力资源方面

根据服务项目的成本和市场情况，制定合理的、差异化的收费方案，确保服务的可持续运营。同时积极争取政府补贴、社会捐赠和商业合作等资金支持。定期进行财务审计和成本效益分析，优化资源配置。

九、建立评估和反馈机制

制定明确的服务评估指标，如服务满意度、服务完成及时率、服务效果等。建立畅通的反馈渠道，定期向老年人发放满意度调查问卷，收集老年人和家属的意见和建议，还可以通过电话回访、在线问卷等方式收集反馈。最后根据评估和反馈结果，及时调整和改进服务。

十、试点和推广

选择部分社区进行试点运行，检验服务设计的效果。可以先在一个小区进行试点，根据运行情况进行调整和完善，总结试点经验，随后逐步在更大范围内推广服务。例如，制定宣传方案，向社区老年人及其家属宣传社区居家养老服务的内容和优势；举办服务启动仪式、开放日等活动，以此提高服务的知名度和认可度。

十一、服务评估与改进

建立定期评估机制，对服务的效果、满意度进行评估。收集用户反馈，根据评估结果，及时调整服务内容、流程和人员安排，不断优化服务质量并根据反馈迭代改进服务设计。例如，通过满意度调查发现老年人对医疗服务的便利性不满意，可增加上门医疗服务的次数或增设社区医疗点，定期对服务进行评估。

第四节　社区居家养老服务设计与开发案例

社区居家养老服务设计与开发需要综合考虑老年人的多方面需求，充分整合社区资源，通过精心的规划和持续的改进，为老年人打造一个温馨、舒适、安全的养老环境。

一、社区居家养老服务方案

××社区居家养老服务方案

一、指导思想

以"科学发展"为统揽，以"政府主导、社区牵头、全民参与"为方针，以"以人为本、服务老人、关爱家庭、回报社会"为服务宗旨，以"立足社区、提升服务、打造品牌"为服务理念，以"满足社区老年人养老需求"为目标，为社区老年人提供全面、优质的居家养老服务。

二、建设目标

按照有机构、有制度、有阵地、有队伍、有人员、有服务、有台账的要求，建设社区居家养老服务中心。整合社区服务资源，建立一支高素质的社区为老服务队伍，为不同养老需求的老年人提供生活照料、家政服务、医疗保健、安全保障、文化娱乐、精神慰藉等全方位服务。实行有偿服务与志愿者服务相结合提供服务的工作格局。

三、推进措施

1. 搭建服务平台

利用社区现有办公条件，设立独立的"社区居家养老服务中心"，配备必要的硬件办公设备。制定工作职责、服务内容、服务方式、服务标准、服务流程、监督办法等规章制度。开设服务中心网站，印制便民服务手册，公开服务热线。

2. 组建服务队伍

（1）成立专门的组织机构，由社区居委会主任兼任社区居家养老服务中心主任，抽调工作人员，建立专业的居家养老服务队伍。

（2）整合辖区服务资源，与小商店、卫生服务站、餐饮店、水电维修店等单位签订服务协议，建立固定服务网络。

（3）组织下岗失业人员、无业人员等开展家政技能培训，建立邻里互助服务队伍。

（4）通过网络平台等途径招募社区服务志愿者，建立稳定的志愿者队伍。

（5）在辖区党员中招募党员志愿者服务队，为老年人提供无偿服务。

（6）与高校合作，组织大学生志愿者为老年人服务。

（7）建立老年志愿者服务队，组织低龄健康老年人为高龄老年人提供无偿服务，并设立"爱心储蓄银行"。

3. 拓展服务内涵

以老年人生活需求为重点，逐步拓展服务内容，包括送餐、保洁、医疗护理、日间照料、长期陪护、保姆等，同时提供文化娱乐、学习培训、体育健身、精神慰藉、法律咨询等服务。根据对象实际情况，提供有偿、低偿、无偿服务。对困难老年人通过志愿者结对帮扶给予无偿服务；与服务机构签订协议，为有一定经济能力的老年人提供有偿或低偿服务；开展低龄老年人为高龄老年人服务，并建立服务档案，实现良性循环和长效机制。

4. 建立信息台账

（1）建立基本信息台账，包括社区60周岁及以上老年人基本信息库（涵盖基本情况、家庭成员、联系电话、生活状况、健康状况、服务需求、爱好专长等）；社区助老签约服务机构基本信息库（包括服务机构名称、负责人、服务项目、服务方式、优惠内容、联系电话等）；志愿者（义工）基本信息库（包括各类志愿者、义工基本情况、专业特长、联系电话等）。

（2）建立居家养老服务管理信息台账，包括社会组织服务、社区专项服务、志愿者服务、邻里互帮互助服务等。

（3）建立老年志愿者"爱心储蓄银行"台账，记录老年志愿者提供爱心服务的时长、方式、内容等。

四、实施步骤

1. 成立机构，制定方案

各社区参照本方案要求，结合实际成立组织机构，制定具体实施方案及细则。

2. 加强指导，精心实施

先在部分社区开展试点工作。社区居家养老服务中心指导小组指导各社区成立及工作开展，有效整合辖区内为老服务资源，拓展服务项目，确保取得实效。

3. 检查验收，经验推广

加强对工作的指导和督查，掌握工作进展情况，建立工作进展汇报制度。组织对新成立的社区居家养老服务中心进行检查验收，对成效较好、有典型示范作用的服务中心及表现突出的工作人员和志愿者进行评选表彰，将先进经验在全社区推广。

五、服务内容

1. 安全保障服务

通过定期打电话、走访、探视等形式，加强对"空巢"老年人等的帮扶联系。在老年人生病期间经常看望，建立应急救助机制，使老年人在遇到意外情况时能得到及时救助。

2. 生活照料服务

提供日间托老、购物、配餐、送餐、陪护等特殊照料服务，以及打扫卫生、做饭买菜、洗衣物、家电维修、管道疏通等一般家政服务。

3. 医疗保健服务

为老年人提供疾病防治（如测血压、量体温等）、陪同看病、康复护理、心理卫生、临终关怀、健康教育、建立健康档案、开设家庭病床等服务。

4. 文化娱乐服务

提供学习和活动场所、体育健身设施，组织健身团队，引导老年人参加学习培训、书法绘画、知识讲座、图书阅览等活动，鼓励其参与各类文体活动。

5. 精神慰藉服务

提供邻里交流、聊天谈心、心理咨询服务，在老年人有苦闷矛盾时进行劝解。

6. 法律服务

为老年人提供法律咨询、法律援助，维护老年人财产、赡养、婚姻等合法权益。

7. 其他个性化服务

根据老年人不同年龄及不同生活状况，提供与之相适应的其他各类服务。

二、社区居家养老服务设计

温馨颐养社区居家养老服务设计

一、项目背景

该项目位于某城市的一个成熟社区，旨在为本社区及周边年满 60 周岁及以上的老年人提供全方位、高品质的居家养老服务。项目通过整合社区资源，结合老年人的实际需求，打造了一个集生活照料、医疗护理、文化娱乐和精神慰藉于一体的养老服务体系。

二、设计原则

1. 以人为本：从老年人的实际需求出发，提供多样化、个性化、有针对性的服务。

2. 公平公正：确保服务内容不因老年人的身体、经济、文化背景等差异而产生歧视。

3. 安全便捷：在社区内部建立养老服务设施，就近就便提供服务，同时保障老年人及服务人员的安全。

三、服务内容

1. 生活照料

个人卫生护理：包括洗发、梳头、口腔清洁、洗脸、剃胡须、修剪指甲、洗手洗脚、沐浴等，每项服务都遵循严格的操作规范，如控制水温、使用合适的工具等。

生活起居护理：协助老年人进食、协助排泄及如厕、协助移动、更换衣物、卧位护理等，确保老年人的日常生活得到妥善照顾。

2. 医疗护理

健康监测：定期为老年人进行健康检查，包括血压、血糖等指标的监测，及时发现并处理健康问题。

紧急救援：在社区内设置紧急呼叫系统，确保老年人在遇到紧急情况时能够得到及时救援。

3. 文化娱乐

活动中心：配备健身房、影音室、书画室、理疗室等文娱活动空间，满足老年人多样化的娱乐需求。

定期活动：组织各类文化娱乐活动，如舞蹈、唱歌、书法、园艺等，丰富老年人的精神生活。

4. 精神慰藉

心理咨询服务：提供专业的心理咨询服务，帮助老年人解决心理问题，缓解孤独感和焦虑情绪。

家庭探访：鼓励家庭成员定期探访老年人，增强家庭联系，提升老年人的幸福感。

四、设施设计

1. 无障碍设施：在社区内配置符合老年人特点的无障碍设施，如坡道、扶手、电梯等，确保老年人行动便利。

2. 适老化家具：选择适合老年人使用的家具，如加高马桶、防滑地板、带扶手的椅子等，提高居住安全性。

3. 智能化设备：引入智能化设备，如智能穿戴设备、智能家居系统等，方便老年人生活，同时提高服务效率。

五、服务模式

1. 上门服务：为行动不便的老年人提供上门服务，如送餐、助浴、保洁等。

2. 日间照料：在社区内设立日间照料中心，为老年人提供日间照料服务，如午餐、休闲娱乐等。

3. 集中用餐：在社区助餐点提供集中用餐服务，方便老年人就餐。

六、案例分析

该案例通过整合社区资源，结合老年人的实际需求，打造了一个全方位、高品质的社区居家养老服务体系。在设施设计上注重无障碍和适老化，在服务内容上注重个性化和多样化，在服务模式上注重灵活性和便捷性。同时，通过引入智能化设备和提供专业的心理咨询服务，进一步提升了服务质量和老年人的幸福感。

三、社区居家养老服务计划书

××社区居家养老服务计划书

一、项目背景

随着人口老龄化的加剧，养老问题日益成为社会关注的焦点。社区居家养老作为一种新型的养老模式，结合了家庭养老和社会养老的优势，能够为老年人提供更加贴心、便捷的养老服务。本计划书旨在为社区居家养老服务提供全面、系统的规划和指导。

二、服务目标

1. 为社区内的老年人提供全面、优质的居家养老服务，满足他们在生活照料、医疗保健、精神文化等方面的需求。

2. 提高老年人的生活质量，增强他们的幸福感和获得感。

3. 促进社区的和谐发展，营造尊老、爱老的良好氛围。

三、服务内容

1. 生活照料服务：提供上门送餐、打扫卫生、洗衣、购物等日常家务服务，协助老年人进行个人卫生护理，如洗澡、理发、修剪指甲等；为行动不便的老年人提供助行、助浴等服务。

2. 医疗保健服务：建立社区健康档案，定期为老年人进行健康体检；提供医疗咨询、康复护理、疾病预防等服务，与周边医疗机构建立合作关系，为老年人开通绿色就医通道。

3. 精神文化服务：组织开展各类文化娱乐活动，如书法、绘画、唱歌、跳舞、戏曲等；设立老年大学，开设各种课程，如养生保健、电脑操作、手工制作等；举办心理健康讲座，为老年人提供心理咨询和心理疏导服务。

4. 紧急救援服务：为老年人安装紧急呼叫设备，并与社区服务中心或医疗机构联网，建立 24 小时应急救援队伍，确保在紧急情况下能够及时响应。

四、服务团队

1. 管理人员：负责项目的整体规划、组织协调和监督管理。

2. 服务人员：包括护理员、康复师、心理咨询师、文化活动组织者等，为老年人提供专业的服务。

3. 志愿者：招募社区内的热心居民、学生等作为志愿者，为老年人提供陪伴、帮助等服务。

五、服务流程

1. 需求评估：对社区内的老年人进行走访调查，了解他们的基本情况和服务需求。根据调查结果，为老年人制定个性化的服务方案。

2. 服务提供：按照服务方案，为老年人提供相应的服务。服务过程中，及时关注老年人的反馈，对服务内容和方式进行调整和改进。

3. 服务监督：建立服务质量监督机制，定期对服务人员的工作进行考核和评估。收集老年人及其家属的意见和建议，不断提高服务质量。

六、服务设施

1. 设立社区居家养老服务中心，配备必要的办公设备和服务设施，如休息室、活动室、康复室等。

2. 在社区内建设无障碍设施，方便老年人出行。

七、资金预算

1. 人员工资：［X］元

2. 服务设备购置：［X］元

3. 服务场所建设和维护：［X］元

4. 活动经费：［X］元

5. 其他费用：［X］元

八、宣传推广

1. 制作宣传手册和海报，向社区内的老年人及其家属宣传社区居家养老服务的内容和优势。

2. 利用社区广播、微信公众号、社区公告栏等渠道，发布服务信息和活动通知。

3. 组织开展社区居家养老服务宣传活动，如健康讲座、文艺演出等，提高居民的知晓率和参与度。

九、风险评估与应对

1. 服务质量风险。应对措施：加强对服务人员的培训和管理，建立服务质量监督机制。

2. 资金风险。应对措施：积极争取政府财政支持，拓展社会融资渠道，合理控制成本。

3. 安全风险。应对措施：加强对服务设施和设备的检查及维护，制定应急预案，提高应急处理能力。

十、项目评估

1. 定期对服务项目的实施情况进行评估，包括服务质量、老年人满意度、社会效益等方面。

2. 根据评估结果，及时调整服务内容和方式，不断完善项目方案。

◎ 复习思考题

1. 社区居家养老服务设计与开发的概念是什么？
2. 社区居家养老服务设计与开发技术有哪些？
3. 社区居家养老服务设计与开发技术步骤包括什么？

◎ 延伸阅读

1. 服务设计相关专著和研究论文
2. 社区居家养老服务设计与开发的相关案例

第七章 社区居家养老服务项目及操作要求

◎ **学习目标**

　1. 熟悉社区居家养老服务项目的具体内容。

　2. 掌握社区居家养老服务项目操作要求。

◎ **关键术语**

　1. 社区居家养老服务项目内容；

　2. 社区居家养老服务项目操作要求。

第一节 日常生活照料内容及操作基本要求

一、日常生活照料内容

社区居家养老服务日常生活照料的内容丰富多样，操作规范严格细致，旨在满足 60 周岁及以上有生活照料需求的居家老年人的基本生活需求，并提升他们的生活质量。主要涵盖以下内容：

（一）个人卫生照护

洗漱、剃须、理发以及口腔护理等，应确保老年人容貌整洁、衣着适度、指（趾）甲整洁、无异味。帮助和协助老年人起床、就寝、如厕、排便、穿脱衣服、头发护理等服务到位。

（二） 生活起居照护

定期翻晒、更换床上用品，保持床铺清洁和平整。定时为卧床老年人翻身，防止压疮发生。用于生活护理的个人用具应保持清洁。根据老年人个性化需求，提供针对性服务，如帮助或协助老年人维护和维修日常生活用品，进行家庭设施安全检查等。

（三） 膳食服务提供

膳食应符合国家和地方食品安全法律法规的规定，尊重老年人的饮食习惯，注意营养并合理配餐。提前一周为用餐老年人预订膳食，提供代为买菜、做饭服务，帮助失能老年人喂饭、喂水等。

（四） 助浴服务

提供上门助浴或外出助浴服务，助浴前应进行安全提示和签订服务协议。助浴过程中应有家属或其他监护人在场，注意观察老年人身体情况，确保安全。

（五） 助洁服务

保持卧室、客厅、厨房、卫生间等室内整洁，物具清洁。保洁用具应及时清洗，保持清洁无异味。

（六） 助行服务

陪同户外散步，使用助行器具时应按使用说明进行操作。陪护外出如需要远离老年人住宅小区及周边区域，应告知老年人家属或监护人，并签订合约。

（七） 代办服务

代购物品、代领物品、代缴费用、代邮物品等，满足老年人的日常生活需求。

二、日常生活照料操作基本要求

（一）个人卫生照护

洗漱、剃须、理发等服务应协助到位，确保老年人舒适。衣物洗涤前，应检查被洗衣物的性状，并告知老年人或其家属。

（二）膳食服务

膳食制作应符合食品安全标准，厨师和服务员应持有健康证。提前制定食谱，并存档备查。送餐应及时，饮食应保温、保鲜、密闭，防止细菌滋生。

（三）助浴服务

助浴前应进行风险评估，安全措施到位。助浴过程中应注意防跌、防烫伤，注意防寒保暖、防暑降温及浴室内的通风。

（四）助洁服务

保洁用具应及时清洗，保持清洁，无异味。集中送洗衣物应选择有资质的洗衣机构或有洗涤设施的养老服务机构。

（五）助行服务

助行服务应在安全区域内进行，并注意途中安全。使用助行器具时应事先检查其性能的安全性。

（六）代办服务

代办服务应准确记录代购、代领、代缴事项的品种（单价、总价），钱物相符，做到当面对账并签字。应严格保护老年人的隐私，不与他人谈论老年人的家庭情况或财物情况。

第二节 精神慰藉内容及操作基本要求

一、精神慰藉内容

社区居家养老精神慰藉服务能够为老年人提供全面、专业、个性化的关怀和支持，缓解他们的孤独感和心理压力，提高他们的生活质量和幸福感。主要包含以下服务内容：

（一）情感交流与陪伴

一是陪同聊天，与老年人进行定期的交流，耐心倾听他们的心声，分享生活点滴，缓解孤独感；二是陪同散步，根据老年人的身体状况，陪同他们在社区内散步，增加户外活动时间，促进身心健康；三是节日与生日关怀，在传统节日或老年人生日等重要时刻，通过电访或上门拜访的方式，给予他们特别的关怀和祝福。

（二）心理健康管理

一是心理评估，采用会谈、行为观察和心理测验等方法，评估老年人的心理状态，及时发现潜在的心理问题；二是心理咨询与疏导，为需要心理支持的老年人提供专业的心理咨询和情绪疏导服务，帮助他们建立积极的生活态度；三是加强危机干预，对于出现严重心理危机的老年人，及时启动干预机制，确保他们的安全。

（三）社交活动组织

一是社区文艺演出，组织老年人参与社区文艺演出，展示他们的才艺，增强自信心和社交能力；二是亲子互动，鼓励老年人与家人、孙子女等亲属进行互动，增进家庭关系；三是志愿者探访，定期安排志愿者探访老年人，为他们提供陪伴和关怀。

二、精神慰藉操作基本要求

（一）尊重与理解

服务者在与老年人交流时，应尊重他们的意愿和选择，理解他们的需求和感受，避免可能引发老年人不适的言辞或行为。

（二）专业与细致

从事精神慰藉服务的人员应经过专业培训，具备相关的专业知识和技能。在服务过程中，应细心观察老年人的心理变化，及时给予关注和帮助。

（三）个性化服务

根据老年人的个人情况和需求，提供个性化的服务方案。对于有特殊需求的老年人，如患有阿尔茨海默病的老年人，应制定针对性的服务计划。

（四）持续性与稳定性

精神慰藉服务应具有一定的持续性和稳定性，确保老年人能够长期受益。定期评估服务效果，及时调整服务内容和方式。

（五）隐私保护

服务过程中，应严格保护老年人的个人隐私和信息安全。未经老年人本人或家属同意，不得泄露老年人的个人信息和谈话内容。

（六）多方协作

社区居家养老服务机构、志愿者等多方应共同参与和协作，形成合力为老年人提供全面的精神慰藉服务。加强沟通与合作，确保服务质量和效率。

第三节 康复护理与医疗保健服务内容及操作基本要求

一、康复护理与医疗保健服务内容

(一) 基础康复护理

(1) 生理指标监测：服务人员通过专用设备定时为老年人提供血压、心率、体温以及血糖等重要生理指标的测量服务，并详细记录测量数据。

(2) 用药提醒：严格按照专业人员的要求，为患有高血压、糖尿病等常见病症的老年人提供用药提醒服务。

(3) 皮肤清洁与护理：对卧床老年人及时清洁皮肤，保持皮肤清洁、干燥；对长期卧床和坐轮椅的老年人，应酌情正确使用减压用品，预防压疮。

(4) 日常护理：包括导管更换与护理、清洁等。

(二) 运动功能康复

(1) 翻身训练：针对存在肢体障碍的老年人，在病情允许的情况下进行翻身训练。

(2) 桥式运动：按照双桥和单桥两种运动形式进行训练，增强老年人的肌肉力量和平衡能力。

(3) 坐位与站位训练：包括坐位平衡训练、由坐位到站起训练、由站立到坐下训练、站位下屈膝训练等，帮助老年人恢复站立和行走能力。

(4) 步行训练：根据老年人的实际情况进行步行训练，如杠内步行、手杖步行、独立步行等。

(5) 言语障碍康复：发音器官锻炼是指导老年人进行发音器官锻炼，特别是舌的运动，以改善舌尖、舌根运动灵活程度。

二、医疗保健服务内容

(一) 助医服务

(1) 陪同就医:帮助老年人选择正规医院就医,服务人员事先预约挂号,协助老年人准备好病历、医保卡等看病必需的资料。

(2) 就医过程支持:选择好交通工具,注意老年人上下车、上下楼梯、上下电梯的安全;就诊时陪同老年人进入诊疗室,协助提供诊疗所必要的资料,了解老年人病情及疾病的注意事项。

(3) 康复指导:了解老年人康复方法,返家后指导老年人在家做康复活动,同时需确认老年人对服药及疾病注意事项已清楚。

(二) 保健服务

(1) 健康监测与预防:为老年人提供定期的健康检查,建立健康档案,并根据老年人的健康状况制定相应的健康管理方案。

(2) 营养与心理健康:提供营养膳食建议,关注老年人的心理健康,及时发现并干预可能的心理问题。

(3) 压疮预防:对于卧床老年人,采取定期翻身、使用减压用品等措施预防压疮的发生。

(三) 紧急救援服务

(1) 应急准备:建立通信、信息等紧急救援设备网络系统,开通老年人应急援助服务热线。

(2) 应急预案:制定社区老年人应急安全预案和应急安全制度,对遇有紧急情况或特殊需求的老年人及时提供快速紧急援助服务。

(3) 现场处理:在老年人出现跌倒、低血糖等紧急情况时,能够迅速进行现场处理,如拨打120急救电话、进行心肺复苏术等。

三、康复护理与医疗保健服务操作基本要求

(一) 专业性与资质

服务人员应具备相关的专业知识和技能，取得相应的职业资格证书或培训合格证明。严格按照专业标准和操作流程进行服务，确保服务质量和安全。

(二) 尊重与沟通

尊重老年人的意愿和选择，耐心倾听他们的需求和感受。与老年人建立良好的沟通关系，及时解答他们的疑问和困惑。

(三) 个性化服务

根据老年人的个人情况和需求制定个性化的服务方案。关注老年人的身心健康状况变化，及时调整服务内容和方式。

(四) 安全与健康

确保服务场所和服务设施的安全卫生条件符合国家与地方的相关标准和要求。在服务过程中注意老年人的身体安全和心理健康状况的变化情况，及时发现并处理潜在的风险和隐患。

(五) 持续性与稳定性

康复护理与医疗保健服务应具有一定的持续性和稳定性，确保老年人能够长期受益。定期评估服务效果和质量水平，及时调整服务策略和改进服务方式。

第四节　老年活动策划与实施及基本要求

一、老年活动策划内容

(一) 活动主题

(1) 核心主题：关爱老年人，丰富其精神文化生活，促进身心健康。例如

"情暖中秋，幸福重阳""忆峥嵘岁月，看晚年幸福"等。

（2）宣传口号：围绕主题设计易于传播、富有感染力的宣传口号，如"弘扬尊老爱老传统，共筑和谐幸福社区"。

（二）活动时间

根据节假日或特定时段（如重阳节、中秋节等）安排活动时间，也可选择每周固定时间开展常规活动。

明确活动开始时间与结束时间，确保活动有序进行。

（三）活动地点

选择适合老年人的活动场所，确保场地安全、卫生，便于老年人参与，如社区活动中心、公园、养老院等。

（四）活动对象

明确活动针对的老年人群体，包括全体社区老年人或特定年龄段老年人。鼓励老年人自愿参与，同时关注高龄、空巢、失独、失能等特殊群体。

（五）活动内容

（1）文化娱乐类：组织文艺演出、戏曲欣赏、电影放映等活动，丰富老年人的文化生活。

（2）体育健身类：开展太极拳、八段锦、健身操等适合老年人的体育活动，增强老年人的体质。

（3）教育学习类：举办健康讲座、养生课堂、书法绘画班等，提高老年人的知识水平和技能。

（4）社交交流类：组织茶话会、座谈会、集体生日宴等活动，增进老年人之间的交流与友谊。

（5）志愿服务类：鼓励志愿者为老年人提供理发、剪指甲、打扫卫生等志愿服务。

二、老年活动实施内容

（一）前期准备

（1）制定详细方案：明确活动目的、内容、时间、地点、参与人员及分工等。

（2）宣传动员：通过广播、微信群、海报等方式广泛宣传，吸引老年人参与。

（3）物资准备：根据活动需要准备相应的物资，如道具、奖品、宣传资料等。

（二）活动组织

（1）现场布置：提前布置好活动现场，确保场地整洁、安全。

（2）人员安排：明确各岗位人员职责，确保活动有序进行。

（3）流程控制：严格按照活动流程进行，注意时间控制，确保活动顺利进行。

（三）后期总结

（1）收集反馈：活动结束后收集参与者的意见和建议，为下次活动提供参考。

（2）总结经验：总结活动亮点和不足之处，提出改进措施。

（3）宣传推广：通过媒体、网络等方式宣传活动成果，扩大社会影响力。

三、老年活动策划与实施操作基本要求

（一）安全性

确保活动场所安全无隐患，为老年人提供安全的参与环境，活动中应注意老年人的身体状况，避免剧烈运动或过度劳累。

（二）适宜性

活动内容应符合老年人的兴趣爱好和身心特点，避免过于复杂或难以理解。活动形式应多样化，满足不同老年人的需求。

（三）互动性

鼓励老年人积极参与活动，增加互动环节，提高参与感。志愿者和服务人员应主动与老年人沟通交流，关注其情感需求。

（四）持续性

建立长效机制，定期开展老年人关爱活动，形成持续性的关爱氛围。鼓励老年人自发组织活动，形成自我管理和自我服务的良好局面。

（五）创新性

不断探索新的活动形式和内容，创新活动方式，提高活动的吸引力和实效性。充分利用现代科技手段，如互联网、智能手机等，为老年人提供更加便捷的服务和参与方式。

◎ **复习思考题**

1. 社区居家养老服务的项目有哪些？
2. 社区居家养老服务项目操作的基本要求是什么？

◎ **延伸阅读**

国家和地方有关社区居家养老工作的政策文件

第八章　社区居家养老服务机构的建设与运营

◎ 学习目标

　　1. 了解不同类型的社区居家养老服务机构。

　　2. 了解社区居家养老服务机构的建设标准。

　　3. 了解社区居家养老服务机构的常见运营模式。

◎ 关键术语

　　1. 区域养老服务中心；

　　2. 社区老年人日间照料中心；

　　3. 社区居家养老服务驿站；

　　4. 公建民营模式；

　　5. 公办民营模式；

　　6. 民办公助模式。

　　《"十四五"民政事业发展规划》将"居家社区养老服务网络建设"列入"养老服务设施建设工程"，提出"支持一批区县建设连锁化运营、标准化管理的示范性居家社区养老服务网络，形成街道层面区域养老服务中心和社区层面嵌入式养老服务机构衔接有序、功能互补的发展格局，为居家社区老年人提供失能护理、短期托养、心理慰藉等服务。"① 党的十八大以来，随着社区居家养老服

---

　　① 民政部 国家发展和改革委员会关于印发《"十四五"民政事业发展规划》的通知[OE/BL]．[2024-08-26]．https：//xxgk.mca.gov.cn：8445/gdnps/pc/content.jsp？mtype＝4&id＝114741.

务成为养老服务的新趋势，各地不断探索并加强社区居家养老服务机构的培育，取得了较好的成效。社区居家养老服务机构是开展养老服务的重要"供给者"，其建设与运营直接关系着社区居家养老服务实施的效果，因此，注重社区居家养老服务机构的建设与运营意义重大。

第一节 社区居家养老服务机构的类型

居家社区养老服务机构是指居家社区养老服务的供给主体，包括公共部门基层组织、居民自治组织、营利性企业、非营利组织等为老年人提供上门或集中服务的机构。① 《民政部关于进一步扩大养老服务供给 促进养老服务消费的实施意见》明确提出，"依托社区养老服务设施，在街道层面建设具备全托、日托、上门服务、对下指导等综合功能的社区养老服务机构，在社区层面建立嵌入式养老服务机构或日间照料中心，为老年人提供生活照料、助餐助行、紧急救援、精神慰藉等服务。"② 此外，《中共中央、国务院关于加强新时代老龄工作的意见》指出，"着力发展街道（乡镇）、城乡社区两级养老服务网络"。③ 因此，本节主要介绍以下三种典型的社区居家养老服务机构。

一、区域养老服务中心

《"十四五"民政事业发展规划》明确提出要"推进区域养老服务中心建设"，力求"到 2025 年底，区域养老服务中心在乡镇（街道）的覆盖率总体达到 60%"。④ 《"十四五"国家老龄事业发展和养老服务体系规划》再次强调，

---

① 张思锋，张恒源. 我国居家社区养老服务设施利用状况分析与建设措施优化 [J]. 社会保障评论，2024，8（1）：88-106.

② 民政部关于进一步扩大养老服务供给 促进养老服务消费的实施意见 [OE/BL]. [2024-08-26]. https：//xxgk. mca. gov. cn：8445/gdnps/pc/content. jsp？mtype＝1&id＝116512.

③ 中共中央 国务院关于加强新时代老龄工作的意见 [OE/BL]. [2024-08-06]. https：//www. gov. cn/gongbao/content/2021/content_5659511. htm.

④ 民政部 国家发展和改革委员会关于印发"十四五"民政事业发展规划的通知 [OE/BL]. [2024-08-26]. https：//xxgk. mca. gov. cn：8445/gdnps/pc/content. jsp？mtype＝4&id＝114741.

"到 2025 年，乡镇（街道）层面区域养老服务中心建有率达到 60%，与社区养老服务机构功能互补，共同构建"一刻钟"居家养老服务圈"①。由此可见，作为提供社区居家养老服务的重要机构，区域养老服务中心的建设和发展有助于推动居家社区养老服务的提质增效。

（一）区域养老服务中心的含义

关于区域养老服务中心的含义，各地表述有所不同，但中心思想基本是一致的。例如：《北京市街道（乡镇）区域养老服务中心建设管理指引（试行）》将区域养老服务中心定义为："街道（乡镇）级的枢纽型养老服务综合体……具备养老服务供需对接、调度监管、社区餐厅、老年学堂、康养娱乐、集中养老等功能，原则上由属地政府无偿提供设施，采取以空间换服务的方式招募服务运营商。"②《内蒙古自治区苏木乡镇区域养老服务中心建设运营指引》中，提到："区域养老服务中心是指通过新建、改（扩）建，具备综合养老服务能力，为周边老年人提供住养服务和居家社区养老服务的机构。"③《眉山市区域性养老服务中心建设运营指南》中，提到"区域性养老服务中心是指通过新建或改（扩）建现有养老机构等方式，打造具备综合养老服务能力，能提供全日托养、日间照料、上门服务、老年人能力评估、康复护理等服务的养老机构"④。综合以上定义，不难发现，它们有一个共同之处——综合，不仅提供的服务是全面的，而且还对街道（乡镇）范围内其他社区居家养老服务机构进行协调指导。简言之，区域养老服务中心是具备全日托养、日间照料、上门服务、区域协调

①　国务院关于印发"十四五"国家老龄事业发展和养老服务体系规划的通知［OE/BL］.［2024-08-26］. https：//www. gov. cn/gongbao/content/2022/content_5678066. htm.

②　北京市民政局关于印发《北京市街道（乡镇）区域养老服务中心建设管理指引（试行）》的通知［OE/BL］.［2024-08-26］. https：//mzj. beijing. gov. cn/art/2024/4/10/art_10688_146. html.

③　关于印发《内蒙古自治区苏木乡镇区域养老服务中心建设运营指引》的通知［OE/BL］.［2024-08-26］. https：//mzt. nmg. gov. cn/zfxxgk/fdzdgknr/zcfg/202402/t20240222_2470751. html.

④　眉山市区域性养老服务中心如何建设运营？指南来了［OE/BL］.［2024-08-31］. https：//www. ms. gov. cn/info/6940/1135016. htm.

指导等综合功能的区域养老服务机构。

（二）区域养老服务中心的功能

根据上述定义，区域养老服务中心主要具备以下功能：

1. 全日托养

该功能主要是为有特殊需要的老年人，提供全日的集中住宿和照料护理服务，类似于养老院这类专门养老机构提供的托养服务。

2. 日间照料

该功能主要是向周边老年人，开放机构的公共活动场所和设施，提供就餐、午间休息、协助如厕、精神文化、休闲娱乐等服务。

3. 上门服务

该功能主要是以上门服务的方式，向周边老年人提供基础照护、生活服务、康复服务、心理支持等专业养老服务。

4. 区域协调指导

该功能主要是掌握并统筹本区域内的为老服务资源，为有需要的老年人协调提供就近就便的养老服务；为社区层面的社区居家养老服务机构提供支持性服务。

二、社区老年人日间照料中心

近年来，各地通过"在社区层面建立嵌入式养老服务机构或日间照料中心"推动社区居家养老服务发展；尤其是通过建立社区老年人日间照料中心，为社区老年人提供短期托养、日间照料、精神慰藉等一站式养老服务，让老年人在其熟悉的生活环境中，便能享受到优质便捷的养老服务。

（一）社区老年人日间照料中心的含义

《社区老年人日间照料中心服务基本要求》（GB/T33168—2016）将社区老年人日间照料中心界定为："为社区内自理老年人、半自理老年人提供膳食供应、个人照料、保健康复、精神文化、休闲娱乐、教育咨询等日间服务的养老服务设施。"① 这一概念中将其作为提供养老服务的设施。本章主要是从"供给者"的角度进行概念界定的，因此，所谓的社区老年人日间照料中心是依托社区养老服务设施或场所，为周边老年人提供生活照料、助餐服务、健康指导、文化娱乐、心理慰藉等日间照料服务的社区居家养老服务机构。

（二）社区老年人日间照料中心的功能

根据《社区老年人日间照料中心服务基本要求》（GB/T33168—2016），社区老年人日间照料中心主要具备基本服务和适宜服务两种功能，具体如下：

1. 基本服务功能

（1）就餐：为有需求的老年人，在日间照料中心提供就餐服务，并为老年人合理安排就餐位。

（2）精神文化、休闲娱乐：为有需求的老年人，提供阅览、书法、绘画、棋牌、游戏、手工制作、健身、上网等内容的服务。

（3）午间休息：为有需求的老年人，提供午间休息服务，并为老年人合理安排休息位。

（4）协助如厕：为有需求的老年人，提供协助如厕服务，并根据老年人生活自理能力程度，选择采取搀扶或轮椅推行的服务方式。

2. 适宜服务功能

（1）个人照护：为老年人提供理发、助浴、衣物洗涤等照护，提示或协助老年人按时服用自带药品，测量血压、血糖及体温等内容的服务。

（2）助餐：为老年人提供上门送餐、上门做饭等内容的服务。

（3）教育咨询：通过知识讲座、面对面解答、表演、观看影视资料等形式，为老年人提供保健养生、老年营养、常见疾病预防、康复教育以及法律教育、安全教育等内容的服务。

---

① 社区老年人日间照料中心服务基本要求（GB/T 33168—2016）［S/OL］.［2024-08-31］. http：//www. mca. gov. cn/n2623/n2687/n2747/c117030/part/16054. pdf.

（4）心理慰藉：由心理咨询师、社会工作者等专业人员，为老年人提供交流沟通、情绪疏导、危机干预、心理咨询等内容的服务。

（5）保健康复：由专业人员为老年人提供按摩、肌力训练、中医传统保健等内容的服务。

（6）其他：根据老年人实际需求并结合机构实际情况，提供相应服务。

三、社区居家养老服务驿站

作为区域养老服务中心功能向社区延伸下沉的体现，社区居家养老服务驿站是社区老年人家门口的"服务管家"，旨在为社区居住的老年人提供日间照料、助餐服务、呼叫服务、心理慰藉等多种服务，提高老年人的"幸福感、获得感、满足感"。

（一）社区居家养老服务驿站的含义

综合《北京市社区养老服务驿站管理办法（试行）》等相关文件，将社区居家养老服务驿站定义为：由法人或具有法人资质的专业团队运营，充分利用社区资源，就近为有需求的居家老年人，提供生活照料、陪伴护理、心理支持、社会交流等服务的为老服务机构。

（二）社区居家养老服务驿站的功能

社区居家养老服务驿站具备以下基本功能：

1. 日间照料

利用社区居家养老服务驿站现有的设施和资源，让老年人白天入托后接受照顾和参与活动，为社区内有需求的老年人，提供日间托养和专业照护服务。针对有特殊需求的老年人，在驿站具备条件的情况下，可提供短期全托服务；针对需要长期托养的老年人，可推介、转送至附近的养老机构（含区域养老服务中心）接受全托服务。

2. 呼叫服务

利用互联网等网络手段或电话等电子设备终端，根据老年人的实际需求，为居家老年人提供呼叫服务。当老年人向驿站呼叫中心提出需求时，驿站工作人员及时响应，为老年人提供上门服务、紧急救援等专业化养老服务。

3. 助餐服务

具备条件的驿站，可直接向老年人提供供餐服务。不具备条件的驿站，可依托区域养老服务中心或专业餐饮服务机构，为托养老年人和居家老年人提供助餐服务。

4. 健康指导

具备条件的驿站，可在站内同步设置社区护理站，配备一定数量的医务人员，为老年人提供医疗卫生服务。不具备条件的驿站，可依托周边社区卫生服务机构开展健康服务，引入社会化专业机构，提供健康服务支持。

5. 文化娱乐

为老年人提供参与文化娱乐活动的场所和平台，组织开展符合老年人身体状况且为老年人喜闻乐见的文化娱乐活动，借此丰富老年人的精神文化生活。

6. 心理慰藉

通过开展以陪同聊天、情绪安抚、发泄等为主要内容的关爱活动，以满足老年人的心灵交流、情感慰藉等需求。

在充分实现以上基本功能外，社区居家养老服务驿站还可以根据机构自身设施条件、周边资源供给情况，拓展康复护理、法律咨询等延伸性功能。同时，提倡社工、志愿者或低龄健康老年人到社区居家养老服务驿站开展志愿服务、老年人互助服务。

第二节　社区居家养老服务机构的建设

近年来，我国积极推动社区居家养老服务网络建设，日益重视社区居家养老服务机构的培育。为更好地促进社区居家养老服务机构的建设，国家还出台了一系列的建设标准和建设规范。因此，本节主要依据这些建设标准和建设规范，介绍社区居家养老服务机构建设需要注意的事项。

一、社区居家养老服务机构的建设原则

（一）以人为本原则

贯彻落实以人民为中心的发展思想，聚焦老年人对"家门口养老"的需求，推动建立社区居家养老服务机构，推进托养服务、上门服务等各项优质服务资源，向老年人的身边、家边、周边聚焦，努力实现老有所养、老有所乐，共享改革发展成果、安享幸福晚年。

（二）就近就便原则

构建"一刻钟"居家养老服务圈，统筹考虑辖区面积、老年人口数量及分布、服务辐射范围等因素，科学选址、均衡布局，优先选择在老年人口密集、高龄和失能失智老年人占比较高的区域，布点建设社区居家养老服务机构，鼓励与医疗机构毗邻设置，努力实现老年人养老不离街、不离家、不离亲。

（三）因地制宜原则

结合各地实际情况，根据区域经济状况、人口结构分布等因素，因地制宜推进区域养老服务中心和社区嵌入式养老服务机构的建设。充分利用已有公共服务设施和社会资源，将开拓场地和整合资源相结合，积极培育社区居家养老服务机构，努力实现日常公共服务不出街道，基本生活服务不出社区，全方位为老年人提供专业化、多样化、个性化服务。

（四）分级分层原则

社区居家养老服务机构的建设要遵循"街道（乡镇）、城乡社区两级养老服务网络构建"的需要，分级分层进行建设。原则上，街道（乡镇）层面建设区域养老服务中心，城乡社区层面建设日间照料中心或养老服务驿站，构建起以街道（乡镇）区域养老服务中心为主体，以社区老年人日间照料中心、社区养老服务驿站等为延伸的两级社区居家养老服务网络。

（五）多方参与原则

目前，以政府为主导、社会力量为主体的多元化、广覆盖的社区居家养老服务供给格局已初步形成，正推动社区养老服务迈上新台阶。因此，在社区居家养老服务机构建设中，不再仅仅停留于依靠政府兜底，而是需要广泛吸引社会力量共同参与，形成多方参与的良好态势，为社区居家养老服务的供给"添砖加瓦"，提供老年人接受、满意、认可的养老服务。

二、社区居家养老服务机构的建设要求

社区居家养老服务机构的建设不是简单的一个项目，而是一项系统工程，需要考虑的因素诸多，例如，老年人多样化的养老需求、社区的资源和环境条件、相关政策的要求等。因此，在实际操作中，应遵循以下建设要求：

（一）名称标识要求

社区居家养老服务机构的成立，首先须经所在县（市、区）民政部门登记或备案，可参照本地养老机构登记或备案规定进行。登记或备案后，方可开展服务活动。同一区域内已进行登记的，可设立多个服务网点实施连锁运营。其次，社区居家养老服务机构须有规范的名称，统一为"×××市×××县（市、区）×××街道（镇、乡）/社区+区域养老服务中心/老年人日间照料中心/居家养老服务驿站"，并将统一标识的名称牌匾悬挂于机构醒目的位置。具体可参照各地的规范要求做好标识、外观的相对统一。

（二）设施建设要求

社区居家养老服务机构的设施建设，需要根据《老年人照料设施建筑设计标准》（JGJ450—2018）、《社区老年人日间照料中心建设标准》（建标143—2010）等国家或行业标准相关规定，尤其要遵照国家现行的有关强制性标准规定。同时，还需要结合当地实际情况进行设施布局建设。

1. 场地选址及规划布局

社区居家养老服务机构的场地选址及规划布局应综合考虑老年人口数量及分

布、老年人养老服务需求、服务半径及范围、已有养老服务设施等因素，同时还需要考虑周边交通是否便捷，是否临近医院、社区卫生服务中心等社区公共服务设施等因素。具体如下：

第一，社区居家养老服务机构的场地应选择在服务对象相对集中、基础设施完善、公共服务设施使用方便、交通便捷的地段；选择在工程地质条件稳定、不受洪涝灾害威胁、日照充足、通风良好的地段；选择在远离污染源、噪声源及易燃、易爆、危险品生产、储运的区域。

第二，社区居家养老服务机构宜设置在底层建筑或建筑物低层部分，相对独立，并设置独立的交通系统和对外出入口；二层以上的社区居家养老服务用房应设置电梯或无障碍坡道；场地应使用全区统一标识。

第三，社区居家养老服务机构建设应根据服务对象的特点以及各项设施的功能要求，进行合理布局，分区设置，确保功能分区和动静分区明确。其中老年人休息室宜与保健康复用房、娱乐用房和辅助用房作必要的分隔，避免干扰。

2. 建筑标准及有关设施

社区居家养老服务机构的设施建设应符合相关的建筑规范，包括建筑结构、建筑设计、消防安全、无障碍设施等方面的要求。具体如下：

第一，社区居家养老服务机构建筑标准应根据老年人的身心特点和服务流程，结合当地经济水平和地域条件合理确定，主要建筑的结构形式应考虑使用的灵活性并留有扩建和改造的余地。房屋建筑宜采用钢筋混凝土结构，其抗震设防标准应为重点设防类。

第二，社区居家养老服务机构设施建筑应根据实际需要，合理设置老年人用房和管理服务用房。其中老年人用房包括生活用房、文娱与健身用房、康复与医疗用房等。各类社区居家养老服务机构设施建筑的基本用房设置应满足照料服务和运营模式的要求。

第三，社区居家养老服务机构建筑设计应符合老年人建筑设计规范、城市道路和建筑物无障碍设计标准以及公共建筑节能设计规定。

第四，社区居家养老服务机构的建筑外观应做到色调温馨、简洁大方、自然和谐、统一标识；室内装修应符合无障碍、卫生、环保和温馨的要求，并按老年人建筑设计规范的相关规定执行。

第五，社区居家养老服务机构的建筑设备应符合国家现行相关标准规定：供电设施应符合设备和照明用电负荷的要求，并宜配置应急电源设备；给排水设施应符合国家卫生标准，其生活服务用房应具有热水供应系统，并配置洗涤和沐浴设施；采暖通风设备应根据当地气候条件进行配置，对于严寒、寒冷及夏热冬冷地区的社区居家养老服务机构须配备采暖设施，而在最热月平均室外气温达到或超过25℃的地区，服务机构应安装空调设备，并确保具备良好的通风换气系统；消防设备的配置应符合建筑设计防火规范的有关规定，其建筑防火等级不应低于二级。

（三）服务内容要求

社区居家养老服务机构一般提供但不限于以下服务：

一是生活服务。提供助餐、助浴、助洁等生活照料服务以及提供上门服务。

二是托养服务。为老年人提供日托、中短期全托服务，向长期照料老年人的家庭提供喘息服务。

三是康复护理服务。提供用药提醒和指导、健康监测和指导、康复护理训练和指导等服务。

四是家庭支持服务。开展老年人照护培训，为高龄、失能老年人家庭提供照顾、护理、康复等服务的技术指导和帮助。

五是社会工作和心理疏导服务。采取个案活动、小组活动、社区活动相结合方式，为老年人提供精神文化、心理慰藉等服务。

各地对社区居家养老服务规范各有不同，在具体执行时，社区居家养老服务机构可根据当地的实际情况和具体要求，提供适宜的服务内容，并按照服务内容规范服务要求。

（四）运营管理要求

社区居家养老服务机构根据社区实际情况，引进合适的企业或社会组织，采取社会化运营模式进行运营管理。在运营管理中，需注意以下要求：

1. 服务制度健全

社区居家养老服务机构应制定一套完整、规范的管理制度、运营机制和应急预案。这些制度包括日常管理制度、机构开放时间、服务项目、内容及收费标准、工作人员职责分工、安全事故应急预案及投诉制度等。同时，做到各项管理制度上墙，方便服务对象获取相关的信息。

2. 服务管理规范

社区居家养老服务机构应根据国家和省市有关社区居家养老服务流程的相关要求，结合自身实际情况，制定规范化的服务流程图，进行有序管理。机构要与享受服务的老年人签订服务协议，明确其权利和义务；确保老年人持卡参加活动，并告知相关事宜；活动场所的设备摆放有序，室内室外环境洁净，方便老年人活动。

3. 服务队伍专业

每个社区居家养老服务机构须配备一定的服务人员，最低不少于2人，且必须经过系统培训并获得相应证书，持证上岗。暂时未能获取上岗证书的社区居家养老服务机构的人员，须在进入机构服务两个月内完成职业培训，获取上岗资格。为确保老年人享受到专业化的服务，机构需定期组织服务人员参加职业技能培训，采取"走出去、引进来"的形式，夯实培训效果，构建一支专业化的服务队伍。

4. 服务档案完整

社区居家养老服务机构应注重服务资料的归档，建立服务区域内老年人信息数据库，详细登记老年人的需求和老年人参与社区文体娱乐、健康养生等各项活动的记录，并按要求和标准做好老年人分类登记的文字版和电子版档案。对于有特殊需求老年人提供转介服务的，也应有相应的服务记录；此外，开设老年人再教育课程、健康知识讲座，组织户内外各项活动等，都要有完整的服务记录。

5. 志愿服务多样

社区居家养老服务机构应积极拓展社区资源，培育一定数量的相对较稳定的为老服务志愿者或团队，对社区内生活困难的老年人开展志愿服务。机构还可以定期为社区老年人开展志愿服务集体活动，链接社区老年协会等群众性组织，开展形式多样且符合老年人实际的活动。同时，努力壮大志愿者队伍，实现志愿服务活动经常化与制度化。

三、社区居家养老服务机构的建设困境

（一）机构建设水平不高

随着人口老龄化的加速，老年人对养老服务的需求也在随之快速增长。根据最新调查显示，我国超90%的老年人倾向于居家养老，因此，发展居家社区养老服务成为当下重要趋势，培育社区居家养老服务机构是重中之重。为此，《中共中央关于进一步全面深化改革、推进中国式现代化的决定》中，专门提到"培育社区养老服务机构"。① 在国家政策的指导下，各地不断加快完善社区居家养老服务机构，力求构建起完善的居家社区机构相协调的养老服务体系。然而从实际情况来看，社区居家养老服务机构的建设不是很理想，面临建设水平不高的困境，具体表现在以下方面：首先，受到场地和资金等因素限制，设施建设水平有待提高。虽有不同类型的社区居家养老服务机构如雨后春笋般建立，但由于用地紧张，大部分机构面临硬件建设难以落实的窘境；或者有的机构落实了场地，但在场地选址、设施布局、建筑设计等方面未能充分考虑辖区老年人的身心特点，导致在实际运作中，较难满足老年人的多样化需求。其次，部分社区居家养老服务机构在建设时，未能充分考虑邻避效应，和老年活动中心等其他社区养老服务设施存在一定程度的服务内容和功能定位的交叉，导致资源配置上难以实现最优效果。同时，不同层级的社区居家养老服务机构也存在交叉的情况，例如，街道（乡镇）区域养老服务中心和社区居家养老服务驿站在某些功能上存在重叠，导致同质化业务竞争，互相抢占资源和服务对象。最后，在运营管理方面，部分社区居家养老服务机构专业化水平有待提高，提供的服务内容和形式也比较简单，无论是活动内容还是活动形式，都还有很大的提升空间。因此，

---

① 中共中央关于进一步全面深化改革、推进中国式现代化的决定 [N]. 人民日报，2024-07-22（01）.

对老年人的吸引力不够。

（二）机构内生动力不足

目前，社区居家养老服务机构建设主要采取公建公营、公建（办）民营、民建民营等形式。为推动社区居家养老服务机构发展，各地政府采取建设补贴、购买服务、运营补贴等方式，切实降低社区居家养老服务机构的成本。但总的来说，社区居家养老服务机构经营成本较高，而盈利能力较弱，需要大力依靠其他方面的政府购买项目支持来维持运营，这就容易导致其内生动力不足，具体表现为：提供的服务简单、专业化水平不高、管理人员"等靠要"思想严重、运营能力不强，不能积极地在市场中开拓进取，更没有细分市场，创新服务类型。例如，长期依托政府购买服务的社区居家养老服务机构，其建设和运营成本都由财政承担，提供的主要是一般性的日常生活服务类项目居多，而老年人需求较大的长期照护、康复护理、心理辅导和精神慰藉等更加专业的服务相对不足。

（三）部门协调机制缺失

由于社区居家养老服务具有公益性特点，因此社区居家养老服务机构项目很难吸引有实力的社会资本投入，在实际运营中主要依靠政府投入，这样就造成经费较为紧张。同时，社区居家养老服务涉及民政、财政、规划、卫生、人力资源和社会保障、市场监督等政府部门，对于社区居家养老服务机构建设问题，缺乏顶层设计、统筹规划，上述部门存在各自为政与条块分割问题，资源没有得到有效整合，协同性未得到充分发挥。例如，大城市中心城区疏解腾退的土地用于建设社区居家养老照料中心，需要规划、用地、消防和园林绿化等多个部门的审批，街道协调各部门权责受限。部门协调机制的缺失，更是增加了社区居家养老服务机构建设的难度。

四、加快推动社区居家养老服务机构建设

社区居家养老服务机构的建设单靠政府或机构自身发展，是不现实的，应形

成多方参与的良好态势，共同推动社区居家养老服务机构建设。

（一）完善政府主导的多元管理机制

1. 强化联动机制建设

在政府主导下，建立社区居家养老服务机构建设的协调机构，由民政部门总协调，协调财政、规划、卫生、应急管理、市场监督等部门，加强各部门之间的沟通，及时交流机构建设过程中的难题，协调并解决问题。

2. 建立共建共享机制

政府协调联动各部门，监督新建小区落实社区居家养老服务用房，帮助老旧小区通过新建、改建、购买、置换、租赁等方式，解决社区居家养老服务机构的用地问题。社区协调联动区内各部门，整合养老机构、养老公益组织、志愿者组织等资源，建立服务共享平台，充分挖掘和合理配置社区内资源，避免重复建设，提高社区内养老资源的效益。

3. 加强共管机制建设

利用社区居家养老服务机构建设联动机制，综合县（市、区）各相关部门、街道、社区，形成一套既分工合作又相互制约的共同管理机制，避免出现各自为政、条块分割、管理不到位的情况。

（二）健全多元投入的保障机制

1. 加大财政投入

保障社区居家养老服务专项资金落实到位，确保福利彩票公益金按照一定比例投入社区居家养老服务。各级政府应把社区居家养老服务机构建设作为"全龄友好型"社会建设的重点，做好社区居家养老服务机构场馆设施建设、社区公共空间适老化改造、社区配套的老年人健康服务等工作，解决老年人的"急难愁盼"问题。

2. 因地制宜投入

各级政府应根据当地实际情况，有计划、分层次地构建街道和社区层面的居家养老服务体系。对当地现有养老资源进行摸底调查，对各街道和社区的老年人数量、生活习惯、养老意愿、养老方式等进行调查，因地制宜，制定规划，并在投入建设前进行科学评估，确保有限的资金用到"刀刃上"。同时，在建设社区居家养老服务机构时，还需要与其他养老机构建设结合起来，避免重复建设，让资源配置发挥最大效用。

3. 鼓励社会资本投入

应大力鼓励社会资本进入社区养老领域，引导民间资本有序投入低营利性的养老服务项目，以提升养老服务品质，满足新时代老年群体的多层次、多样化和个性化的养老服务需求。同时，既要注重经济效益，也要兼顾社会公平，在鼓励社会资本在满足中高收入老年人较高的养老期望的同时，也致力于解决低收入老年人的养老问题。

（三）提升服务的专业化水平

1. 提高社区居家养老服务规划的专业化水平

政府应综合规划、民政、财政、医疗、文旅等部门，以街道和社区为依托，系统解决规划和建设问题。在社区居家养老服务机构选址和确定服务用房的过程中，要充分考虑老年人的特点，满足老年人的个性化需求。例如，将社区居家养老服务机构与幼儿园相邻而建，让老年人感受孩子们的活力与生机；将社区居家养老服务机构与医院相邻而建，利用其医疗资源，对老年人进行养生保健和康养技术指导，保障老年人的健康。

2. 提高社区居家养老服务设施的专业化水平

随着经济社会的发展，老年人的养老服务需求在不断升级，不管是养老服务的供给数量还是服务质量，老年人对其要求只会越来越高，社区居家养老也要逐步实现智能化，不断引进高科技的护养设备。① 例如，采用智能化监护设备，能在第一时间发现老年人日常活动中出现的安全问题，及时提醒监护人注意；定期对老年人的身体健康进行检测，跟踪老年人身体状况，做好疾病预防；当老年人

---

① 龙江. 城市社区居家养老服务中心建设研究——以长沙市为例［J］. 领导科学论坛，2022（10）：89-92.

遇到危险情况时，给予老年人及时的报警求助。

3. 提升社区居家养老服务人员的专业化水平

机构的发展离不开人员的支撑，首先要加大对现有从业人员的培训力度，提高其整体素质和工作能力。定期组织从业人员开展行业技能竞赛，提升其技能水平，也让其获得荣誉感、归属感。其次要积极引进各类专业人才，做到事业留人、待遇留人、情感留人，让优秀人才进得来还留得住。进一步发挥地方高校的专家资源优势，开通专家进入社区居家养老服务行业的通道，为机构服务的专业化发展提供智力支持。总之，通过"培养"与"引进"相结合的方式，不断提升社区居家养老服务人员的专业化水平。

第三节　社区居家养老服务机构的运营

在人口老龄化程度不断加深的背景下，推行社区居家养老模式势不可挡。社区居家养老服务机构作为提供社区养老服务的重要载体，其运营效果直接关系着老年人是否能享受高质量的社区居家养老服务。为确保老年人能享受低成本高质量的社区居家养老服务，需要大力鼓励和吸引社会力量参与社区居家养老服务，实行连锁化和品牌化运营，实现最优资源配置效益。

一、社区居家养老服务机构的运营模式

按照经营性质划分，社区居家养老服务机构大致可分为公办公营、公办民营、公建民营、民办公助、民办民营等运营模式。

（一）公办公营模式

公办公营是指政府拥有社区居家养老服务机构的所有权，并行使运营权的运营模式。该种模式能较大程度保障社区养老服务的公益性质，起到兜底作用。当然，该种模式也存在管理机制僵化、机构运行效率较低等问题。在实际中，社区居家养老服务机构选择公办公营模式进行运营管理的较少。

（二）公办民营模式

1. 公办民营模式的定义

公办民营是指政府通过委托、承包、联合经营等方式，将政府拥有所有权并已投入运营的社区居家养老服务机构的运营权交给企业、社会组织或个人的运营模式。在该模式中，社区居家养老服务机构的经营权、管理权和所有权作了适当分离，由营利组织、非营利组织或个人进行主体运作，是对已有的社区居家养老服务机构进行改造和创新发展的一种模式。根据政府和企业不同的合作形式（表8-1），社区居家养老服务中的"公办民营"还可以进行以下划分：

表8-1　　　　　　　　　　　　公办民营操作方式[1]

投资主体	操作方式	具 体 形 式
政府自行投资	承包式	在不改变其为公办社区居家养老服务机构这一产权性质的基础上，将政府的经营权和服务权转让给企业或者其他民间资本，政府则适当收取承包费，并对该企业的相关服务及运营情况进行监管
	租赁式	将公办社区居家养老服务机构的使用权和经营权以租赁的方式交由企业或者其他民间资本，政府收取一定的租金并监督其租赁出去的财产不受损失
	委托经营式	将公办社区居家养老服务机构委托给企业或者民间资本经营管理
公私合作投资	合营式	公办社区居家养老服务机构的经营服务权的一部分交由企业或者民间资本代行，政企双方根据资金和投入精力的多少或者投入和经营能力的优势分配经营服务权，并以签订协议的方式明确双方各自的职责范围，建立合作关系
	股份式	对公办社区居家养老服务机构进行股份制运营，形成多元产权、风险共担、利益共享的利益格局，并以现代股份制企业的制度管理模式对该社区居家养老服务机构实现经营管理

---

[1]　欧阳文意."公办民营"模式在社区居家养老服务中的应用现状及问题研究——以南昌市 X 社区为例 [D]. 南昌：江西师范大学，2018.

2. 公办民营模式的特征

第一，主体多元。在公办民营模式中，存在的主体至少是包含政府、民间资本两个及两个以上团体。在具体的工作中，政府的角色已从"政策提供者+服务提供者"的身份转变为"合作者+监督者"，甚至更为宏观的管理者的角色。这也是政府职能向服务型政府和高效型政府转变的体现。民间资本等其他主体都将代表自身的利益与公共部门建立契约关系，共同参与社区居家养老服务的提供、管理和发展。

第二，职责明确。契约合同是公办民营模式中对各利益主体形成有效约束和保障的必要手段。政府与民间资本双方在契约合同的约束下，明确各自职责分工，以及需要承担的风险和责任。签订契约合同，是政府对社区居家养老服务产生有效控制和监督的一种方式，从而能够更好地保障公众和社会团体的利益。为了保障社会的公共利益，政企之间应明确职责并承担相应的风险和责任。政府将对社区居家养老服务的提供进行监管和控制，承担应有的社会责任。为了保障自身的利益，企业也会按照服务对象的需求，努力提高自身的服务水平和质量，并对已有设施的建设进行有效的维护。

第三，利益共享。"利益共享"是公办民营模式能够运行的前提，也是这一模式的关键作用之一。在这个模式中，政府能够通过节约财政开支，缓解财政压力，提高公共服务的效率等方式获取利益。作为具有营利性质的企业，必然也会在这一过程中获取相应的利益。如果无法实现互利共享，政府与企业之间将难以达成真正的优势互补和合作共赢。公办民营模式的最终目标就是实现社会需求的满足，能够为老年人提供更加优质的社区居家养老服务，所有的社区居家养老服务和工作都应当围绕这个终极目标来开展，从而实现合作共赢。

第四，有效合作。公共服务领域的不断完善和改革，最终目的是更好地满足社会需求，能够提供更加优质的公共服务和基础设施，实现社会效益最大化，并对公共服务领域实现更为有效的管理。公办民营模式在社区居家养老服务中的应用就是围绕这个目标来开展的，在这种模式下，促进政企之间紧密结合，双方优势互补、共同发展。有效合作的过程就是互相利用各自优势和资源，互相弥补各自的不足以共同获得更大效益的过程。政府与民营一方实现合作共赢、有效合作是该模式应用的含义和作用。

（三）公建民营模式

1. 公建民营模式的定义

公建民营是指政府通过委托、承包、联合经营等方式，将政府拥有所有权但尚未投入运营的新建社区居家养老服务设施的运营权交给企业、社会组织或个人的运营模式。在社区居家养老服务机构公建民营的运营模式中，建设出资由政府承担全部或大部分，建设完成后采用公开招标的方式，由中标的社会力量按照一定的标准和要求，负责后期的运行管理和提供专业服务，政府则在法律规定框架下承担一定的行政管理和监督责任。

2. 公建民营模式的特征

第一，采用公建民营模式的社区居家养老服务机构的性质为非营利性。即使机构是由企业或民间组织来进行管理运营，依然要保持以非营利为目的，在入住资格和入住价格上要充分体现出机构的福利性和公益性。

第二，采用公建民营模式的社区居家养老服务机构收住对象多以生活困难的老年人为主。国家及地方现有政策明确规定，要求公建民营社区居家养老服务机构优先收住"五保""三无"、失能、失独、高龄和贫困老年人，确保这部分弱势老年群体的养老服务需求得到充分满足。同时，公建民营的社区居家养老服务机构床位还应向社会其他普通老年人开放。

第三，采用公建民营模式的社区居家养老服务机构必须接受政府民政部门的监督和管理。虽然社会组织或企业取得了机构的经营权，但是其所有权仍归属政府。因此，公建民营社区居家养老服务机构归口的民政部门会定期对机构的运营管理进行监督和评估，以确保机构运作符合政府部门的相关要求。

第四，采用公建民营模式的社区居家养老服务机构应按市场化方式进行运作。与公办公营社区居家养老服务机构由政府包办包管不同，公建民营机构需要通过有效的运营管理实现自身的可持续发展。为大力支持公建民营社区居家养老服务机构持续稳定发展，政府依据相关标准给予建设补贴、床位补贴和运营补贴，以此降低机构运营方的运营成本。

（四）民办公助模式

民办公助是由民间组织独立兴办社区居家养老服务机构，然后由政府部门予以政策、资金等方面大力支持的模式。这也是当前大力推广的一种模式，它不仅能吸引民间资本建设社会福利事业，有效减轻政府财政负担，还能提供满足老年人需求的养老服务，创造就业机会。当然，民办公助模式容易存在运营压力较大和服务质量不高的现象，加之民营资本有先天的逐利性，因此，政府在加大扶持力度的同时也需要加强监督。

（五）民办民营模式

民办民营是由民间资本投资并兴办社区居家养老服务机构，并由民间资本自行进行运营管理，自负盈亏。在这一模式中，机构的所有权属于民间资本。采用民办民营模式运营社区养老服务机构，能够对政府失灵起到一定弥补作用，从而推动社区居家养老服务大力发展。

二、社区居家养老服务机构的运营实践

现实生活中，社区居家养老服务机构除了采用以上运营模式，还在此基础上，延伸出其他的运营模式，以下搜集整理了一些具有代表性的运营实践，以供参考学习。

（一）沈阳市万佳宜康打造养老服务新模式 培育公建民营养老服务品牌①

1. 基本情况

2015年年底，万佳宜康以大型养老机构为支撑，依托自身在管理、服务、技术等各方面的优势，开始在全市范围内大力发展建设社区居家养老服务连锁机

---

① 国家发展改革委社会发展司，民政部社会福利和慈善事业促进司，全国老龄办政策研究部．走进养老服务业发展新时代：养老服务业发展典型案例汇编［M］.北京：社会科学文献出版社，2018.

构，满足全市老年人多层次、多样化、个性化的养老需求。

2. 主要做法

万佳宜康坚持公益性与市场性相结合，率先以公建民营方式运营管理大型养老机构——沈阳市养老服务中心，成为全市首个以公建民营方式运营大型养老机构的民营企业。作为公建民营运营方，万佳宜康始终坚持把"确保国有资产管好用好、保值增值"作为成功运营公建民营养老机构的重要基础。此外，万佳宜康坚持公益性与市场性相结合、标准化与差异化相结合，通过"3+1"服务方式（指为社区居家养老人群提供长期照料、日间照料、入户服务和以满足老年人家庭内外生活需求为主的家政服务）满足社区居家老年人的养老需求。

3. 经验效果

几年来，万佳宜康以创新养老服务人才培养模式为先导，坚持"政府主导、社会参与、专业运营"，积极推进公建民营养老服务运营模式，构建以社区居家为主体、机构为支撑的养老服务体系。

（二）江西省赣州市章贡区运用 PPP 模式破解居家养老难题①

1. 基本情况

2015 年，章贡区通过政府与社会资本合作的 PPP 模式，选取社会资本投资建设和运营管理全区 72 个居家养老服务中心网点，为 60 岁及以上老年人提供居家养老服务。

2. 主要做法

自章贡区社区（村）居家养老服务中心 PPP 项目实施以来，按照"规范操作、加快推进、成为标杆、造福于民"的总体要求，通过广泛吸纳民意、充分借智借力、严格依规操作、抓好融资落地、推动政策助力和探索"医养结合"等措施，在合法合规的前提下，加快推进居家养老服务建设。

---

① 国家发展改革委社会发展司，民政部社会福利和慈善事业促进司，全国老龄办政策研究部. 走进养老服务业发展新时代：养老服务业发展典型案例汇编［M］. 北京：社会科学文献出版社，2018.

3. 经验效果

该项目采用建设—运营—移交和委托运营的方式，在章贡区人民政府的监管下，授权国有企业与社会投资人共同合作，注资组建项目公司，建立利益共享、风险共担机制，有效解决了当前养老产业中面临的"资金"和"服务"两大难题。

三、社区居家养老服务机构的运营困境

（一）机构管理服务人员的专业化程度不足

不管是公办公营还是公建民营等不同运营模式的社区居家养老服务机构普遍存在服务管理人员专业化水平较低的问题，主要表现为服务人员无法根据不同老年人的需求给予老年人特殊的关照，例如饮食均衡调整、心理疏导、身体健康追踪等方面还做得不够专业。除了对残障的老年人给予部分特殊关照以外，对于大部分老年人的照顾服务专业化程度仍然不足。其次，服务人员的文化程度偏低，学历层次较低。加之服务和管理人员大部分不是专修护理专业，在面对问题和处理问题之时可能会因为处理不当而难以解决，这样对服务人员的招聘培训和后期的服务管理水平提出挑战。

（二）机构运营缺乏特色

社区居家养老服务机构在实际运营中，所提供给老年人的服务较为单一，不管是公办还是民营的社区居家养老服务机构整体上来看，他们所能提供的服务都是基础性的，内容千篇一律，缺乏特色。社区居家养老服务机构在运营管理过程中，如果没有独特性和个性化服务，就很难吸引更多的老年人选择机构提供的社区居家养老服务。例如，个别社区居家养老服务机构推出医养服务，但机构给老年人提供的主要是基础和常规的服务，没有明确的功能区分；部分社区居家养老服务机构在收取费用方面有不同的等级，但在实际中却没有凸显出各个等级之间特色服务的内容。在市场激烈竞争的大背景下，没有创新、特色的社区居家养老

服务，是难以立足于养老行业的。

（三）机构运营发展面临资源依赖困境

不同社区居家养老服务机构在资源禀赋或者资源利用效率方面均存在不同程度的差异，这些差异将导致其建设发展水平相差较大，进而诱发社区居家养老服务机构发展出现比例失衡。比如：龙头企业由于其较强的社会资本，更容易获取资源，得到政府支持，进而形成"马太效应"。在选择社区居家养老服务提供者时，出于便利，政府相关部门往往倾向于沿袭之前的选择，造成选择上的依赖，从而陷入非竞争性与指定导向的购买合作模式困境。这使得部分社区居家养老服务机构长期承接相关项目业务，积累了先入为主的资源优势。他们对政府人员、工作偏好等都有更深入的了解，更容易获得项目和资源，从而对其他没机会加入的组织形成了非竞争性的隐形不公。但从另外一方面来讲，这些机构长期依赖于此，容易丧失在竞争中被淘汰的危机感。

四、社区居家养老服务机构运营困境的破解

（一）加强机构专业人员队伍建设

提高护理人员和管理人员的专业化程度，使老年人能够享受到更加专业和系统的照顾，这是推动社区居家养老服务机构可持续运营的关键。因此，社区居家养老服务机构需要大力建设专业人员队伍，通过引进、培训等方式，改善专业化程度偏低的现状。首先，在招聘护理和管理人员时，从学历、专业和学习能力等方面应适当提高准入门槛，选拔出优秀的护理和管理人员，并培养相应的储备人才，以便提供更为优质和专业的社区居家养老服务。其次，加强在岗护理人员和管理人员的培训，定期举办不同类型的培训，从专业化和职业化两方面提升社区居家养老服务机构从业人员的竞争力，防止消极懒散的行为出现，营造良好的工作氛围，让机构从业人员始终保持积极向上、热爱服务工作的心态。

（二）凸显机构本身的独特性

同类型或不同类型的社区居家养老服务机构要想在养老领域占有一席之地，确保机构正常运营，各个机构都需要明确自身定位、找准独特性，最大程度上避免与其他机构重复建设。要凸显自身独特性，可以从以下几个方面入手：首先，明晰机构定位，明确服务对象和服务内容，找准服务优势，再根据机构自身发展水平和服务对象的养老需求，有针对性地提供服务项目，充分考虑老年人的实际情况，以提升老年人的幸福感、获得感为追求，以优质服务赢得客源。其次，加强外出学习，"三人行，必有我师焉"，积极到行业内优秀的社区居家养老服务机构参考学习，借鉴其优秀的做法，再结合机构自身实际情况、社区周边资源和老年群体需求等因素，取长补短，打造机构自身的特色。

（三）转变机构的资源依赖意识

社区居家养老服务机构在实际运营中，需要转变对外界资源依赖的意识，加强组织内部自给自足。首先，应拓展资源获取渠道，积极寻找替代性资源，减少资源依赖的唯一性与定向性。例如，提供不同等级的服务，实行差别化收费，以满足老年群体个性化需求，增强组织的"造血"功能；积极采取扩张性运营策略，广泛参与各类养老项目竞标，增加资源的获取机会。其次，提升资源的利用效率，社区居家养老服务机构要最大化呈现多类别、多层次和高质量的养老服务成果，明确服务供给背后对自有资源和社会资源的消耗比，并以资源利用效率作为调适未来服务供给策略的标杆。

◎ 复习思考题

1. 不同类型社区居家养老服务机构的功能有哪些？
2. 社区居家养老服务机构建设应遵循的要求有哪些？
3. 社区居家养老服务机构面临的建设困境有哪些？
4. 如何加强社区居家养老服务机构建设？
5. 社区居家养老服务机构的常见运营模式及特点有哪些？

6. 社区居家养老服务机构面临的运营困境以及如何破解？

◎ **延伸阅读**

1. 《老年人照料设施建筑设计标准》（JGJ450—2018）
2. 《社区老年人日间照料中心建设标准》（建标 143—2010）

第九章　社区居家养老服务机构的经营与管理

◎ **学习目标**

1. 理解信息的特点、管理信息的作用，了解信息系统的构成、智慧养老系统，掌握居家养老服务机构管理信息的特点、居家养老服务机构信息管理的过程，沟通的过程及障碍，居家养老服务信息沟通机制的建立。

2. 理解风险的内涵、风险控制的方法，了解风险的种类，居家养老服务机构运营风险防范机制建设，掌握居家养老服务机构运营风险的特点，居家养老机构运营风险管理的过程。

3. 理解激励理论，了解居家养老服务机构人员录用的流程，考评程序，居家养老服务人员培训的方向，掌握居家养老服务人员考评方法、培训方法、激励的方法。

4. 理解顾客满意、顾客满意度、居家养老服务顾客满意度管理流程，了解影响居家养老服务顾客满意度的因素，掌握满意概念模型、居家养老服务顾客期望管理。

◎ **关键术语**

1. 居家养老机构运营管理；

2. 居家养老服务信息管理；

3. 居家养老服务机构风险管理；

4. 居家养老服务机构人员管理；

5. 社区居家养老服务顾客满意度管理。

社区居家养老服务机构的经营与管理就是对机构经营过程的计划、组织、实施和控制，是与养老服务密切相关的各项管理工作的总称，包括社区居家养老服务机构经营过程和社区居家养老服务经营系统两个方面。经营过程是一个从投入到产出的价值增值转化过程，经营管理需对运营过程进行计划、组织和控制，而经营系统是运营过程得以实现的媒介。经营管理的主要目标是通过设计、调整、改造和升级，建立一个科学的经营系统，在降低成本的同时，创造出更多的价值。良好的经营管理是保证社区居家养老服务质量的关键。社区居家养老服务机构经营管理工作是组织（包括养老驿站）的综合管理工作，包括志愿者管理和供应商管理及服务质量管理、人员培训管理、风险管理、大数据管理等。本章主要针对社区居家养老服务机构的信息管理、风险管理、人员管理、顾客满意度管理等进行介绍。

第一节　社区居家养老服务机构信息管理

信息传递活动是管理活动的支柱。管理者或管理机构在行使管理职能时，都离不开信息，信息处理的质量和效率直接影响社区居家养老服务机构的运营管理活动水平和效果。社区居家养老服务机构应建立信息沟通机制，明确信息的收集、处理和传递程序。

一、信息及其特征

（一）信息的内涵及特征

1. 信息的内涵

竞争的加剧使社区居家养老服务机构花费巨资构建强大的信息系统，以收集来自各方面的宏观和微观各类信息。什么是信息？全面地理解信息的内涵，对于信息管理具有非常重要的基础意义。信息是个跨学科的概念，不同学科从不同角度对于信息有不同的阐释。从管理学角度，信息是关于客观世界的某一方面的知识，是对事物运动状态和特征的描述，而数据是承载信息的物理符号。拥有信息可以减少人们决策时的不确定性，增加对外界事物的了解。

2. 信息的基本特征

信息作为一个符号系统，具有自己独特的特征，包括时效性、可传输性、可加工性、不完整性、共享性和价值性等特点，使之成为了管理和决策的主要参考依据，同时也是社会发展的关键资源要素。

（1）时效性。由于在信息中包含事态发展的最新数据，越及时的信息，越能够准确反映外部环境和内部条件的变化，让管理者能迅速反应、及时决策，减少不必要的损失。某些信息的时效性特别强，例如股票价格信息，过时的价格信息可能失去了大部分作用。从古代飞鸽传书到现如今的互联网实时通信，人们为了最大限度地尽快获得信息采用了各种方法和技术。

（2）可传输性。信息可通过各种手段传输到需要到达的地方，能够突破时间和空间的限制，促进信息的开发和利用。

（3）可加工性。无论信息是否可量化，都可以被分类、排序、汇总和计算，按照人们的需要进行加工和处理。

（4）不完整性。由于人类的认知限制，关于客观事实的信息是不可能全部得到的。因此，数据收集或信息转换需要运用已有的知识，抓住主要矛盾和矛盾的主要方面进行分析和判断，从而得到有用的信息。

（5）共享性。信息在主体间的传递和传播，会导致信息的共享，而信息共享能够提升信息的利用率。现代企业往往通过互联网平台构建自己的信息共享系统，在合作伙伴之间快速便捷地共享信息。信息共享对信息的影响是双重的，从内在角度看，共享不会影响信息本身的数量和内容，不会带来形式上的损害；但从外在角度看，随着共享信息的主体增多，信息的价值可能会随之流失。由于不加选择地共享会导致信息的价值降低，重要和涉密的信息就必须加强管理，不能随意共享。

（6）价值性。在信息的共享中，获得信息的人并没有使传递信息的人失去信息。在信息的加工过程中，最初一些孤立的信息并不具有特别意义，但是随着相关信息量的不断增多，运用各种数学方法、统计方法，可以从大量看似并无关联的信息中发现一定的趋势和规律。近年来，计算机运算处理能力大幅提高，互联网技术以及大容量数据存储设备的开发，使数据量不断地刷新与增长。大数据的显著特征就是海量的数据集合，通过采用一定的技术和方法对这些数据进行处理可以有效指导实践，进而创造市场价值。

（二）管理信息

从信息系统的角度来看，数据是信息的重要存在形式之一。数据被记录下来后经过解读、分析就能加工成为信息，而信息经过分类、对比，成为下一轮运用中的数据。因此，可以说，管理信息是指经过加工处理后对企业生产经营活动有影响的数据。①

1. 社区居家养老服务机构中的管理信息

管理信息既具有一般信息的特点，又有自身的独特之处：

（1）分布广泛。管理活动所需要的数据既有来自社区居家养老机构内部各组成部门的原始数据，也有来自外部的供应商、市场和竞争对手的信息。

（2）数量大。管理活动中要接触处理的信息繁杂，如物资采购储备、设备和工具；企业员工招聘培训；财务状况和合作伙伴状况等都是管理必需的信息。

（3）形式多样。社区居家养老服务机构中的管理信息不仅有数字信息，还有声音、文字、图形和图像等类型的信息，对不同形式的管理信息的处理方法与手段也有区别。近年来，数理统计和运筹学中的许多方法在管理中的应用日益广泛，信息加工方式也日趋多样。

◎ 知识链接：

社区养老服务组织和机构运营管理中涉及的信息

（1）有关质量、环境、职业健康安全、批准等法律法规、技术标准、地方标准、行业标准、团体标准以及监管单位的要求等信息。

（2）服务开发、调研、立项、审批、施工、验收等信息。

（3）顾客咨询，顾客合同协议，顾客接受服务记录，顾客反馈、投诉、沟通信息。

（4）人力资源任职能力要求，人力资源能力评估信息。

---

① 陈德良. 管理信息系统理论与应用［M］. 北京：人民邮电出版社，2016：99-100.

（5）基础设施的采购、验收、使用、运行、维护、报废等相关信息。

（6）承包商信息、合同签订、服务实施、服务绩效评价信息。

（7）食品及特种设备等采购、验收、使用等信息。

（8）服务实施信息：参加人员、监控检查、考核评价等。

（9）过程监控、质量评价、绩效评价等相关信息。

（10）组织环境分析、风险分析与对策分析等有关信息。

（11）职业健康安全风险识别、评价、措施信息，包括事故处理、应急培训、应急准备等相关信息。

（12）有关社会监督检查及社会反馈信息。

2. 社区居家养老服务机构管理信息的作用

管理信息在社区居家养老服务机构经营管理中所起的作用，主要体现在以下三个方面：

（1）管理信息是决策的基础。管理的核心是决策，充分的信息是正确决策的依据，准确及时的信息是成功决策的保障。管理信息有助于社区居家养老服务机构降低运营决策过程中的不确定性和风险。

（2）管理信息是实现控制的依据。社区居家养老服务机构管理活动中流动的信息，从输入、处理转换到输出形成系统的信息流。信息流动是双向的，除了信息输入还有信息反馈，信息反馈把结果信息再返回到输入端，从而影响信息的再输入。信息反馈是进行控制的基础。

（3）管理信息是系统组织运转的主要支撑。社区居家养老服务机构本身是一个复杂系统，运转时需要将内部各组成部分联结为一个整体。在协调过程中，机构需要依赖和利用信息流。因此，信息不仅是系统组织运转的支撑，也是系统之间联系与合作的纽带。

二、社区居家养老服务机构的信息管理

信息管理的目的是实现信息资源的合理开发与有效利用。信息的管理需要通过信息系统来达成。信息系统是一个人造的复合系统。它由人、硬件、软件和数据资源组成，目的是及时、准确地收集、加工、存储、传递和提供信息，实现组

织中各项活动的管理、协调和控制。① 信息系统管理是保证信息系统正常运行的重要条件之一，由一系列有关的规章制度、组织机构、人员管理和系统规划等组成。

（一）信息系统的构成与特点

1. 信息系统的构成

系统资源是信息系统的基础，由软件和硬件两部分组成。系统软件包括操作系统、数据库管理系统和程序语言等，信息系统应用软件由支持特定功能的程序组成；硬件包括与信息处理相关的设备以及其他计算机配置，如计算机、服务器、网络、数据输入与输出设备等。

2. 信息系统的特点

信息系统本身也是一个系统，具有系统的一般特征：

（1）"人—机"系统。信息系统的建立是为了方便高效地支持决策、协调和控制，因此引入了计算机系统，形成了人机结合的系统。在这种系统中，人—机之间的协调程度越高，系统运行的整体效率也越高。

（2）动态系统。随着内外部环境因素的变化，组织的任务会相应变化，信息系统也需随之快速响应调整。近年来随着网络技术的快速发展，特别是"智云大平网"的运用，信息系统的更新换代速度显著加快。

（3）综合系统。在信息系统的开发建设中，不仅涉及通信技术、运筹学、控制论、信息论等方面的学科理论，还涉及社会科学领域中有关政治、经济、管理和组织行为学等综合知识。

（二）社区居家养老服务机构信息管理的流程

一个完整的社区居家养老服务信息系统通常具备以下基本功能：信息收集、传输、储存、加工、输出，此外还包括查询、统计分析、预测决策、系统管理等功能。

1. 信息的收集

---

① 李敏. 服务营销与管理［M］. 北京：人民邮电出版社，2017：59.

信息收集是信息管理工作的第一步。根据数据和信息的来源不同，可以把数据收集工作分为原始数据收集和衍生信息收集。原始数据收集是在活动发生的当时，从记载或显示信息或数据的仪器上直接读取描述活动的信息或数据，并在某种介质上记录下来。衍生信息收集则是收集已被记录在某种载体上的，与所描述的活动在时间与空间上分割开的信息或数据。

社区居家养老服务机构的信息收集首先要确定信息需求，即信息的识别。确定信息的需求要从系统的目标出发，调查客观情况，主观分析获取数据的思路。可用的方法包括调查研究法、访谈法、分析设计法等。在收集信息的时候系统专业分析员不会直接询问管理者的信息需求，而是先深入了解管理者从事的工作，再根据理论分析和科学设计得到所需要的具体信息。专业分析员可以从旁观的角度分析信息的需要，把信息的需要和用途对应起来，从而更易于收集到所需的信息。

◎ 知识链接：

社区养老服务机构运营信息需求

（1）支持战略规划的信息。战略规划是由机构高层领导完成的设计和决策活动，关注未来发展的趋势，通过预测内外部环境的变化趋势，确定服务的目标和方针，为资源配置制定计划。战略规划所需的信息大部分是外部信息，范围广泛、种类多样，但对于精确度的要求不高，如居家养老服务机构中的资源投入信息、相关方要求、投资立项需要的有关内外环境分析、国家政策法规要求、基础设施资源信息等。

（2）支持运营管理的信息。经营管理人员可以运用给定的资源，根据战略规划确定的方针，高效地实现预期目标。一般可通过内部的信息共享实现，如养老驿站管理中的财务信息、服务技术信息、人员信息和顾客满意信息、投诉信息、安全信息等属于此类信息。

（3）支持日常业务管理的信息。日常业务管理依据过去情况和当前实际情况来进行管理，需要了解具体业务活动的进度、消耗资源与成果情况。由于特定业务的内容、目标、所用资源等都已被预先确定，决策部分不多，通常涉及的是居家养老服务机构内部发生的、明确详细的信息，如具体计划任务、上级要求、质量检查反馈、服务标准、人员安排等信息。

2. 信息的传输

信息在信息通道间的传输形成信息流。信息传输应考虑信息的种类、数量和使用频率等方面的要求。

3. 信息的存储

静态信息经常要在不同管理业务中反复使用，因此需要对其不断维护和长期存储；动态信息由于产生与加工、应用的不同步性，也需要临时保存。存储信息时除了考虑存储量、信息格式和存储时间，还需要考虑安全保密等问题，一方面保证信息能够不丢失、不失真、不外泄，另一方面让信息使用更方便快捷。信息传输与信息存储是相互影响的。信息分散存储时，每一通道的信息传输量可以减少，但分散存储可能会引起不安全和不一致等问题。信息集中存储时，信息传输的负担会加重，但安全性和一致性问题得到了解决。实践中需要合理平衡两者的利弊。

4. 信息的加工

收集到的原始数据，由于比较散乱，无法体现问题的本质，为满足管理和客户的需要，一般都要进行加工处理。加工的种类很多。信息加工可以分为数值运算和非数值数据处理两大类。数值运算包括简单的算术运算、数理统计及模拟预测等；非数值数据处理包括排序、分类以及常规文字处理工作。

5. 信息的输出

信息加工后，将信息以各种符合要求的形式提供给有关使用者。

◎ **知识链接：**

建立居家养老服务顾客档案

建立顾客档案，需要建立管理制度，明确顾客档案收集信息内容（档案归档时间、负责人）、建立档案整理、保存、销毁、保密的管理制度。

第一，顾客档案信息收集

顾客档案实现信息化管理，需要将顾客的相关信息系统化、精细化。

居家养老服务的顾客主体是老年群体，顾客档案涵盖了提供给老年人的完整服务记录，包含以下基本内容：(1) 身体状况评估档案。老年人必须首先进行全面体检，身体状况是进行个性化照护服务的依据，也是出现纠纷时的可能证据。在进行养老服务期间也应定期体检。(2) 居家养老服务协议书。老年人与居家养老服务机构经过讨论协商达成居家养老服务合同，体现了双方的意愿和承诺，界定了养老服务的工作目标及相互责任，如养老服务的目标、为达成目标所采取的方法、测量和评估目标达成度的方法、协议双方的角色和任务等。(3) 服务过程记录。每次提供居家养老服务结束后，由提供服务的服务人员填写服务情况。有意识行为的老年人阅读服务记录，无异议情况下签字；无意识行为的老年人可由其家属核实或监护人代理签字。在此基础上，进行信息分析、归类、整理和评价，纳入信息管理系统。

第二，顾客档案管理流程

完整的管理流程包括建档—归档（档案归档时间、负责人）—保存—处置。这个过程中需要定期对档案进行整理、补充，实行动态管理。

不同的流程之下又对应不同的工作要求细则，如建档时专人专份，每位老年人一份档案，一人对应一个档案号；归档整理规范化，采用统一表格，内容准确、完整；储存时遵守保密要求、必要时调用记录可填写线上申请等。

第三，顾客档案管理原则

分门别类。对信息分类是为了便于查找和应用，可以按照不同标准进行分类，如性别、年龄、居住区域等。

整理加工。顾客信息需要定期整理、加工分析，为日后的使用做好准备。

严格保密。顾客信息具有隐私性，要对顾客信息进行保密管理，以防止顾客信息被篡改、窃取等侵权事故的发生。

持续更新。档案最重要的功能是追踪和应用，更新是档案管理的基本要求，及时补充变化信息，能跟踪事态发展，为管理活动提供实时信息。

三、社区居家养老服务机构的信息沟通机制

信息沟通需要及时、准确并完整地收集各种相关的信息，并将这些信息以适当方式在居家养老服务机构内部与外部及时传递。建立信息沟通机制是社区居家养老服务机构信息有效沟通和高效运营的保障。

（一）社区居家养老机构的信息沟通

1. 沟通的内涵

沟通是信息的传递与理解的过程，是在两个或多个主体之间进行的交流，在社区居家养老服务机构的经营管理中具有重要作用：首先，有效沟通可以为科学决策提供依据，提升管理的效能。社区居家养老服务机构面对大量的不确定信息，沟通可以共享数据和澄清事实，从而增强信息的准确性和数据的利用率，更好为运营管理提供支撑。其次，沟通能改善居家养老服务机构内的工作关系，增强凝聚力。沟通使管理者了解员工的需求，满足员工的需要；使员工了解组织，增进对居家养老服务机构组织目标的认同。此外，沟通让社区居家养老服务机构能够与外部环境建立顺畅联系，及时应变，从而降低交易成本，提高居家养老服务机构的竞争能力。

2. 沟通的过程

沟通是一个复杂的过程（见图 9-1），信息发送者也就是沟通的发起者，将需要沟通的内容进行编码并传递给所要沟通的对象，这里必须将信息编码成信息

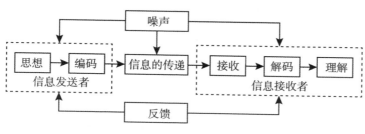

图 9-1 沟通的过程①

---

① 陈传明. 管理学 ［M］. 北京：高等教育出版社，2019：240.

接收者可以解码的信号再进行传递；信息接收者是信息发送者传递信息的对象，接收信息发送者传递来的信息，并将其解码，理解后形成自身的想法。信息接收者还要把理解的想法再返回给信息发送者，让信息发送者对反馈信息加以核实和修正。沟通过程中对信息传递和理解产生干扰的因素都属于噪声，沟通过程的各个环节都存在噪声。

3. 沟通障碍

沟通过程会存在种种困难，特别是居家养老服务机构运营涉及的人员和部门较多，容易出现沟通不畅的问题。影响沟通的障碍有信息因素、人际障碍、组织障碍和文化障碍。（1）信息过载，信息越复杂越难被传递、越容易失真；一次传递的信息越多，传递的效率就越低。（2）人际障碍可能来源于信息发送者，也可能来源于信息接收者，通常是由个体认知，能力与个性等方面的差异所造成的，如表达能力、知识和经验差异、选择性知觉和信息过滤等。第一，表达能力欠佳，如逻辑混乱、自相矛盾及模棱两可等，使发送者的真实意图难以被准确理解。第二，信息发送者在自己的知识和经验范围内进行编码，信息接收者在自己的知识和经验基础上进行解码。双方共有的知识和经验越少，信息接收者对信息发送者的信息就可能越无法理解。第三，在沟通过程中，信息接收者会根据自己的需要有选择地接收信息，并根据个人的兴趣和期望进行解码。第四，信息发送者为了迎合信息接收者的偏好，可能会故意操纵信息传递，造成信息歪曲。（3）组织障碍的根源存在于组织的等级结构之中，专业化分工为沟通困难提供了条件，如组织结构不合理和组织氛围不和谐等。组织层级过多，会造成信息传递费时且易失真；各部门之间机构重叠或条块分割，还会引起信息过滤。（4）文化背景也可能会促进或阻碍沟通。

（二）社区居家养老机构信息沟通的要素建设

沟通是提供、共享和获取所需信息的过程。内部沟通让信息在整个组织内向上、向下和横向传递，员工能清晰获得履行职责的资讯。外部沟通包括引入相关方需求的外部信息、向外部提供相应的信息，是企业应变能力的重要手段。从经营管理的角度来看，管理层应获取、生成和使用高质量信息。为克服信息沟通障碍，居家养老服务机构应建立信息收集与沟通制度，明确相关信息的收集、处理和传递程序，确保信息准确和沟通及时。信息沟通要素的建设一般包括信息收集、内部沟通、外部沟通、媒体宣传、信息系统。

1. 信息收集

信息收集是信息得以有效利用的前提。居家养老服务机构在日常经营和管理中需要收集各种内部信息和外部信息，并对这些信息进行合理筛选、核对与整合，以提高信息的有用性。收集信息，应注意以下原则：

（1）处理及时。一是对一些无法回溯的或不能复制的信息，要及时进行记录；二是信息的传递和加工，应秉承快速响应的原则。信息若不能在需要时提供给管理者使用，就会丧失使用价值。管理对象当前经营状态不能及时传递到控制部门，就无法进行实时控制，增加纠错成本。

（2）内容准确。信息要能准确地反映实际情况。可靠的原始数据，才能加工出准确的信息，才能作出正确的决策。一个经营管理系统的各个环节都是相互联系、相互作用的，支持这些活动的信息具有相关性，同一系统内的同一个信息应该具有一致性，才能在部门之间共同享用。信息不统一的状况则是比较普遍的，例如技术参数、评价标准、原始记录等，时间一长，容易产生数据重复、互不一致、残缺不全的现象。这个问题的解决需要健全管理制度和采用先进方法，加上可靠的技术手段作保证。

（3）适用对口。社区居家养老服务机构各级管理部门所需要的信息，在范围、详细程度、精度和使用频率等方面都各不相同。因此，提供的信息必须对口，这样才能及时准确得到与本部门工作有关的数据资料。大量重复的和不相关的信息，无助于解决问题，甚至会贻误时机。

2. 内部沟通

信息的价值必须通过传递和使用才能体现，应将相关信息在社区居家养老服务机构内部各管理层级、责任单位、业务环节之间进行沟通和反馈。可采取互联网、电话、会议、报告、调研、手册、培训、内部刊物等方式。应建立有效的内部沟通制度，培育良好的沟通规则，约束沟通中的不良行为，促进员工行为的一致性，增强内部沟通的效果。

3. 外部沟通

社区居家养老服务机构需建立良好的外部沟通渠道，包括：①及时向投资者报告财务状况、利润分配等方面的信息，听取投资者的意见和要求；②妥善处理机构与债权人的关系，维持提升机构的信用形象；③座谈、走访、调研，定期听取和收集客户意见；④与供应商沟通；⑤及时了解监管政策、监管要求的变化，积极反映自身诉求；⑥聘请律师参与重大业务、项目和法律纠纷的处理；⑦与当地社区及社会公众沟通，妥善处理好公众关系。

4. 宣传媒体

在新媒体时代，居家养老服务机构要重视对外宣传和与媒体的沟通，避免出现媒体关系不融洽、宣传不当或应对媒体准备不充分而导致与媒体沟通不畅，可能带来不实报道，进而损害企业声誉。

5. 信息系统

利用信息技术促进信息的集成与共享，充分发挥信息技术在信息沟通中的作用，通过建立与经营管理相适应的信息集成与交流平台，以提高沟通效率。

第二节　社区居家养老服务机构风险管理

由于内外环境的变化，社区居家养老服务机构在运营过程中会面临各种风险，如果处理不当就可能使组织陷入困境甚至发生危机。因此，为确保社区居家养老服务目标的实现，树立风险意识，完善风险管理就成为社区居家养老服务管理的一项重要工作内容。

一、风险及其特征

在社区居家养老服务过程中，经营风险、法律风险、管理制度不健全、环境风险以及人员管理等风险，可能会对社区居家养老服务的发展产生各种阻碍，所以需要充分认识风险并消除和控制风险带来的各种危害和损失。

（一）风险的内涵

风险始终伴随和影响着人类的生活，科技进步大大提高了人类认识风险、预防风险的能力。准确地识别并分析风险，是有效进行风险管理的基础。风险及其危害的关注和研究早已有之，但对于什么是风险，目前学术界并没有一个公认的定义。风险概念在经济学、管理学和工程学领域的定义各不相同，可分为两类观点：风险客观说和风险主观说。其中，风险客观说认为风险是可以利用统计学等工具预测的、客观存在的损失的不确定性；风险主观说承认风险是损失的不确定性，但不确定性与个人对客观风险的评估有关。综合以上可知，风险与不确定性有关。从风险管理研究角度来看，风险是事件发生并对组织实现其目标产生负面影响的可能性，包括事件发生的可能性及负面影响的大小。

（二）风险的特征

对风险的不同理解和定义，使得风险具有多种属性和特征。第一，不确定性是风险的本质特征。由于环境变化快且组成复杂，风险是否发生、何时发生、后果如何都具有不确定性。当条件发生变化时，风险的性质和结果也随之变化。例如，老人意外跌倒每天都在发生，但具体是哪一个人、何时何地发生是无法预先确定的，万一发生跌倒，将会造成怎样的损失和伤害，也无法确切预知；第二，风险具有客观性，不以人为意志而转移。即使预测了风险的存在，也只能部分地控制风险，不可能彻底消除风险；第三，风险具有相对性。不同主体对同一事件的风险承受能力不同，因此处理方式也不同；第四，风险具有规律性。风险事件的发生是诸多因素共同作用的结果，各因素的作用时间、方向、强度等都是随特定条件变化的，每一因素都具有偶然性，使得单个风险事件的发生也具有偶然性。但从宏观和总体角度来看，借助数理统计的方法，一定时期某种风险的发生和影响程度具有一定的必然性和规律性。

◎ 知识链接：

风险是不确定和相对的，我们能认识它吗？

我们既可以认识风险的性质和大小，也可以观测和度量风险的后果。

对于事件发生的不确定性程度，可以用概率来描述。例如，当概率在 0

至 50% 之间时，随着概率的增加，不确定性随之加大，概率为 50% 时不确定性最大；当概率在 50% 至 100% 之间时，随着概率增加不确定性随之减小。当概率为 0 和 100% 时，不确定事件即转变为确定事件。

对于事件结果的不确定性，可以用实际结果与预期目标的偏差或可能产生结果的变动来描述，极差或全距、标准差、方差、离散系数、β 系数等指标可以用来衡量可能结果的变异程度。

借助现代信息技术，大数据和云计算更是为人们认知和衡量风险提供了便利。

资料来源：王清刚. 内部控制与风险管理［M］. 北京：中国财政经济出版社，2020：68.

二、社区居家养老机构面临风险的分类

（一）基于对目标影响程度的分类

以风险对社区居家养老机构目标实现产生的影响为分类标准，可以分为战略风险、运营风险、合规风险、资产风险等。（1）战略风险是影响居家养老服务机构战略目标实现的不确定性因素，是高层次风险，影响着整个企业的发展方向、资源配置、整体效益、核心竞争力，如战略规划风险等；（2）运营风险是居家养老服务机构在运营过程中存在的影响运营效率和效果的不确定性因素，如服务价格风险、融资风险、投资风险等；（3）合规风险是居家养老服务机构在服务和管理活动中，未按法律法规、合同约定、监管要求等规定行使权利、履行义务而造成的不确定性影响；（4）资产风险是影响居家养老服务机构资产安全、完整和使用效能的不确定性因素。

（二）基于职责领域的分类

（1）制度风险，社区居家养老机构运营服务的法律法规、政策意见、内部管理制度因设置不完善、内容不明确等问题而导致运营管理风险的产生；（2）市场风险，社区居家养老机构提供的服务因缺乏市场竞争力、专业人员不足，不能够

满足当前老年人的需求，导致社区居家养老服务机构维持运营的难度加大的风险；（3）管理风险，社区居家养老机构因设施不合理、感染防控不到位、服务老人不满意、外包服务不达标等管理不善而造成的运营风险。①

三、社区居家养老服务机构风险管理的流程

社区居家养老服务机构风险管理是指居家养老服务机构通过对风险的识别、衡量和处理，力求以最小的经济代价为组织目标的实现提供安全保障的管理活动。因此，社区居家养老服务机构的风险管理不仅是降低和控制风险的过程，也是各个层级全体人员的职责，而不是仅仅针对管理人员；同时风险管理是面对整个居家养老服务机构系统，而不是仅仅针对某一个子系统。风险管理涉及管理目标的确定、风险的识别和评估、风险管理方法的选择、风险管理的实施及风险管理效果的评价与改进等具体内容。具体而言，社区居家养老风险管理流程包括以下环节：确定目标—识别风险—风险评估—风险控制—风险管理效果评估。

（一）风险管理目标的确定

风险管理的根本目标是力求以最小的成本支出来保障社区居家养老服务机构组织目标的实现。

1. 损失前目标

社区居家养老服务机构的损失前风险管理目标包括：（1）成本目标。为规避风险而不计代价地支出、漠视风险存在而节省必要的预防费用，这些都是社区居家养老服务机构应该杜绝的现象。潜在损失的预防需以经济合理的方式来实现，这是社区居家养老服务机构运营风险管理的首要目标；（2）合规性目标。社区居家养老服务机构应严格遵循与自身的经营活动相关的法律法规、政策；（3）社会责任目标。社区居家养老服务机构应关注利益相关者的利益，承担其自己的社会责任。

2. 损失后目标

---

① 周小喜．养老机构运营风险防范机制研究［D］.上海：上海工程技术大学管理学院，2020：25-26.

一旦发生风险事故，社区居家养老服务机构就应采取必要措施，努力降低负面的影响，并尽快恢复到正常运营状态。损失后目标具体包括持续经营目标、稳定收益目标、生存目标、社会责任目标。

（二）风险的识别

社区居家养老服务机构风险识别是指管理者运用相关的知识和方法，全面、系统及连续地发现和描述居家养老服务机构所面临的各种风险、风险原因以及潜在的后果。由于社区居家养老服务机构内外的环境总是在不断变化之中，风险的质和量也在不断发生变化，因此对风险的识别不能时断时续或一劳永逸，而是一个持续的过程。具体而言，风险识别的主要工作包括如下几个方面：

1. 确定风险识别的内容和范围

一般而言，风险识别的主要内容包括社区居家养老服务机构内外存在的风险因素，可能出现的风险事故、风险事故的可能影响范围、风险发生后可能带来的直接或间接后果，以及风险发生后可能引发的连锁反应或叠加效应等。风险识别工作一般由社区居家养老服务机构中风险管理部门的人员主导，涉及组织的各层次、各部门和各项业务工作，甚至还会涉及某些外部因素，因此风险识别的范围宽泛且内容庞杂。

2. 选择合适的风险识别方法

风险识别的方法有很多，应用领域和侧重点也各不相同。常用的风险识别方法与技术包括：

（1）现场调查法

现场调查法是了解社区居家养老服务机构运营实际状况、获取第一手资料的有效方法。一般由风险管理专业人员到现场观察各部门的运作，检查各种设施及各项服务实施过程，深入了解服务活动设置和服务人员行为方式，以便于从中发现潜在风险。在现场调查的过程中，风险管理专业人员要注意和一线工作人员进行交流和沟通，发挥灵活性和创造性，对潜在风险要保持敏锐意识。特别是对某些因患病而表达困难的老人，需要换位思考和设身处地考虑问题，最大限度地发挥现场调查的作用。现场调查法使风险管理专业人员可以获得第一手资料，但这需要花费大量的时间，成本较高。同时，定期的现场调查可能使其他工作人员忽视风险识别或者疲于应付调查工作。

（2）审核表调查法

审核表调查法是由相关责任人或风险管理专业人员填写事先设计好的调查表，调查表通常会系统地列出各个组织可能面临的风险，使用者对照调查表中的问题逐一回答，进而根据表格内容来识别分析，构建出组织的风险框架。审核表调查法具有广泛的适用性，并能根据需要随时调整和修订表格中的调查内容。该方法能获取大量的信息且成本较低，通常表格的制作要有较高的专业水平和丰富的实践经验，由于填写人员的素质等原因，会出现填写不准确的问题。一些通用的调查表难以揭示出社区居家养老服务机构风险的特殊性。

（3）组织结构图示法

组织结构图示法是指通过绘制并分析组织结构图，来识别风险可能发生的领域与范围。通过组织结构图示法可以了解：第一，社区居家养老服务机构活动的性质和规模。第二，社区居家养老服务机构内部各部门之间的内在联系、权力配置情况和相互依赖程度，需要分析是否有业务与权力交叉。第三，社区居家养老服务机构内部可以区分的独立核算单位，这是对风险做出财务处理决策时所必须考虑的。第四，社区居家养老服务机构存在的、可能使风险状况恶化的弱点，以及潜在风险的可能发生范围。

（4）流程图法

流程图法是将社区居家养老服务机构的服务与活动按照内在的逻辑联系绘制成流程图，针对流程中的各个环节，特别是关键环节和薄弱环节，进行风险因素、风险事故及可能的损失后果等方面的识别和分析。流程图法较为简洁、清晰，基本上能够揭示出整个服务活动过程，把一个抽象的问题分成若干个可以具体分析的问题，进而识别出各环节中的风险。但是，需要消耗大量时间，从了解服务活动过程，到绘制流程图，再对流程图进行解析并识别潜在风险，耗时较多。

（5）财务报表分析法

财务报表分析法是运用财务报表数据对社区居家养老服务机构的财务状况和经营成果及未来前景进行评价，从而分析和识别组织所面临的潜在风险的方法。社区居家养老服务机构的经营活动最终会涉及货币或者财产，而风险事故的发生会对财务产生负面影响，通过仔细研究相应的财务报表，就会发现组织面临的各种风险。

财务报表分析通常用到的报表是资产负债表、损益表和现金流量表。财务报表分析法识别风险的方法主要有趋势分析法、比率分析法和因素分析法三种。通过财务报表可以获得多种综合性风险指标，如流动性、盈利能力、偿债能力、资本结构等。监控与特定事项相关联的数据，可以识别出可能导致该事项发生的风险是否存在。财务报表分析法所需资料较易获取且具有可靠性，研究的结果是以会计科目的形式表现的，更易于识别隐藏的潜在风险，但是如果缺乏财务管理专业知识，就无法通过报表识别居家养老服务机构面临的潜在风险。

（6）风险因素识别法

风险因素识别法依据 5M1E 分析法，将影响服务质量的主要因素，围绕"人、机、物、法、环、管"逐一进行风险分析。如，康复照护服务中的风险因素主要围绕"人、机、物、法、环、管"进行分析，其中，"人"是重点因素，包含服务人员、老人及老人家属的行为、不当语言或无效沟通，都会给服务带来风险；"机"是服务中所需要的康体设备、仪器等服务工具，设施的完整性、安全性是造成风险的原因；"物"是服务中所需要的室内设施、康体用品制作材料是否符合国家标准等；"法"是指服务中操作手法、方法，例如为辅助老人使用器械的方法与流程是否符合制度要求及操作规范；"环"是服务环境及驿站周边环境，如驿站康复室的环境、家具、器具摆放等；"管"为管理制度的缺失及管理的缺陷，如是否建立了标准的服务流程、服务规范、各类管理制度及应急预案。

3. 进行全方位的风险识别

开展风险识别工作，就是识别出可能影响居家养老服务机构目标实现的内外部风险因素及其驱动因素，要重点关注风险因素和风险事故。风险事故是造成损失的原因，引发风险事故的风险因素有物质风险因素、道德风险因素、心理风险因素和法律风险因素等。风险识别的一个重要步骤是能够预见到风险事故，尽可能将可能产生事故的风险因素控制在一定的范围内。如前述服务规范问题，可以通过岗前培训、考核及上岗后进行阶段性考核来解决。

（三）风险评估

在识别并确认组织面临的风险以后，社区居家养老服务机构的风险管理人员就要对风险进行衡量和评价以便于确定风险管理方案，进而采取相应的风险应对措施，将可能造成的风险损失降至最低，或控制在社区居家养老服务机构可以接受的范围内。

1. 风险评估的原则

（1）系统性原则。风险造成的损失和带来的影响可能是多方面的，因此，在社区居家养老服务机构风险评估时，既要评估风险的所有可能性，又要评估风险可能带来的所有影响；既要评估各个风险因素，也要评估这些因素间的相互联系和相互作用；既要评估社区居家养老服务机构，也要评估社区居家养老服务机构的内外部环境因素。

（2）科学原则。风险评估要秉持严谨、周密的科学态度，进行客观、准确的评估。第一，尽量保持评估方法的一致性和连续性，便于评估结果的对比分析；第二，尽量选择简洁、科学且容易获取数据资料的评估方法；第三，评估支持数据和资料要准确可靠。

（3）动态性原则。根据环境发展变化，预测风险的可能变化趋势，做出相应的分析评价。

2. 风险评估的方法

风险评估的方法主要分为定性分析技术、定量分析技术及其结合。定量分析的结果精准度高且利于使用，但在定量分析所需要的数据资料无法获取或获取成本过高时，也可采用定性分析技术。社区居家养老服务机构管理者要根据实际需求，结合风险评估的目标、信息和数据及法律法规要求等灵活选择分析方法。

（1）情景分析。通过假设、预测和模拟未来可能发生的情景，分析各种情景可能对社区居家养老服务机构实现经营管理目标产生的影响，可采用定性或定量的手段进行，主要适用于可变因素较多的项目的风险分析。社区居家养老服务机构可以根据事件发展的趋势，在假定某些关键影响因素可能发生的基础上，构造出多种可能的未来情景，提出多种未来的可能结果，并根据可能的损失情况而采取适当措施，以防患于未然。情景分析法目前应用广泛，在具体实践中产生了历史情景再现法、目标展开法、因素分解法和随机模拟法等。

（2）敏感性分析。社区居家养老服务机构分析和测算运营管理系统的主要因素发生变化对实现预期目标的影响程度，以确认系统对各种风险的承受能力。敏感性因素的微小变化就会引起各项指标的较大变化，甚至会影响原有的风险管理计划；而不敏感性因素即使发生较大的变化，也只会导致评价指标的微小变化，甚至不变。如社区居家养老服务的推进，受政策的影响较大，相关政策一旦发生变化，相应的指标、设计、流程乃至实施方式、资金管理都会受到较大的影响。敏感性分析的目的就是在确定敏感性因素的基础上，分析敏感性因素对养老服务机构活动的影响程度，准确掌握风险水平，并选取适当的风险控制方法和策略。

（3）风险地图。将一个或多个风险的可能性及影响用图形来表示，可以直观地突出哪些风险更重要、哪些风险是相对次要的，从而使风险评估更加形象直观和便利。风险地图可以采用热图、流程图、矩阵图等形式估计风险的可能性及影响。

（4）事件树分析法。事件树分析起源于决策树分析，是按事件的发展顺序由初始事件推论到可能的后果。这是一种时序逻辑分析法，按事件发展顺序，分阶段和步骤分析，每一事件的后续事件只能是取完全对立的两种状态之一，如安全或危险，逐步向结果趋近，直至达到事故为止。通过事件树，可以定性了解整个事件的动态发展过程，可以通过各阶段的概率，最终计算事故发展过程中各种状态的发生概率。

（四）风险控制

社区居家养老服务机构在进行了风险的识别和评估之后，就需要研究如何有效应对、控制风险。依据风险处置方式的不同，社区居家养老服务机构控制风险的方法可以分为如下几种：

1. 风险避免

在风险发生的可能性较大且影响程度较高的情况下，社区居家养老服务机构组织采取的中止、放弃或调整等风险处理方式，避免风险损失。风险避免虽然可能导致社区居家养老服务机构丧失某些获利机会，但在某些情况下，可能是风险管理的唯一或最优选择。社区居家养老服务机构可通过中断风险源，来避免可能产生的潜在损失或不确定性。如对社区居家养老服务机构而言，由于老年人意外伤害是主要的服务风险，服务人员一旦发现老人的不安全行为，必须及时制止，还要避免服务人员的不合规行为，如地面在清扫后残留水渍，把物品放置在通道上等。

2. 风险分担

社区居家养老服务机构可以将自身可能遭受的风险或损失，有意识地通过正当、合法的手段，部分或全部转移给其他经济单位的风险处理方式。例如，社区居家养老服务机构与供应商签订的合作协议中都会有保证金条款，所有与老人身体健康有密切关系的产品和服务供应商（如餐饮配送，医疗设备、产品等），都需要缴纳一定金额的保证金。通过这种方式，可以将部分安全风险转移给供应商。保险是最常用的一种风险分担方式。利用保险进行风险分担就是通过保险合约，以投保的方式将组织面临的潜在风险转移给保险公司。社区居家养老服务机构通过参保能增强驾驭风险和防范风险的能力。目前，上海等城市已推行政府为社区居家养老场地开展人身意外保险公开招投标采购，这能降低因意外伤害给养老机构和老人带来的经济损失。

3. 损失减低管理

社区居家养老服务机构通过对风险的分散和风险损失的控制，将大风险化为小风险，将大损失减少为小损失。损失减低管理可采用风险分散和复制风险单位的方式。

（1）风险分散是指社区居家养老服务机构将面临的风险单位进行分散，划分为若干个较小且价值低的独立单位，并分散于不同的空间，通过减少单次损失的发生和所造成的损失幅度，从而降低组织可能遭受的风险损失程度。例如，社区居家养老服务机构通过多元化投资的方式来分散单一业务或服务经营可能面临的风险，如日间照护、康体管理和上门服务等业务多线并开，在业务之间达到收支平衡和盈利。但是，在这样缩小了风险单位的同时，又增加了需要控制的风险单位数量，任一服务业务发生风险事故都会给企业造成损失，同时每项服务业务的开展都需要资金支持，过多的业务种类可能使居家养老服务机构资源紧张，造成每项业务都发展平平，难以形成核心竞争力。

（2）复制风险单位。社区居家养老服务机构预先备份一份维持正常的经营活动所需的资源，在原有资源因各种原因不能正常使用时，备份风险单位可以代替原有资产发挥作用。这种方式并没有使原有风险变小，但可以在风险事故发生时减少单次事故的损失程度。例如，备份客户档案文件并将备份文件隔离存放，可以在原文件出现故障时迅速启用备份文件，以保障经营管理活动的正常开展，起到减轻预期的事故损失的作用。备份时同样需要耗费组织资源，会增加一定的开支负担。

4. 风险保留

社区居家养老服务机构为自己承担风险事故造成的损失，可以预留安排相应的资金。社区居家养老服务机构在采取风险保留后，需要确定相应的资金安排，包括资金的来源、损失的补偿程度以及损失发生后补偿资金来源的变现性等因素。总之，社区居家养老服务机构应根据自身的业务特点来合理确定风险偏好和风险承受度，并采取相应的风险控制对策。

（五）风险管理效果的评价、实施与改进

社区居家养老服务机构应对风险管理方法和策略的效益性和适用性进行分析、检查、评估和修正，对风险管理的实际效果进行定期或不定期复盘。对风险管理进行动态管理能够对新出现的风险和原有风险的变化重新做出评估，改进管理措施，从而有助于预防和减少事故的发生，提高管理水平，并增加收益。

四、社区居家养老服务机构经营风险管理实践

（一）供应商风险管理

社区居家养老机构的供应商包括提供生活照护、心理慰藉、健康指导、法律服务等养老服务的服务类供应商，以及提供健康产品、适老化用品等老年用品的产品类供应商。供应商风险管理需要识别准入、签约、服务和退出四个阶段的风险，进而制定管理规范制度，实现对风险的有效控制。

1. 准入审核

由于不能满足养老服务需求的供应商进入市场，会损害老年人及相关主体的合法权益。而相关法律法规不健全、法律责任承担主体缺位等，也导致受害人权

益救济难以实现。此外，随着养老服务内涵的不断丰富，供应商提供的服务日趋多样化和个性化，为了追求经济效益，部分第三方供应商可能在未取得相应专业资质的情况下，提供超出其经营范围以外的服务，这也可能会引发各种风险。为此，需要对供应商进行资质审核：第一，法律许可，企业营业执照中确定的服务范围应符合合作项目要求的内容；第二，行业资质，企业所在行业所要求的专业资质许可证；第三，人员资质，尤其专业人员具备养老行业相关培训结业证书。

2. 签约管理

协议的内容是各方履行责任和主张权利的依据，也是发生纠纷时进行裁决的基础。协议履行过程中可能出现的风险有：（1）合同条款缺乏可操作性，可能出现重大误解、显失公平与欺诈等情形；（2）对于服务过程中会发生的法律风险以及法律责任的分担也未作约定，存在法律隐患。为此，需要在合同协议中明确：第一，服务标准化流程、服务技术规范、数量（计量单位、计算方式）、金额（单价、总价）、销售定价方式、结算价格、结算币种、支付方式、支付周期；第二，服务质量要求、安全要求、服务过程要求、人员要求、服务质量控制、服务承诺；第三，服务验收条款、验收时间、验收标准及验收方法。此外，还需注意：第一，附加保证金条款，在双方协商的基础上，可选择缴纳一定金额的保证金；第二，附加违约条款，具体约定违约金金额，可以是合同总金额的某一比例，也可以是某一具体金额。

3. 服务过程监督

由于存在服务质量未达到承诺标准，与合同不符；服务过程侵害消费者权益，存在安全风险；供应商不愿接受监督及配合度差等问题，需要进行服务质量绩效管理。第一，对服务质量不定期地进行抽查，确保及时发现问题并及时解决，保证服务质量；第二，服务过程严格遵循服务规范，防止危及安全和发生意外伤害；第三，将供应商的配合、沟通与反馈纳入考评。

4. 退出机制

供应商退出服务的情形包括：第一，由于突发性异常情况，主动提出退出要求；第二，因服务质量差或发生重大事故等被要求退出服务。在处理供应商的退出时，需要注意：第一，若是供应商发起的，需填写"供应商退出申请"说明解约原因；第二，若合同未到期，需附合同变更文本，双方结算费用；第三，建立供应商档案库，以备及时增补选用新供应商。

（二）社区居家养老服务机构经营风险防范机制建设

1. 社区居家养老服务机构经营风险持续存在

由于服务的特色和服务人员的特殊性，社区居家养老服务机构在经营管理过程中面临各种意外风险、侵权风险等。社会养老由家庭、社区、养老机构等多元主体合作实现，因此，意外风险治理在多元主体共治的基础上遵循"因过担责"逻辑。社区居家养老服务机构会因为第三方提供的服务造成的意外风险而承担责任，如因养老驿站的设计和布局不符合规范，设施配套不完善，导致老年人受到了人身伤害。第三方供应商的养老服务人员在参与文化娱乐活动的过程中，实施了不当行为，导致老年人受到了人身或财产的损害，社区居家养老服务机构对于老年人受到的损害将承担民事赔偿责任。在与第三方合作开展活动时，若第三方穿插虚假商业广告宣传导致老年人上当受骗，社区养老服务机构可能会面临行政处罚甚至承担刑事责任。

同时，社区居家养老服务机构也可能受到各种损害和侵权，如家政服务人员可能受到人身损害，常见的有个别老年人性骚扰服务人员，由于举证困难，受到骚扰的服务人员往往选择不了了之，合法权益无法得到有效保障。在老年人与养老服务机构签订服务协议时，老年人及其家属隐瞒其患有精神病、某些传染病等事实，使得社区居家养老服务机构在不知情的情况下为老年人提供不适合该老年人或可能间接损害其他老年人的服务，最后造成了伤害和损失。①

2. 建设社区居家养老机构经营风险防范机制

社区居家养老服务机构需要从增强员工风险防范意识，定期开展风险教育，

---

① 潘利平. 居家和社区养老服务中的法律风险及对策建议——以成都市郫都区居家和社区养老服务中心为样本 [J]. 西南民族大学学报（人文社会科学版），2019（2）：64-65.

健全运营风险防控制度、使运营管理规范化标准化，健全应急预案制度、配备专职安全人员等方面来加强运营风险防控。人才是影响风险管理成效的关键，由高水平高素质的人才队伍为老年人提供专业化高质量的服务，这是社区居家养老服务机构持续良好经营的重要保证，人才流动的风险是社区居家养老机构内部风险防范必须重视的一环。此外，尽管已经出台了各种制度和规范，但由于种种原因，对身心脆弱的老年人合法权益的保护，以及对社区居家养老服务机构的运营保障仍然力度不够。因此，社区居家养老服务机构的风险管理还有待各方共同助力，构建养老机构运营风险防范机制。

第三节　社区居家养老服务机构人员管理

随着社区居家养老服务业的不断发展，人员管理成为社区居家养老服务机构经营研究的重要一环。社区居家养老服务人员包括：日常服务人员、志愿者和外包服务人员。日常服务人员是指为老人们提供日常生活照料服务的基层服务（护理）人员、医务人员、智慧管理平台技术支持人员以及各级管理人员等。目前最缺乏的仍是专业护理员。为保证社区居家养老服务机构经营活动的正常进行，实现组织的既定目标，需要对有关人员进行恰当而有效的选拔、培训和考评，用合适的人员去充实社区居家养老服务机构组织架构中所设定的各项职务。对社区居家养老服务人员的甄选、培训、激励是社区居家养老机构服务人员管理的主要内容。

◎ 知识链接：

养老服务人才

养老服务人才是指具有一定养老服务专业知识和专门技能，为在居家、社区、机构等不同场景养老的老年人提供生活照料、康复服务、紧急救援、精神慰藉、心理咨询等多种形式服务的专门人员，是养老服务从业人员中的骨干力量，主要包括养老服务技能人才、养老服务专业技术人才和养老服务经营管理人才。加强养老服务人才队伍建设，有利于引领和带动整个养老从业人员队伍素质的提升，是实施积极应对人口老龄化国家战略和新时代人才强国战略、推动新时代新征程养老服务高质量发展的重要举措。①

一、社区居家养老服务机构人员选配流程

社区居家养老服务机构人员选配需要经过人员规划、人员招聘和人员录用三个主要步骤。

（一）人员规划

首先要确定社区居家养老服务机构所需人员的种类和数量，知道需要哪类人员，需要多少人员。人员配备是在组织设计的基础上进行的，人员需要的确定以组织设计中的岗位类型和岗位定编数为依据。

由于社区居家养老服务机构是不断变化发展的，社区居家养老服务机构中所需要设置的岗位和各岗位需要的人数也会随之发生变化。因此，一方面需要评估当前的人力资源状况，对社区居家养老服务机构现有人员的教育、培训、专业进行汇总和分析；另一方面要考虑未来社区居家养老服务机构对人力资源的需求，预测本社区居家养老服务机构内部能提供的劳动力以及外部劳动力市场的供应情况。把以上两方面结合起来，可以大致估算出人员不足或人员冗余的部门，据此预测在什么时间节点、需要什么类型的人员、需要多少人员以及怎样获得这些人员。人员规划是为后续的人员招聘和培养奠定基础。

（二）人员招聘

根据规划进行人员招聘，选拔出合格人才进入适当的工作岗位。人才可以通过外部招聘和内部选聘的方式进入社区居家养老服务机构。

---

① 民政部 国家发展改革委 教育部 财政部 人力资源社会保障部 住房城乡建设部 农业农村部 商务部 国家卫生健康委 市场监管总局 税务总局 全国老龄办. 关于加强养老服务人才队伍建设的意见［Z/OL］.［2024-08-31］. http：//shanghai. chinatax. gov. cn/zcfw/zcfgk/node92/202403/t471147. html.

1. 外部招聘

社区居家养老服务机构的管理者对人事资料库进行调研之后，确认目前在职人员中无人能够胜任空缺职位，就需要从社区居家养老服务机构以外招聘人员。

外部招聘的被聘者因为没有过往在该机构的人际经历，所以没有人际顾虑，可以放手工作。内部竞争者之间为得到这个职位的紧张关系也能得到缓和。此外，能够为组织带来新的工作方法和经验。

但外部招聘也有局限性：外聘者与社区居家养老服务机构双方都缺乏深入了解，需要磨合适应期。大多数员工都希望在社区居家养老服务机构中能有不断升迁和发展的机会，如果组织过于注重外部招聘，内部员工会感到被忽视，就会打击他们的工作积极性，影响士气。

2. 内部选聘

大多数社区居家养老服务机构在需要补充人力资源时，通常优先考虑内部选聘，通过晋升、调动和工作轮换等形式来调整机构内现有人员的岗位配置。

内部选聘能给社区居家养老服务机构内的员工带来希望和机会，充分调动员工的工作积极性；而且被聘者了解本组织运行，能迅速适应环境，开展工作。内部选聘也有一些弊端：可能会导致内部人员近亲繁殖与任人唯亲的情况发生；还可能会使落选者产生不满情绪，引起同事之间的矛盾，不利于被聘者开展工作。

（三）人员录用

人员录用是社区居家养老服务机构依据选拔的结果作出录用决策，并对新员工进行岗位安置的活动。人员录用根据一定的用人标准和岗位要求，对应聘者进行评价和选择。人员录用实际上属于一种预测性行为，录用人员的数量和质量将决定社区居家养老服务机构的人力资源结构。公平、公开、科学高效地甄选和录用符合岗位需求的人员，使劳动力结构符合社区居家养老服务机构发展的整体目标，是人员录用的主要任务。

人员录用的关键是采用有效的录用方式、确定科学的录用流程。社区居家养老服务机构人员录用包括四个阶段：录用准备、录用甄选、录用实施、录用评估。

1. 录用准备阶段

根据组织人力资源规划及岗位工作分析，制定录用计划，并根据潜在录用对象的特征，选择特定途径发布信息。

2. 录用甄选阶段

通过简历筛选确定正式参加考试的应聘者，并组织考评。

（1）常用的甄选手段和方法包括：应聘者申请表分析、资格审查、笔试与面试、体格检查等。由于养老服务的特殊性，对应聘者的健康要求较高。

（2）一般的服务人员录用甄选方式有多重淘汰式、补偿式和结合式。多重淘汰式中应聘者必须在每种测试中都达到一定的标准才能通过测试。补偿式中应聘者参加的不同测试可以互为补充，根据所有测试中的总成绩作出录用决策。也可以将多重淘汰式和补偿式两种方式结合互为补充，有些测试是淘汰性的，有些测试是补偿式的，如应聘者通过淘汰性的测试后，才能加入其他测试。

3. 录用实施阶段

针对每位应试者的素质和能力特点，结合甄选评价过程中的信息进行综合评价与分析，并根据预定的人员录用标准和录用计划作出录用决策。录用决策需要依据以下原则：

（1）全面衡量。录用的人员必须具备一定的综合素质，对不同的能力素质要在测试中赋予不同的权重，通过测试结果反映应聘者的综合实力。

（2）关注重点。在录用时不要只注意挑应聘者的小毛病，必须分辨哪些能力对于完成应聘岗位的工作是不可缺少的，抓住主要问题以及其核心方面，否则很难录用到合适的人员。

4. 录用评估阶段

录用评估是录用活动的最后阶段，要对录用活动作总结和评价，将有关资料整理归档。评价内容主要包括录用的成本核算、录用的质量评估等。

通过招聘和录用，可以为社区居家养老服务机构的相应岗位配备合适的人员。

二、社区居家养老服务机构的人事考评

社区居家养老服务机构要对一段时间内员工个人的工作能力及工作绩效进行

考核考评。人事考评作为一种反馈机制，可以促进社区居家养老服务机构成员共同协调发展，有助于形成激励机制，实现社区居家养老服务机构的绩效目标。科学的评价系统才能对社区居家养老服务机构的人员素质和工作绩效作出公正的评价。

（一）人员考核的基本要素

社区居家养老服务机构的人员考核主要包括四大部分：职业品德、工作态度、工作能力、工作业绩。

职业品德主要考核养老服务人员是否在思想上与社区居家养老服务机构的组织理念保持高度一致。具体内容包括对社区居家养老服务机构的忠诚度、对社区居家养老服务机构的任务贯彻执行情况等。

考核工作态度的目的是评估养老服务人员是否具有工作积极性与主动性，是否能够钻研业务与勇于创新，是否具有较好的组织纪律性，包括责任心、服从意识、协作意识等。

工作能力是指养老服务人员的业务知识和工作能力，主要包括基本能力、业务能力、应用能力和创新能力等。对工作能力的认定可以采用等级考试的方式进行确定，如民政部、国家发展改革委、住房城乡建设部等12部门联合印发《关于加强养老服务人才队伍建设的意见》中，首次提出以养老护理员为试点，完善养老服务技能人才职业技能等级制度。在《养老护理员国家职业技能标准（2019年版）》设置的五个职业技能等级基础上，可在高级技师等级之上增设"特级技师"和"首席技师"，在初级工之下补设"学徒工"，形成由学徒工、初级工、中级工、高级工、技师、高级技师、特级技师、首席技师构成的新八级工职业技能等级（岗位）序列。评价主体是由社会培训评价组织担任的职业技能等级认定机构、符合条件的用人单位自主开展职业技能等级认定。通过等级考核认证，打通了养老护理员提升工作能力的成长通道。

工作业绩是养老服务人员对工作目标的完成度、对组织的贡献和创造的效益，包括完成工作任务的数量和质量，从事创造性劳动的成绩和工作效率等。

（二）考评方法

人事考评的方法比较多，如实测法、成绩记录法、书面考试法、直观评估法、情境模拟法、因素评分法等，社区居家养老服务机构可以组合使用。

（三）考评程序

一般社区居家养老服务机构人事考评的流程是：确定考核目标—制定考核标准—衡量工作、收集信息—做出综合评价—考评结果反馈和备案。

最后的考评结果要及时告知考评对象，考评结果也要及时进行备案，作为确定考核对象职业发展和组织人力资源工作决策的依据。

三、社区居家养老服务机构人员培训

目前，养老服务人员学历层次较低，具有养老服务相关专业背景的从业人员占比低。接受过专业、系统、全面的养老技能培训的人员仅为少数，大部分只是接受了简单培训后便上岗，理论知识和专业技能均相对缺乏，实践经验也有待提升。因此，如何培养适合智慧养老前提下的社区居家养老服务人员成为一个重要议题。养老服务的一大特性是顾客的参与度高，就意味着服务人员和顾客的互动较多，服务人员的形象与行为都处在顾客的密切关注之下，因此员工服务的状态，会极大地影响顾客对所接受服务的感知。由于养老服务具有无形性，服务效果不易确定，顾客一般会把服务人员工作时的状态作为评价服务的基础和线索，进而影响对服务的评价和满意度。

【案例】

2021年，民政部社会福利中心通过线上线下相结合的方式，开展了25期养老服务人才公益培训。

以地方民政部门和养老服务工作人员实际需求为导向，依据《养老护理员国家职业技能标准（2019年版）》《养老院院长培训大纲（试行）》《老年社会工作者培训大纲（试行）》和养老护理员职业技能培训包，中心联合社会组织研究形成在线课程包，包括养老护理员基础班 41 门课程、养老护理员提高班 37 门课程、养老院院长班 20 门课程，每周直播课程包括心肺复苏、噎食急救、跌倒急救、临终关怀等主题。

聘请参与标准研制的专家录制强制性国家标准《养老机构服务安全基本规范》及《养老机构预防压疮服务规范》《养老服务常用图形符号及标志》《养老机构生活照料服务规范》《养老机构社会工作服务规范》《养老机构老年人健康档案管理规范》等民政行业标准的解读视频课。①

（一）培养方向

对于社区居家养老服务机构，服务人员直接影响服务质量，有效的人员培训，是提升组织综合能力的过程。社区居家养老服务人员的素质和能力决定着养老服务质量，在很大程度上影响着社区居家养老服务机构的发展。

养老服务机构在对服务人员培训时，需要注重沟通能力、技术能力和学习能力等能力培养，同时也要结合文化素质和企业文化的培养，以为顾客提供优质的服务为导向。

1. 沟通能力

善于沟通是服务人员应具备的首要能力。服务人员在服务过程中，能用清晰、简洁的语言与顾客沟通，准确提供信息与理解信息，这一点对于老年顾客尤为重要，在互动中需要让老人明白做什么、怎么做，明白老人的特殊诉求是什么。信息沟通能力会直接影响到最终的服务效果。服务人员首先需要学习如何与顾客接触并建立连接，在不同场合、不同年龄及不同身体状况下采取适当的服务策略，使顾客满意。

2. 技术能力

服务人员实施一项服务活动需要匹配相应的技术能力，社区居家养老服务机构通过培训，使服务人员掌握具体的理论基础、操作规范与操作流程，如社区居

---

① 甄炳亮. 持续深入实施养老服务人才培训提升行动［N］. 中国社会报，2022-1-21（4）.

家养老服务内容与服务规范培训、社区居家养老服务实操技能与方法培训等。服务企业结合智慧养老，不断创新服务项目，技术含量也不断增加，如果技术知识和能力跟不上，就很难提供优质的服务。

3. 协作能力

养老服务工作多数时候工序并不截然分明，更多的是相互协作，如前台、后台、服务人员、管理人员之间都在进行着各种合作。服务人员应有较强的协作意识，与同事和上级合作，进行角色互补，充分发挥各自的优势，为顾客提供满意的服务。例如上门助浴服务，通常都需要几名服务人员协作，以小组的方式开展服务，就涉及分工合作，共同推进任务的完成。

4. 学习能力

养老市场需求不断变化，新技术与新方法不断出现，服务人员需要随时更新自己的知识储备，不断提升技能，因此学习能力也是服务人员必备的能力，只有具备了学习能力才能适应变化。

5. 文化素质

服务人员需要具备一定的文化素质，才能够与顾客融洽并有效地沟通，并善于观察顾客行为，设身处地为顾客着想，更好地提供服务。

6. 企业文化

企业文化即组织文化，指的是一个组织在长期实践活动中形成的具有本组织特征的文化现象，是组织中的全体成员共同接受和共同遵循的价值观念、思维方式、心理预期、行为准则、团队归属感以及工作作风等群体意识的总称。[①] 企业文化具有独特性、长期性、可塑性、精神性、系统性、相对稳定性、融合性等特点。企业文化的构成包括物质层文化（表层文化）、制度层文化（中层文化）和精神层文化（核心文化）三个层次。企业文化通过共有价值观等统一组织成员的思想和行为，具有导向功能、凝聚功能、激励功能、约束功能、辐射功能、调适功能，有利于提高企业的效能。

通过培训，使员工理解社区居家养老服务机构的核心价值观、团队精神、共同愿景等，有利于塑造服务人员的价值观与行为规范、提高员工的服务意识，并

---

① 陈传明. 管理学 ［M］. 北京：高等教育出版社，2019：179.

结合社区居家养老服务机构的组织理念，调整自己的服务策略。养老服务质量的控制需要通过对一线员工的正确授权，而不仅是靠严格的制度和程序，因此服务人员受企业文化影响的情况，可能成为区别于竞争对手的优势，也可能是失去顾客的原因所在。例如同样的一项服务，如果即将到达预定的结束时间，老人提出了重复前面某个流程的诉求，以服务规范化为宗旨的团队人员可能就会婉拒，准点结束服务，而以满足顾客需要为宗旨的团队人员可能会以适当的方式部分或全部满足顾客需求。

（二）培训形式

社区居家养老服务机构培训员工的方法有多种，依据所在职位的不同，可以分为对新职工的培训和在职培训、专题培训三种形式。一般社区居家养老服务人员的培训是在服务人员基础学历教育的基础上开展知识和技能的岗位培训，主要包括岗前培训、在岗培训和专题培训。

1. 岗前培训

应聘者一旦决定被录用之后，社区居家养老服务机构中的人事部门应该对其将要从事的工作和组织的情况给予必要的介绍和引导，目的在于减少新成员在新的工作开始之前的担忧和焦虑，使他们能够尽快熟悉所从事的本职工作以及组织的基本情况。岗前培训包括新成员到职培训和调职人员岗前培训两种类型。

（1）新成员到职培训一般由人力资源部负责。培训的主要内容为：组织简介、工作人员手册、人事管理规章；组织文化知识的培训；人员心态调整的培训；工作要求、工作程序、工作职责的说明；业务部门进行的业务技能培训，使新员工充分了解本人应尽的义务和职责以及绩效评估制度和奖惩制度等。对新到岗的社区居家养老服务人员开展的岗位胜任力培训，主要包括企业文化、规章制度、岗位职责、服务内容、专业知识、服务规范、实操技能的培训。

（2）调职人员岗前培训是针对从其他岗位调任过来的人员进行的培训。培训的方式及培训内容一般由调入部门决定。社区居家养老服务机构对员工进行在职培训是为了使员工通过不断学习掌握新技术和新方法，从而达到新的工作目标。工作轮换和实习是两种最常见的在职培训。工作轮换让员工在横向层级上进行工作调整，目的是让员工学习多种工作技术，使员工对各工种之间的联系和整个组织的运作有更深刻的把握。实习是让新来人员向优秀的老员工学习以提升自己知识与技能的一种培训方式。

2. 在岗培训

社区居家养老服务人员的在岗培训是在工作现场内，由技能娴熟的老员工对普通员工和新员工，围绕服务人员专业知识、专业技能、工作方法而在工作现场中开展讲解、实践和学习，当场随时进行询问和纠正，以提高服务人员的岗位胜任力。主要培训内容包括专业知识、专业技能、工作方法等。通过在岗培训，推广先进技能、高效方法，持续提升服务人员岗位专业技能与岗位胜任力。

3. 专题培训

专题培训是居家养老机构根据发展需要、部门根据岗位需要，组织部分或全部人员进行某一主题的培训工作。专题培训有利于组织成员了解组织发展状况和经济社会发展形势的变化，开阔其视野，提升其素质。社区居家养老服务人员可以离开服务岗位进行全职进修或培训，根据养老服务人员特殊发展需要，接受高精尖专业知识、专业技能等特殊培训。

（三）培训方法

一般通用的方法有讲授法、讨论法、视听技术法、网络培训法、师徒传承法，常用的有案例研讨法、互动小组法、角色扮演法等。

（1）案例研讨法是通过向培训对象提供相关的背景资料，让其寻找合适的解决方法。案例研讨法可以帮助学员学习分析问题和解决问题的技巧，提升思维素质。但是整个研讨过程需要的时间较长，如果与之相关的背景资料不完备，可能会影响分析的结果。例如，将一个老人洗脚被烫伤的案例给学员进行讨论，让其认识到养老服务对象的特殊性与服务中的潜在风险，从而树立服务意识、风险意识。

（2）互动小组法也称敏感训练法，学员可以通过培训活动中的亲身体验增强处理人际关系的能力。

（3）角色扮演法是让受训者在培训教师设计的工作情境中扮演某个角色，其他学员与培训教师在学员表演后做适当的点评。角色扮演法可增加学习的多样性和趣味性，提供在他人立场上设身处地思考问题的机会，避免可能的危险与错误，但效果可能受限于由学员过度羞怯或过强的自我意识而受到影响。例如，养老护理员可以模拟在居家、社区、机构三个真实场景中，从基础照护、康复及促进睡眠几个方面，为老年人提供照护服务。在模拟过程中，可以建立对照组，一个作为老人一个作为护理人员，在交换角色进行体验的过程中，发现被照护者的现实需求和照护者的服务盲区。

（四）培养趋势

养老服务技能涵盖知识技能、技术技能、复合技能等不同技能，养老服务理论拓展至多学科、综合学科、交叉学科，养老服务形式日趋多样，以助浴服务为例，国务院印发的《"十四五"国家老龄事业发展和养老服务体系规划》就提出支持社区助浴点、流动助浴车、入户助浴等多种形式。现有的培训方法和培训体系必须进行更新和升级，才能实现多学科、多行业、多专业、多层次的服务体系架构，目前的发展方向包括：第一，明确培养定位，主要侧重于培养高层次和复合型人才，如医生、护士、康复医师、康复治疗师、社会工作者，培养一线管理人才，从事社区老年人管理、养老机构管理等；第二，优化培养目标，既要进行养老服务人才职业道德和专业技能的共性培养，又要结合养老服务人才的职业特色，培养专业型的高素质技术技能人才；第三，积极探索新型培养模式，如订单式、新型学徒制等，形成普通高等学校、职业院校、职业培训机构、养老服务机构等多元培养格局。

四、社区居家养老服务机构人员激励

在社区居家养老服务机构经营管理实践中，管理者的责任之一就是要最大限度地调动下属的积极性，能够让员工为实现组织目标而奋斗，这就要求管理者必须懂得如何激励下属。社区居家养老服务机构员工激励机制是从调动服务人员积极性的角度出发，系统解决"激励什么"和"如何激励"两个关键问题，从满足需要、激发动机入手，结合激励理论提供的激励原则，灵活应用各种激励方法。

（一）激励基础

1. 激励理论

激励理论是关于激励的指导思想、原理和方法的概括与总结。按照研究侧重不同，激励理论通常可分为行为基础理论、过程激励理论和行为强化理论。行为基础理论着重研究人的需要，代表理论有需要层次理论、双因素理论和成就需要理论等；过程激励理论着重研究行为的发生机制，代表理论有公平理论、期望理论和目标设置理论等；行为强化理论着重研究对行为的修正和固化，代表理论为强化理论。

2. 激励方法

社区居家养老服务机构在实践中常用的激励方法主要有三类，分别为：

（1）工作激励。

工作激励是社区居家养老服务机构通过合理设计服务、适当分配服务任务来激发服务人员内在的工作热情。工作激励的措施主要包括：工作扩大法、工作丰富法和岗位轮换法。社区居家养老服务人员长期从事一种服务工作、一种服务工作中的某一个或几个环节，就会产生枯燥感，进而出现倦怠情绪。

①工作扩大法就是通过适当地扩大工作的范围、增加岗位的职责，避免单调机械重复的工作场景，以调动服务人员的活力。可以横向扩大工作，也可以纵向扩大工作。

②工作丰富法是考虑到社区居家养老服务人员自我成长的需要，通过增加工作的技术和技能的含量，使服务人员能充分发挥自主性，不断挑战自我、突破自我。包括一岗多职的技术多样化、授予一定的自主权等方式。

③岗位轮换法是让服务人员，尤其是居家养老机构的管理人员，在一定时期内变换工作岗位，获得不同岗位的工作经历和体验。一方面发现自身的优势和不足，正确自我定位；另一方面增加服务人员对社区居家养老服务机构及其整体工作系统的了解，增强归属感与自豪感。

（2）成果激励。

成果激励是社区居家养老服务机构在正确评估服务人员工作的基础上，给予合理的奖励，通过这种正向强化的方式形成服务人员努力工作的良性循环。成果激励的方式是灵活多样的，主要依据服务人员的不同个体需要而定。一般的成果激励主要包括三类：物质激励、精神激励和综合激励。

①物质激励从满足社区居家养老服务人员的物质需要出发，以物质利益为手段激发服务人员工作积极性的激励方式。针对目前一线养老护理人员的现状，物质激励是不可或缺的一种激励方式。主要形式包括工资、福利、员工持股计划等。

②精神激励注重满足服务人员在精神方面的需求，与物质激励相比，是无形的，是一种成本较低但效果显著的方法。精神激励一般有情感激励、荣誉激励、信任激励等。情感激励以关注、满足服务人员的情感需求为手段，如沟通思想、协同互动等。目前社区居家养老服务机构都比较注重团建活动，形式多样，定期开展。常见的荣誉激励有：公开表扬、评比、头衔名号等，激励焦点是良好声誉。设置光荣榜是在社区居家养老服务机构常见的荣誉激励形式，选择社区居家养老服务机构内部方法先进、态度积极、成绩突出的个人或集体加以表扬和表彰，要求全体服务人员向其学习。信任激励往往以对服务人员授权的方式彰显其主体地位，如对服务失误的补救，一般会授权给当事的服务人员来处理。

③综合激励是工作激励和成果激励的补充。社区居家养老服务机构管理实践中常用的方法有危机激励、培训激励和环境激励等方法。第一，通过不断地向服务人员灌输危机观念，使其认清目前本企业所处的内卷激烈、生存不易的状况，从而努力发奋，完成或超额完成各项任务；第二，为服务人员提供定期或不定期的培训和教育，满足服务人员自我成长的需要；第三，社区居家养老服务机构通过改进和调整工作环境与人际关系环境，使服务人员在工作过程中心情舒畅，从而提升工作效率。

（二）激励设计

目前居家养老机构的人员离职率高是一个普遍的现象，特别是核心员工的流失带来了很多后续问题。科学合理的激励制度，让员工满意的同时，也会提升员工对居家养老机构的忠诚度，在一定程度上"锁心留人"。不同的居家养老机构采用的激励模式不同，不论是理论原则和方法整合都各有取舍，特别是一些行业龙头企业，建立了具有自身特色的激励机制，彼此之间可以借鉴参考，但不宜照搬。具体采用哪种模式，需要根据社区居家养老服务机构的经营策略与收益状况，进行合理的激励设计。在激励设计时，特别是在目前社区居家养老服务机构的薪酬成本不断攀升的情况下，需要强调，并不是只要高薪就能留住人才。社区居家养老服务机构的新生代员工更注重自我价值的实现，应当秉持人本原则，构建更好体现"发展人"理念的人才激励机制。

◎ 知识链接：

薪 酬 设 计

对养老服务人员的激励，是社区居家养老服务机构诱发养老服务人员产生满足某种需要的动机，进而促使其行为与社区居家养老服务机构目标趋同。薪酬激励是最基本的物质激励方式，如何通过薪酬来激励员工，不同的组织有不同的做法。可以根据激励理论，结合实际情况来进行薪酬设计。

约翰·亚当斯的公平理论认为个体对于是否公平或平等地得到回报或惩罚的信念，决定了个体工作的行动及其满意度。工作激励的一个主要影响因素是个体对所得报酬是否公平、是否公正地估价。人们对报酬是否满意是一个社会比较过程，满意的程度不仅取决于绝对报酬，更取决于相对报酬。

对相对报酬的比较体现在横向比较和纵向比较两个方面：横向比较是人们将自己的相对报酬与他人的相对报酬进行比较，纵向比较是人们将自己当前的相对报酬与自己过去的相对报酬进行比较。相对报酬比较的结果会使人们产生公平感或不公平感。不公平感会造成人们心理紧张和不平衡感，进而产生离职等一系列行为。因此，在社区居家养老服务机构给员工进行薪酬设计时，就要充分考虑合理性和公平性，如目前常用的"3P1M"理念。

薪酬水平策略，从行业角度看，本机构薪资水平与养老行业的市场普遍价格相比，具备合理的可比性。一般常见的有三种：与市场薪酬水平保持一致、高于市场的平均薪酬水平、低于市场的平均薪酬水平。高于市场的平均薪酬水平政策，会有充足的应聘人员，因此增加了招聘到高素质员工的可能性，后期可能减少员工的更替率；低于市场的平均薪酬水平会影响招聘效果，造成较高的员工离职率，一般在称职合格的应聘者过剩的情况下，才会采用这种策略。目前养老服务市场整体的薪酬水平偏低，往往形成了恶性循环：薪资水平低—工作动力不足—流动性高—服务质量不稳定—顾客满意度低—收费水平低—薪资水平低。

从社区居家养老服务机构内部来看，薪资水平应与每个岗位的相对价值成正比，也就是说高价值的岗位对应高薪资，低价值的岗位对应低薪资。另外，从事同种岗位的员工，要让优秀员工比普通员工的薪资更高，这是以绩效作为比较依据的。

在实践中，可以灵活运用高低组合。假如一个社区居家养老服务机构的人员结构是某些职位人满为患，而某些职位总是人员匮乏，这时，人满为患的职位可以采用低于市场的薪资水平，而难以招聘到称职人员的职位应与市场均价水平相等或略高。如果整体已经高于市场的薪资水平，还是有些岗位招不到人或留不住人，就要进行综合因素分析了。

养老机构的薪酬设计要有战略意识，确保薪酬水平的动态调整不会引起人员的大范围波动，从而降低服务水准。薪酬体系可以设置为弹性模式、稳定模式和适度模式。弹性模式下，薪酬主要根据近期绩效决定，奖金和津贴占比较大，福利、保险占比较小。绩效薪酬、销售提成薪酬使不同时期薪酬起伏较大，激励力度大。稳定模式时，薪酬主要取决于养老机构的经营状况，个人收入相对比较稳定。基本薪酬占主要部分，福利水平一般比较高，奖金发放也有固定的比例，激励力度小。适度模式既能够激励员工，也具有一定的稳定性，是一种比较理想的模式。

五、社区居家养老服务机构人才开发展望

专业人才的缺乏是社区居家养老服务行业的普遍现象。随着深度老龄化的到来，老年人数量增加的同时，养老服务需求更加多元化，而养老服务队伍与服务支持能力严重不足，专业化高素质养老服务人才缺口很大。据调查，我国养老服务业从业人员目前呈现出"三高三低"的特征，即劳动强度偏高、整体年龄偏高、从业流动性偏高；学历技能偏低、收入待遇偏低、社会地位偏低，尤其在护理人员群体中比较突出。这就对社区居家养老服务机构提出了挑战，如何才能围绕"引、育、评、用、留"等关键环节进行设计，广纳人才，为我所用。

除了服务人员，在社区居家养老服务机构的人员构成中还包括志愿者。志愿者作为不以物质报酬为目的，利用自己的时间、技能等资源，自愿为社会与他人提供服务和帮助的群体，在养老服务过程中起着重要的补充作用。随着社会的发展，志愿服务范围不断拓展，怎样充分发挥志愿者的作用，是社区居家养老服务机构管理者需要思考和解决的问题。此外，养老服务产业不断发展，催生出新思路和新领域。为解决养老服务供需对接和提升养老服务精细化水平，上海市启动了社区养老顾问这一新型岗位，出现了"养老顾问"这一新型涉老服务人员。应当如何处理与新型涉老服务人员之间的关系，更好推进社区居家养老服务机构的发展，这也是留给社区居家养老服务机构管理者的新课题。

第四节　社区居家养老服务机构顾客满意度管理

由于服务的不可储存性和异质性使得服务质量不便于测量，以及服务对象沟通困难，社区居家养老服务满意评价比一般服务企业更难。本节主要介绍社区居家养老服务机构的顾客满意概念模型、顾客期望管理、顾客满意度影响因素、顾客满意度管理流程等。

【案例】

广东部分大中城市居家养老供需现状调查①

2020 年 1 月至 2022 年 10 月，根据对惠州市、深圳市、湛江市、珠海市、中山市五地社区居家养老模式典型的社区进行调查，调查样本对目前社区居家养老服务的满意度情况为：不满意率高达 33.23%，是满意率 16.57% 的两倍多，且认为一般的比例为 32.02%，仅次于不满意率。对目前社区居家养老服务不满意的原因：超 85% 的被调查者认为目前的社区居家养老服务

---

① 陈璟，吴慧. 现代高职护理专业人才培养的策略研究——基于广东部分大中城市居家养老供需现状的调查 [J]. 职业，2023（16）：91-93.

内容单一、服务质量较低；超 60% 的被调查者认为目前社区居家养老服务设施较少、缺乏服务监督和评估机制。在未来的居家养老需求中，被调查者对生活照料和医疗保健的需求均超过 80%，对精神慰藉和娱乐休闲的需求超过50%，在家政服务、紧急求助、法律援助等方面均有不同的期望。

在社区居家养老服务人员应该具备的知识技能中，超 50% 的被调查者认为社区居家养老服务人员应该先掌握老年保健学及护理相关知识技能，再掌握急救知识和技能、沟通技能、家政服务能力及老年心理学知识。

一、顾客满意

顾客是社区居家养老服务机构的重要资源之一，居家老人及其家属既是社区居家养老服务机构的主要顾客，也是服务满意度的直接测评者。

（一）顾客满意

顾客满意是顾客对其期望已被满足程度的感受。满意属于一种心理感觉状态，反映人对某一事物的可感知效果（或结果）与先前期望比较所形成的愉悦或者失望。顾客满意是需求被满足后的愉悦感或状态，是一种心理状态。当顾客感知没有达到最初期望，顾客就会产生不满、失望；当感知与期望一致时，顾客就会感到满意；当感知超出预期时，顾客就会觉得"物超所值"，非常满意。

大部分时候，社区居家养老服务机构的顾客满意处于动态和不确定之中。在服务交付之前，社区居家养老服务机构可能无法了解顾客的期望，甚至顾客也在自我追问之中。为了实现较高的顾客满意度，有必要满足那些顾客既未明示，也非通常隐含或必须履行的期望。社区居家养老服务机构所理解的顾客期望是设计和交付服务的起点。即使设定的顾客要求符合顾客的愿望并且得到了满足，也不一定能确保顾客很满意。社区居家养老服务机构对交付服务质量的看法与顾客对交付服务的感受，两者并不处于同一维度。投诉是一种满意程度低的最常见的表达方式，但没有投诉也并不一定表明顾客很满意。

(二) 顾客满意度

顾客满意度是对客户满足情况的反馈，主要是对产品或者服务性能以及产品或者服务本身的评价。顾客满意度反映顾客满意程度的高低，具体可以通过褒贬度、购买金额和频率、投诉率、价格的敏感度等维度来表现。褒贬度对应企业或品牌的口碑情况，一般来说，持褒扬态度、愿意将产品或服务推荐给他人时，说明客户的满意度较高，如顾客把本社区居家养老服务机构的某项服务推荐给自己的亲朋好友，说明对此服务有一定的满意度。购买某项服务的金额越高、次数越多，表明顾客对社区居家养老服务机构的服务越满意。购买频率主要是指回头率，在一定时间内，顾客对社区居家养老服务机构的服务的重复购买次数越多，顾客的满意度就越高。回头率是衡量客户满意度的主要指标。投诉率是顾客在购买或者消费社区居家养老服务机构服务之后所产生投诉的比例。投诉率通常与顾客满意度成反比，顾客投诉率越高，顾客满意度越低。当服务价格上调时，顾客如果有较强的承受能力，那么价格的敏感度较低。显然，敏感度越低，对服务的顾客满意度就越高。

常用的客户满意度研究模型有定量类的顾客满意度指数模型，包括瑞典SCSB 模型、美国 ACSI 模型、欧洲客户满意度指数 ESCI 模型、中国顾客满意度指标 CCSI 模型。不同类型的满意度测评指标存在差异，如美国学者认为顾客价值对满意度有重要影响，在 ASCI 中加入顾客价值变量，而欧洲学者认为公司形象对客户行为有影响，因而将企业品牌形象变量加入 ESC。此外，常用的卡诺模型，可以得到定性的客户满意度测评结果。顾客满意度研究的重要性逐渐凸显，一方面能够综合反映顾客对购买服务的需求程度，反映顾客对服务的价值衡量，为宏观经济调控提供信息支持；另一方面顾客满意度是衡量社区居家养老服务机构服务的重要指标，对社区居家养老服务机构提高经营管理水平具有重要意义。

二、社区居家养老服务顾客满意度管理

基于客户满意的重要作用，社区居家养老服务机构若想提高客户对本机构服务项目的满意度，就需要了解影响客户满意的因素，以便有针对性地采取措施，提高客户对该消费经历的整体满意程度。

（一）社区居家养老服务顾客期望管理

1. 满意概念模型

满意是一种判断，是顾客表达出的一种观点。顾客满意和服务质量并不是相同，满意是一个更广义的概念，而服务质量评估则是专门研究服务的几个方面。服务质量只是影响顾客满意的部分最重要的因素，满意与否还要受到价格因素、环境因素、个人因素等因素的影响。如对照护服务满意是一个比较广义的概念，当然受到对照护服务自身质量感知的影响，也包含着对照护服务价格的感知，对顾客情绪状态的感知，对服务环境的感知，甚至会有对天气条件等不可控因素的感知等。

在图 9-2 满意概念模型中：

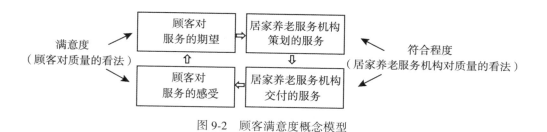

图 9-2　顾客满意度概念模型

①顾客对服务的期望表现为顾客愿意接受的服务特性。

②策划的服务表现社区居家养老服务机构打算交付的服务特性，通常是社区居家养老服务机构对其所理解的顾客期望、机构的能力、机构内部利益和技术、对机构和服务适用的技术和法律法规限制等方面的综合考虑。

③交付的服务是由社区居家养老服务机构出售的产品或服务。

④顾客对服务的感受表现为顾客所感受的服务特性。

第②、第③种的符合程度是社区居家养老服务机构对服务质量的看法，是交付的服务与策划服务的符合程度。

第①、第④种的满意度反映顾客对期望服务的愿景与对交付服务（包括居家养老机构的其他方面）的感受之间的差距。

顾客感知服务质量和满意度取决于顾客期望服务质量与提供的服务质量之间的吻合程度，吻合程度越高，顾客感知服务质量就越高，满意度就越高；二者差距越大，顾客感知服务质量就越低，顾客满意度就越低。因此，顾客感知服务质量受到顾客期望和顾客感知服务的影响，可以通过管理顾客期望和顾客感知来影响顾客满意。管理顾客期望时，主要通过缩小顾客感知服务与期望服务之间的差距，提升顾客感知服务质量和满意度。

2. 顾客期望服务

顾客期望服务是指顾客在接受服务之前所希望达到的服务水平。如果没有这种可能被满足的期望驱使，顾客就不会购买某项服务。而由于顾客期望的存在，就给社区居家养老服务机构建立了一个最低服务标准，如果达不到这一标准，顾客可能会放弃购买。社区居家养老服务机构建立了顾客期望，还要保证能够兑现。

顾客期望服务分类基本方法有两种：一种是按照顾客期望的服务水平进行分类；另一种是按照顾客期望服务的清晰程度进行分类。

（1）按照顾客期望服务水平，分为理想服务和合格服务。顾客期望服务是一个介于理想服务与合格服务之间的范围（即"容忍区域"）。理想服务是指顾客心目中希望社区居家养老服务机构达到的服务水平，一旦达成会令顾客非常满意。理想服务水平有助于服务定位，也有助于确定服务质量的高标准。理想服务期望受个人需要与个人服务理念的影响。合格服务是指顾客能够接受的最低服务水平，是顾客的容忍底线。社区居家养老服务机构实际服务水平不能低于合格服务，否则就会引起顾客不满意。一般来讲，合格服务往往就是顾客可接受的最低定价的服务。合格服务期望受顾客参与程度与可供选择服务供应商数量的影响。

容忍区域是指介于理想服务与合格服务之间，顾客认可和能够接受的服务水平范围。在容忍区域之内的服务水平都是顾客能够接受和容忍的。不同顾客具有不同的容忍区域，对于服务质量的容忍区域差别很大。容忍区域上限比下限变化灵活度小，趋势通常是向上走；容忍区域下限变化灵活度大，趋势不确定。对于居家养老服务这类顾客参与程度高的服务，顾客自身也存在不恰当参与的可能，容忍区域就会拓宽，即使有一些服务失误，顾客也会宽容和原谅。

（2）按照顾客期望服务清晰程度，分为三类：显性期望、隐性期望和模糊期望。显性期望是在服务之前就已经清晰地存在的期望。现实期望目前有条件、有能力达成，非现实期望超出了现有服务能力。对于非现实期望，可以通过明确说明目前现有的服务能力和条件来降低或消除。隐性期望是顾客认为不言自明、社区居家养老服务机构理所当然就该满足的期望。隐性期望如果被满足，顾客满意度不会明显提高；但如果被忽视，就会极大可能地引起顾客不满意。顾客隐性期望越多，对于服务的要求就越高，如果习以为常的服务出现了失误，顾客就会不满意。因此，社区居家养老服务人员必须了解养老行业基本服务水平和标准，以满足顾客的隐性期望。模糊期望是顾客有要解决问题或满足需要的期望，但受制于知识和经验，无法描述表达清楚。如某老年人因为最近身体状况不佳，想要进行康体训练，但对于康体训练的具体改善效果、实现这个效果的方法以及如何使用器械等都无法描述清楚。尽管如此，这种期望是客观存在的。

顾客的这几种期望之间可以相互转化，例如非现实期望可以向现实期望转变。如果顾客对于养老服务行业缺乏了解，而社区居家养老服务机构对于服务项目、养老服务机构自身服务能力又说明不清晰、夸大宣传广告等，就会使顾客形成对养老服务的非现实期望。然而，随着服务体验的增加，有关顾客对于社区居家养老服务机构和整个养老服务行业了解越来越深入，也会逐渐消除一些非现实的期望，把非现实期望转变为面对实际条件的现实期望。

3. 顾客期望管理

对于同一项服务，有的老年人感到满意，而有的老年人感到不满意，这就是因为顾客对社区居家养老服务的期望不同。通过管理顾客期望，能够有效缩小顾客感知服务与期望服务之间的差距，从而提升顾客感知服务质量和满意度。

（1）不夸大宣传。由于服务具有无形性，没有实体可感性，所以广告宣传、服务承诺对于顾客了解和购买服务是十分必要的。但如果社区居家养老服务机构宣传和承诺过于夸大，顾客期望过高的理想服务水平，但实践中是无法兑现，结果必然会引起顾客的不满意。因此，在宣传和承诺时，不宜过度和夸大，要把握适度原则。

（2）期望明晰化。模糊期望是客观存在的，如果能够理解和把握这些期望，会提供新的商机。社区居家养老服务机构要及时发现模糊期望和隐性期望，并对其进行评估和开发，能更准确把握顾客需要，从而提升顾客满意度。

（3）引导不合理期望。顾客的期望不同，具有个性化的特色，不可能全部满足，特别是有些期望是社区居家养老服务机构现有条件无法实现的，就需要解释引导甚至说服。

（二）影响社区居家养老服务顾客满意度的其他因素

社区居家养老服务实践中，一些具体的因素，如沟通状况、情感互动、社区居家养老服务机构形象等都会对顾客满意度产生影响。

1. 沟通

良好沟通是社区居家养老服务机构提高客户满意度的重要因素。在很多情况下，顾客对社区居家养老服务的不了解或不配合造成服务体验差。老年顾客因为服务中存在问题要向机构投诉，又由于存在老年性耳聋、流体智力下降等限制，沟通不畅，容易造成客户不满意。

2. 情感

社区居家养老服务机构不仅要考虑与顾客沟通中的障碍引起的不满意，还要考虑与老年人在情感上缺乏互动的影响。如助餐服务中，服务人员耐心差且服务态度差，回复不清晰，即使饭菜质量不错，仍然会引起老年人的不满意甚至投诉。社区居家养老服务作为一种服务形式，提供情绪价值是衡量服务质量的指标之一。老年群体的情感需求强烈，能否将其有效嵌入服务过程，会极大影响养老服务满意度。

3. 企业形象

社区居家养老服务机构是社区居家养老服务的提供者，社区居家养老服务机构的规模、形象、效益、品牌等都会影响服务的水平和价格。一般来讲，一个规模大、效益高且知名度广的社区居家养老服务机构，必然在经营管理方面有更科学的方法和更严格的管理制度，好的口碑更容易被接受和推广，受到广泛的好评。

4. 失误补救

由于社区居家养老服务的开展依赖于与顾客之间的互动，顾客对服务的理解和配合会在很大程度上影响服务的完成，特别是一些关键实施环节，始终存在可能失误的风险。一个社区居家养老服务机构如何应对失误，妥善处理顾客抱怨是获得顾客满意的关键环节。补救措施包括社区居家养老服务机构在服务失误后为更正问题、保留顾客所做出的一系列努力。为了弥补顾客不愉快的体验，社区居家养老服务机构应采用各种方式方法，如上门道歉、提供金钱补偿或者等价的服务等。其基本原则包括：建立实时的反馈系统、实施有效的过时补救、设立补偿预案。要解决不满意的顾客投诉和抱怨，必须知道导致不满意的原因，收集投诉和抱怨信息，如设置投诉电话、开设网络客服等，对收集的信息进行分析研究，做出补救计划。当然，社区居家养老服务机构如果能在顾客投诉抱怨之前就进行主动补救，效果会更好。过时补救应该根据服务失误情况制定权变的补救计划。补救可以授权给一线员工，根据实际情况决定解决方案、以适当的沟通方式达成和解和补救，这对员工也是一次提升能力素质的机会。对那些容易经常发生的失误，可建立适当的补偿准备。一般服务协议中会对这类补偿有所规定。此外，还有可能遇见对补救方案持反对态度甚至故意找茬的顾客，必要时可诉诸法律途径来处理。

（三）社区居家养老服务顾客满意度管理流程

顾客满意度管理不仅是为了测量顾客满意程度，还可以反向寻找问题，提升社区居家养老服务机构绩效，居家养老机构应进行系统的满意度管理。社区居家养老服务机构的顾客满意度管理流程：识别顾客期望—收集顾客满意数据—分析顾客满意度数据—共享顾客满意度信息—监督和评估。

1. 识别顾客期望

先识别社区居家养老服务机构当前的和潜在的两种顾客，根据顾客特点来确定他们的期望。确定顾客的期望，要考虑法律法规要求、显性的顾客期望、隐性的顾客期望、顾客的心愿等，根据卡诺模型，对顾客的基本型需求、期望型需求和兴奋型需求予以区分。

2. 收集顾客满意数据

（1）识别和选择与顾客满意相关的特性。社区居家养老服务机构应识别对顾客满意有重要影响的服务特性、交付特性和组织特性，根据顾客感受对所选特性的相对重要程度进行排序。必要时，可进行细分顾客调查，以确定他们对不同特性的相对重要程度的感受。如社区居家养老服务中的上门助浴服务，服务特性是安全性、可靠性、便捷性；交付特性是准时上门、按时完成；组织特性是服务人员着装统一、礼貌服务、耐心细致、操作规范。对不同的顾客，对服务的需求不同，有人认为操作规范是最重要的，有人认为准时上门是最重要的。

（2）数据来源：

①顾客满意度的间接指标。社区居家养老服务机构应检查现有的反映顾客满意特性信息的数据来源，如顾客投诉和争议、通过与顾客交流获得的数据或可能反映对产品和服务感受的媒体报道、部门或行业研究、监管机构的报告等。

②顾客满意度的直接测量。社区居家养老服务机构通常有必要直接从顾客处收集顾客满意数据。

（3）收集数据的方法。收集此类数据常用定性或定量调查的方法，或二者结合。在定量研究时，为获得顾客满意的相关数据，社区居家养老服务机构应确定被调查的顾客数量（即样本量）和适当的抽样方法，以最小的成本获得可靠的数据。

（4）收集要求：

①设计衡量顾客满意度问题时应明确界定所调查的服务、特性。首先确定关注范围，在一定范围内将问题细化后提供足够详细的关于顾客感受的信息。如助浴服务，可以细化为具体的服务步骤，对应不同的环节来细分顾客感受。

②数据的收集应系统、详细。社区居家养老服务机构在选择收集数据的方法和工具时，应考虑顾客的类型和易接近程度、收集数据的时间安排、可使用的技术、可利用的资源、隐私性和保密性。如在确定收集顾客满意度数据的频次、周期或时机时，社区居家养老服务机构应考虑顾客能允许的调查频次和复杂性。养老服务机构的服务对象由于大部分都有慢性病，健康状况所限，不能频繁打扰，也不能处理太复杂的调查表和访谈，这些都是收集数据时需要考虑的。

3. 分析顾客满意度数据

社区居家养老服务机构在收集了与顾客满意度相关的数据后要进行分析，为决策提供信息支持。

（1）检查得到的数据完整性和准确度是分析的基础。社区居家养老服务机构中由相关的部门按照一定的时间间隔对顾客满意度信息进行核实，所选择的顾客或顾客群与数据收集目的是否一致的、数据来源是否具有有效性和相关性。

（2）根据收集的数据类型和分析目的选择分析方法：基于顾客对特定问题回答分析的直接分析法；分析大量数据、使用各种方法识别潜在影响因素的间接分析法。

（3）分析数据得到的信息包括：顾客满意度水平（总体的或按顾客类别的）和趋势；不同顾客类别的满意度差别；可能的原因及其对顾客满意度的相对影响。这里可以采用趋势图、关联图、因果分析法进行分析比较。

（4）验证分析及结论。通过与同样反映顾客满意度的其他指标或趋势（如顾客投诉）进行比较，验证不同途径的结果是否具有一致性。如果不具有一致性，就要回溯检查是哪方面的问题。

（5）报告分析结果。报告尽量全面，提供明确的和综合性的顾客满意度概述，增强顾客满意度的改进建议、使顾客满意的相关特性、让顾客不满意的潜在原因和因素等。

4. 共享顾客满意度信息

为实现社区居家养老服务机构的目标，将顾客满意度数据的测量和分析结果传递给职能部门，以便采取措施改进服务。社区居家养老服务机构应建立评审顾客满意度信息的平台和流程，加强交流反馈信息并制定改进计划。

5. 监督和评估

（1）监督顾客满意度改进措施。相关部门应监督由有关顾客满意度信息所采取的改进措施的实施情况、引起的顾客反馈和对顾客满意度总体结果的影响。如顾客的反馈是关于"助浴不规范"，应核实为改进助浴不规范采取的措施以及实施的进展，在以后的反馈中是否有顾客满意度的提升。

（2）评估改进措施的效果。为了评估改进措施的有效性，社区居家养老服务机构可将所收集的顾客满意度信息与其他相关的绩效指标相对比。如果社区居家养老服务机构的顾客满意度测量结果显示积极的趋势，通常会反映在相关的经营指标中，例如顾客需求增加且重复购买率提升。如果在其他经营指标中的反映与测量结果趋势不一致，说明可能顾客满意度测量过程存在问题，也可能是顾客满意度测量设计考虑不全面。

◎ 知识链接：

设计顾客满意度调查表

可结合不同的社区居家养老服务项目，设计顾客满意度测量模型，设计制定社区居家养老服务顾客满意度调查表，如助浴服务调查（见表9-1），对顾客进行随机调查和定期调查。其中定期调查可根据购买服务的情况，选择安排服务、服务实施期间和服务实施完结三个节点进行调查。可采用电话、网络平台、入户调查等方式对顾客进行顾客满意度调查，收集数据后再根据顾客感知质量、顾客期望、顾客投诉等数据制定改进措施。

表9-1　　　　　社区居家养老服务（助浴项目）顾客满意度调查表

本调查表用于内部质量改进，谢谢您的帮助。请根据问题选择答案，在答案前的○内打上✓。

社区居家养老助浴服务顾客满意度调查表

编号：×××××××

姓名		年龄	
调查方式：○ 电话　　　○ 网络　　　○ 现场			
	调查内容	满意情况	其他
1	服务前沟通是否满意（讲解、身体状态评估）	○ 很满意　　○ 满意　　○ 一般 ○ 不满意　　○ 很不满意	
2	服务人员姿态（统一穿着、礼貌、热情）	○ 很满意　　○ 满意　　○ 一般 ○ 不满意　　○ 很不满意	
3	服务前准备（装备、安全设施、体征测量等）	○ 很满意　　○ 满意　　○ 一般 ○ 不满意　　○ 很不满意	
4	服务准时（按时开始，按时结束）	○ 很满意　　○ 满意　　○ 一般 ○ 不满意　　○ 很不满意	
5	服务环境（室温、水温控制、保暖）	○ 很满意　　○ 满意　　○ 一般 ○ 不满意　　○ 很不满意	

续表

姓名		年龄	
6	服务规范（脱衣、清洗、穿衣）	○ 很满意　○ 满意　○ 一般 ○ 不满意　○ 很不满意	
7	服务安全（进出浴室、移动）	○ 很满意　○ 满意　○ 一般 ○ 不满意　○ 很不满意	
总体 满意	您对助浴服务总体满意度　○ 很满意　○ 满意　○ 一般　○ 不满意　○ 很不满意 您对助浴服务舒适满意度　○ 很满意　○ 满意　○ 一般　○ 不满意　○ 很不满意 您对助浴服务安全满意度　○ 很满意　○ 满意　○ 一般　○ 不满意　○ 很不满意		
顾客 感知 质量	您认为助浴服务收费价格如何？ 为什么？	○ 很满意　○ 满意　○ 一般 ○ 不满意　○ 很不满意	
顾客 期望	您对助浴服务有何改进期望？		
顾客 投诉	您是否有过投诉？因为何故？ 投诉处理是否及时？有无改正措施？		
	您对投诉处理是否满意？	○ 很满意　○ 满意　○ 一般 ○ 不满意　○ 很不满意	
顾客 忠诚	您是否会继续选择此助浴服务？ 您是否会向他人推荐此助浴服务？	○是　○否 ○是　○否	

◎ 复习思考题

1. 信息有哪些特点？怎样理解信息的共享性？

2. 信息的沟通过程是怎样的？在沟通过程中可能出现哪些障碍？

3. 如何构建居家养老服务机构的信息管理机制？

4. 风险有什么特点？控制风险是为了消除风险吗？

5. 什么是组织文化？试分析识别居家养老机构组织文化建设中存在的风险。

6. 应当如何对居家养老机构的助餐服务进行风险管理？

7. 养老服务机构应当如何进行激励？

8. 对居家服务养老机构中的管理人员的培训内容是否与一般工作人员相同？你认为该从哪些方面进行？

9. 对参与社区居家养老服务的志愿者应当如何进行管理？

10. 顾客满意概念模型是怎样的？包含了哪些关系？

11. 在顾客满意管理过程中，应当怎样对居家养老服务机构的顾客进行引导？

◎ 延伸阅读

1.《关于加强养老服务人才队伍建设的意见》

2.《养老产业投资开发与运营管理操作指南》

3.《风险管理指南》（GB/T 24353—2022）

第十章　"医养结合"社区居家养老

◎ **学习目标**

1. 掌握"医养结合"社区居家养老的概念、特征、类型。

2. 熟悉我国"医养结合"社区居家养老的发展历程。

3. 掌握"医养结合"社区居家养老服务的对象、内容、供给模式、支付支持等。

4. 了解"医养结合"社区居家养老的国内外典型实践，理解"医养结合"社区居家养老的未来发展方向。

◎ **关键术语**

1. 医养结合；

2. "医养结合"社区居家养老；

3. 医养结合机构。

第一节　"医养结合"社区居家养老概述

中国作为世界上人口大国，老龄化、高龄化、失能化、空巢化等形势皆相当严峻。老年人不仅患各类疾病的风险高，还因身体机能的自然衰退而面临较高的失能失智风险。根据 2021 年国家卫健委数据，我国有大约 1.9 亿患慢性病的老年人，还有 4000 万失能老年人。[①] 但是，应对老年疾病的医疗服务水平和养老

[①]　国家卫健委：我国大致 1.9 亿老年人有慢性病［EO/BL］.［2024-08-22］. https：//www. 360kuai. com/pc/969d85c563ca32762? cota＝3&kuai_so＝1&tj_url＝so_vip&sign＝360_57c3bbd1 &refer_scene＝so_1.

服务水平均不高,这给家庭、医院以及养老机构三者之间带来很大困扰。社区医养结合养老模式将老年人医疗与养老照料相结合,在提供基本养老服务的同时,还提供治疗服务、护理服务、康复服务等,是一种满足新时代老年人需求的养老模式。

一、"医养结合"社区居家养老相关概念

(一)医养结合养老

"维持和促进健康"不仅是保障老年人生命质量的重要举措,也是减少人口老龄化负担的重要举措。1990年,世界卫生组织提出健康老龄化,以应对人口老龄化问题,掀起了"医疗"与"养老"融合发展的热潮。2005年,中国学者郭东等在《国际医疗卫生导报》上发表《医养结合服务老年人的可行性探讨》,最早提出"医养结合"这一提法。国外虽然没有"医养结合"这一提法,但却早在20世纪70年代就已经出现了"医养结合"养老服务形式,将其称之为"全包护理""整合照料""长期护理""整合健康""协同照料""综合照料""无缝照料"等。从理论渊源来看,"医养结合"服务的流行源于持续照顾理念和资源整合理论等的兴起与发展。据此,绝大多数学者认为,"医养结合"是一种将医疗和养老有关的多种资源进行优化配置,对服务内容进行整合布局,既提供包括日常生活照料、精神慰藉、心理关怀和社会参与等内容的基本生活服务,也提供包括预防、保健、治疗、康复、护理、临终关怀、健康管理、急救管理等内容的全周期医疗保健服务。可见,"医养结合"服务本质上是一种以医疗服务为基础、以养护服务为核心、且融合"健康"理念的养老服务体系。①

(二)"医养结合"社区居家养老

"医养结合"养老强调通过整合养老服务和医疗服务以满足老年人全方位、全周期的养老服务需求,其服务对象包括居家养老、机构养老、社区养老中的健

---

① 李丽萍. 城市社区医养结合养老服务供给的系统动力学研究[D]. 成都:四川大学,2020:55-56.

康老年人、患病老年人、失能老年人等各种类型的老年人。受中国传统观念的影响，我国大多数老年人更愿意在自己熟悉的环境中安度晚年，社区和家庭是其最佳选择。"医养结合"社区居家养老作为我国新兴的养老方式，通过整合社区内以及社区周边的土地、人员、资金等多种资源，依托社区养老机构、社区医疗机构、社区医养联合体、社区综合服务平台等，为社区老年人提供包括生活照料、预防保健、精神慰藉、疾病治疗、康复护理、慢性病管理和临终关怀等一体化的上门服务或集中照料服务。

二、"医养结合"社区居家养老的特征

（一）"医养结合"社区居家养老是"健康老龄化"的具象化

从健康角度，老年人的生命是健康期（即疾病的预防期）、治疗期和康复期的循环交替。"医养结合"社区居家养老作为一种以医疗服务为基础、以养护服务为核心、且融合"健康"理念的养老服务体系，其服务内容包括生活照料、医疗保健、精神慰藉等，能够有效满足不同生命阶段的各类服务需求，可以被认为是将"健康老龄化"具象化的一种养老模式。

（二）"医养结合"社区居家养老是老年保障体系的整合

在大多数国家，医疗保障体系和养老保障体系被划归为不同政府部门的职责，并且由于市场和社会服务供给主体的能力也较为有限，使得基本养老服务和医疗保健服务供给各自为政。从词汇组合角度来看，"医养结合"包括医、养两个维度。但从服务供给逻辑上讲，"医养结合"并非医、养的简单加总，而是根据现实需求和条件，通过医疗保障体系和养老保障体系的整合运行，建立医疗服务和养老服务的"一体化"供给运行机制，突破了政府部门的职责壁垒、供给主体的资源壁垒。

（三）"医养结合"社区居家养老服务具有连续性和动态性

在服务供给中，"医养结合"社区居家养老基于持续照顾理念、资源整合理念，通过建立主体、资源、行动等的整合平台，建构了贯穿老年人全生命周期的

全链条式服务体系，实现了健康期、治疗期、康复期各类服务的连续和动态转换。

（四）"医养结合"社区居家养老具有双重经济性

一方面，"医养结合"社区居家养老通过资源整合、服务转换，让居住在家中和居住在养老机构的老年人也可以像居住在医疗机构的老年人一样获得需要的医疗保健服务，能有效解决医疗服务资源被挤占、浪费等问题；另一方面，"医养结合"社区居家养老不仅提供老年人需要的基本养老服务、疾病治疗服务等，还提供预防、保健与康复等服务，能够促进老年人健康寿命的延长，缩短他们对他人照料的依赖时间。从而在有效节约社会资源的同时，还能增加老年劳动力资源。

三、"医养结合"社区居家养老的类型

（一）基于服务内容差异的类型划分

根据服务内容的差异，"医养结合"社区居家养老可以被分为"医为主、养为辅""养为主、医为辅""医、养并重型"等三种类型。（1）"医为主、养为辅"的社区居家养老主要为老年人提供医疗保健服务，生活照料、精神慰藉等基本养老服务较少，主要服务对象为处于治疗期的老年人；（2）"养为主、医为辅"的社区居家养老主要为老年人提供生活照料、精神慰藉等基本养老服务，但专业的医疗保健服务较少，主要服务对象为处于健康期的老年人；（3）"医、养并重型"的社区居家养老是指在服务中，医疗保健服务和生活照料、精神慰藉等基本养老服务同时重要，主要针对患慢性病的老年人、失能失智的老年人等。

（二）基于服务形式差异的类型划分

基于服务形式差异，"医养结合"社区居家养老可以分为居家型"医养结合"和机构型"医养结合"。（1）居家型"医养结合"是指通过上门服务、电话服务、日间照料等形式，让老年人居住在家中就能获得社区卫生院、社区养老服务驿站、社区日间照料中心等社区各类服务机构所提供的基本养老服务和医疗保

健服务。家庭病床、家庭医生、智慧医疗、商业化安养社区等是实现居家型"医养结合"的重要支撑。其中，高端的商业化安养社区以及家庭私人医生等服务质量高，主要针对经济水平较高的老年人。而社区主导的社区医生上门看诊符合"小病在社区、大病到医院"政策倡导，政府大力支持且服务水平相对较低，价格相对较便宜。（2）机构型"医养结合"包括社区医疗机构内设医养结合中心或老年专护病房、社区医疗机构转建为"医养结合"型养老机构、社区养老机构内设医疗保健室、社区养老机构与社区医疗机构专项合作四种形式。如果是商业化运营，提供医养服务的专业水平相对较高，费用也较高，最为适用于需要长期护理且有一定经济能力的社区老年人。

（三）基于服务供给者数量的类型划分

基于服务供给者的数量，"医养结合"社区居家养老可以分为单一主体型和多主体型。（1）单一主体型的"医养结合"社区居家养老是指在社区内由某一个服务供给主体（例如社区养老服务驿站、社区卫生院等）向老年人提供"医养结合"服务，政府、社区等其他主体提供资金、场地等支持。该类型要求服务供给主体具有能够同时提供基本养老服务和医疗保健服务的能力，建设路径包括社区某一服务供给主体自主建成、政府培育社区医疗机构或社区养老机构建成、政府购买引进专业"医养结合"服务机构等。（2）多主体型的"医养结合"社区居家养老是指在社区中建立服务整合平台，整合多个服务供给主体协同提供"医养结合"服务，建设运营路径主要包括：第一，政府主导建设，社区负责运营管理；第二，政府委托养老机构或其他社会组织建设并运营管理；第三，养老机构或其他社会组织主导建设并负责运营管理，政府、社区等提供支持。

第二节 "医养结合"社区居家养老的发展历程

在 20 世纪 70 年代，人口老龄化导致基本养老服务和医疗保健服务需求迅速增长并呈现多样化。与之相对的是，养老服务体系建设碎片化，存在服务同质、供给低效及资源浪费等问题。因而，整合服务的理念与实践在发达国家兴起。

一、"医养结合" 社区居家养老的世界发展历程

"医养结合" 形式最早在英国出现，随后在其他国家出现并流行和推广，形成了相应的理论体系和实践经验。在国外，"医养结合" 是在 "持续照顾" 理念影响下，通过整合资源和综合服务，为需要照护的老年人提供生活照料、医疗康复、健康护理等全方位服务的老年人健康养老保障模式，被称为 "Coordinated Care" "Integrated Care" "Long-term Care" "All Inclusive Care" "Integrated Health" "Seamless Care" "Comprehensive Care" 等。

（1）20 世纪 60 年代，英国开始提倡 "在地化养老"，积极推广和建设社区养老。20 世纪 70 年代，英国最早出现 "医养结合" 养老模式。在 20 世纪 90 年代中后期，英国在 "第三条道路" 思想的影响下进行了又一轮福利改革。于 1997 年 12 月建立了 "新国民健康服务体系"，强调以老年人需求为核心组织服务资源，促进了国民健康服务体系与其他部门合作，打破了医疗服务与社会照护之间的界限，开启了医养结合服务新的建设历史。（2）日本作为社会保障制度起源较早的国家，于 1997 年通过《介护保险法》，建立了提供医养结合服务的介护保险制度。2011 年，通过《关于修改介护保险法，加强护理服务基础的法律》，提出了护理保险费率调整、复合型护理服务提供、护理人员培养等具体改革措施，以构建完善的社区综合护理体系，实现居住、医疗、护理、疾病预防、生活支援等服务在社区内的有机结合。（3）美国在 20 世纪 40 年代开启了以机构养老为主的长期照护模式，形成了护理院、继续照料退休社区、辅助式生活住宅、寄宿照护之家等医养结合服务形式。（4）加拿大于 1999 年开始在魁北克省推行旨在提供高龄慢性病患者的可持续性护理服务，并在 2001 年进行了全面推广。

基于对老年人的需求理论和对健康的科学认识，1990 年，世界卫生组织提出健康老龄化战略目标，强调通过保持老年人独立生活的能力和参与社会活动的可能性，以应对人口老龄化的挑战。2001 年，世界卫生组织提出了整合卫生保健的理念，旨在通过引入、组织、管理各种与健康相关的服务，提高服务可及性，提升服务质量与服务效率。之后伴随欧洲各国日益加剧的人口老龄化及慢性疾病罹患率等难题，整合照料服务便不再局限于医疗系统，而是扩大至康复护理、生活照料等各个领域。随着人口老龄化的不断加剧，如何整合资源，建设有

效的"医养结合"社区居家养老服务成为各国"医养结合"养老发展的重点。在新时代,随着互联网、物联网、大数据、云计算、区块链和人工智能等智慧技术和智慧设备的发展,应用智慧技术和智慧设备等实现线上健康管理、医疗辅助决策、科技手术、方便养老,引领着"医养结合"养老服务进入新的历史阶段。目前,智慧化养老已然成为各国发展"医养结合"社区居家养老服务的重要方向。

二、我国"医养结合"社区居家养老的发展历程

20世纪末,在人口老龄化与家庭照料功能弱化的张力作用下,以社区为依托的社区居家养老服务模式出现并被积极建设。然而,在此过程中,"健康"的重要性并未被关注,医疗服务以病后治疗为主,作为老年人必需的康复护理、看病治疗等服务供给却长期被忽视。2013年,《关于加快发展养老服务业的若干意见》《关于促进健康服务业发展的若干意见》等政策文件的出台,开启了我国"医养结合"养老服务发展的大门。

(一) 2011—2013年:起步探索时期

虽然,我国早在1985年就发布《关于加强老年人医疗卫生工作的意见》,提出大力发展家庭病床。但当时只是基于方便医疗所提出,并未形成"医养结合"理念和服务体系。1999年,我国正式进入人口老龄化社会。随着老龄化程度的加深,老年群体对于多层次、多样化的健康和养老服务需求也快速增长,老年人医疗卫生和养老服务需求相互叠加的趋势也更明显,这也加深了医养分离现实与实际需求的矛盾。迫于养老压力,部分地方进行了医养结合探索。例如:2006年,青岛依托社区基层卫生服务机构,构建老年人医养结合长期护理服务体系,并于2012年建立以医疗护理保障为主的长期护理保险制度。这些地方实践助推了国家层面的医养结合建设。2011年11月,国务院发布《关于印发中国老龄事业发展"十二五"规划的通知》,提出"建立健全老龄战略规划体系、社会养老保障体系、老年健康支持体系、老龄服务体系、老年宜居环境体系";同年12月,国务院办公厅印发《社会养老服务体系建设规划(2011—2015年)》和《社区服务体系建设规划(2011—2015年)》,提出鼓励和支持在养老机构内设

置医疗机构，着重推进医护型养老的相关建设。

2013 年 9 月，《国务院关于加快发展养老服务业的若干意见》发布，将"积极推进医疗卫生与养老服务相结合"作为养老服务业发展的主要任务之一。这是国家政策文件首次提出发展"医养结合"，因此，很多学者将 2013 年视为我国"医养结合"养老服务发展的元年。同时，《国务院关于促进健康服务业发展的若干意见》提出将健康理念充分融入养老服务，推进医疗机构与养老机构等加强合作。自此，我国"医养结合"服务开始进入全国性的建设和发展阶段。

（二）2014—2018 年：持续探索时期

在《国务院关于加快发展养老服务业的若干意见》和《国务院关于促进健康服务业发展的若干意见》的助推下，2014 年，我国"医养结合"服务进入实质化发展阶段。2014—2018 年，我国政府出台了大量与医养结合相关的政策文件和规划纲要，对医养结合的发展路径、发展机制、试点示范等进行了持续探索。2014 年 10 月，国家卫计委印发《养老机构医务室基本标准（试行）》《养老机构护理站基本标准（试行）》等通知，推进了医疗机构与养老机构等合作"医养结合"的规范化和模块化。同年 11 月，财政部印发《关于减免养老和医疗机构行政事业性收费有关问题的通知》，则是通过减免收费促进了医疗机构与养老机构等合作"医养结合"的进一步发展。2015 年 11 月，国家卫计委发布《关于推进医疗卫生与养老服务相结合的指导意见》，作为国家层面第一个关于医养结合发展的专门性指导文件，不仅正式提出了"医养结合""医养结合机构"等概念，还明确"医养结合"服务发展的目标、任务、机制与保障等。随后在 2016年，又发布了《医养结合重点任务分工方案》，进一步明确了各方职责和重点任务，制定了明确与细致的分工和协作方案，并建构了民政部、人社部、中医药管理局、卫计委等 17 个部门和机构的协作机制。同年，全国范围内的医养结合试点工作正式启动，6 月和 9 月分别确定和公布了两批单位名单，90 个城市成为积极探索建立适合国情和地方实践的医养结合服务模式的试点单位。

2016 年 10 月，中共中央、国务院印发并实施《"健康中国 2030"规划纲要》，国家层面首次提出健康中国战略。2017 年 10 月，"党的十九大"明确指出实施健康中国战略。2018 年行政机构改革，新成立了国家卫生健康委员会，促进了相关部门及其工作的横向和纵向整合，推动了医养结合的进展。截至2018年年底，我国政府出台了一系列的关于医养结合服务发展的详细规定，将老年人作为重点人群纳入家庭医生签约服务，并采取了一站式办理、支持多渠道融资、明确中央和地方财政的事权和支出责任、取消养老机构内设医疗机构的行政审批等实质性措施以推动医养结合机构的建设和运营。此外，还号召通过"互联网+""多元协同"等，创新服务模式，提升服务质量。总体来看，这一阶段，政府出台了涵盖医疗卫生服务体系、中医药健康服务、健康老龄化发展、医养结合试点、居家和社区养老服务改革、长期护理保险制度等多方面的政策文件。这些政策不仅建构了发展医养结合服务的部门协作机制和任务分工，还落实了医养结合服务的试点探索，创新了医养结合养老的运营管理和服务模式，为我国医养结合服务的快速发展奠定了坚实的基础。

（三）2019年至今：快速发展时期

随着健康中国战略与健康老龄化理念的不断深入，医养结合作为健康产业和养老产业的重要模块，成为经济社会发展的重要内容和增值来源。由此，国家高度关注医养结合的发展，从2019年至今，针对医养结合发展中面临的痛点和堵点，采取了一系列改革完善措施。2019—2023年，政府发布了多份以医养结合为主题的细致规定，涉及提升医养结合服务能力、建立健全高龄失能老年人长期照护服务体系、拓展医养结合机构的服务内容、发展医养结合型社区居家养老服务、社区卫生院建设等。2019—2020年，《关于深入推进医养结合发展的若干意见》《关于印发医养结合机构服务指南（试行）的通知》等政策文件提出了更多关于服务衔接整合、政府支持、组织保障等有可操作性且标准化的措施。2021年10月，习近平总书记提出老龄工作要加快健全社会保障体系、养老服务体系、健康支撑体系，从而明确了医养结合属于健康支撑体系，解决了医养结合的定位问题。

2022年，国家重点推进"医养结合"社区居家养老服务的发展。7月，国家卫健委、发改委等11部门联合发布《关于进一步推进医养结合发展的指导意见》，提出积极发展居家社区医养结合服务，支持有条件的医疗卫生机构为居家失能（含失智，下同）、慢性病、高龄、残疾等行动不便或确有困难的老年人提供家庭病床、上门巡诊等居家医疗服务；推进"互联网+医疗健康"

"互联网+护理服务",创新方式为有需求的老年人提供便利的居家医疗服务。2023 年,国家级医养结合试点工作结束,国家卫健委印发《关于推广医养结合试点工作典型经验的通知》,在全国范围内积极推广试点单位的医养结合发展经验。总体来看,基于前面两个时期的发展,该时期通过细致化、标准化、创新性的举措,推进了我国医养结合服务的快速发展。但是,不可否认的是,我国医养结合试点后的全面推广才开始,仍面临诸多困境,需要基于老年人及其家庭的需求并结合产业发展的需要,不断地进行改革和创新。

第三节 "医养结合"社区居家养老服务体系

"医养结合"社区居家养老服务体系以社区为依托,向社区老年人提供全周期、一体化的医养结合服务,包含服务对象、服务内容、供给主体、供给模式、支付体系等内容。建构适合社区的医养结合服务体系,需要以社区老年人的需求、社区服务资源为基础。首先,通过社区老年人的生活能力评估、身体健康状况检查、家庭养老能力调查等,明确"医养结合"社区居家养老服务的需求。其次,通过对社区以及社区周边的医疗机构、养老机构等进行资源和服务能力摸底,厘清"医养结合"社区居家养老服务可资利用的潜在资源。最后,根据社区老年人及其家庭的医养结合服务需求与社区的潜在资源,确定"医养结合"社区居家养老的服务内容、服务形式和服务供给模式等。

一、"医养结合"社区居家养老的服务对象

"医养结合"社区居家养老作为一种以医疗服务为基础、以养护服务为核心且融合"健康"理念的养老服务体系,旨在为不同健康阶段的老年人提供针对性的养老服务,具有全周期性、连续性等特征。其服务对象可以是失能半失能老年人和慢性病老年人、空巢老年人、失独老年人、中高龄健康老年人等各类有医养服务需求的老年人口。[①] 当然,第一,相较于健康且能够生活自理的老年人,患

---

① 王素英,张作森,孙文灿.医养结合的模式与路径——关于推进医疗卫生与养老服务相结合的调研报告 [J].社会福利,2013(12):56-59.

病老年人、失能失智老年人等对医养结合服务的需求更为强烈；第二，相较于有家庭照料者的一般老年人，空巢老年人、失独老年人、孤寡老年人等特殊群体对社会化的医养结合服务需求更为强烈；第三，居家养老与社区养老等的各类老年人都可能是医养结合服务的需求对象。

二、"医养结合"社区居家养老的服务内容

《关于印发医养结合机构服务指南（试行）的通知》指出，"医养结合"社区居家养老的服务内容可以分为基本养老服务和医疗保健服务两大类。其中，基本养老服务包括生活照料、膳食服务、清洁卫生、洗涤服务、文化娱乐、心理精神支持等项目；医疗保健服务包括健康检查、医疗保健、预防治疗、康复护理及临终关怀等项目。

根据党和国家关于医养结合的政策文件，医养结合属于老年健康支撑体系，建立健康教育、预防保健、疾病诊治、康复护理、长期照护、安宁疗护"六位一体"的综合连续和覆盖城乡的老年健康服务体系，是我国健康老龄化建设的重要任务。从健康角度，医养结合的服务内容包括医养结合医疗服务、医疗健康管理、医养照护服务、医养人文关怀服务。其中，（1）医养结合医疗服务包括常见病和多发病的诊疗服务、家庭病床服务、居家医疗服务、医疗巡诊服务、转诊服务、急诊救护服务、危重症转诊服务、中医药诊疗服务、辅助服务等。（2）医疗健康管理包括健康档案、健康教育、预防保健、健康检查、健康维护等。（3）医养照护主要为衰弱老年人、失能失智等生活自理能力不全的老年人提供心理呵护、慢性病康复、生活照料和社会服务等，包括中期照护和长期照护两种类型。中期照护是指协助患病老年人从疾病期过渡到恢复期，是一种短时的医养照护。长期照护是指向生活不能自理的老年人提供以生活照顾为主、医疗照护为辅的长期性医养照护。（4）医养人文关怀服务是对老年人及其家庭的情感关怀和心理支持，包括：第一，主要针对空巢老年人、失独老年人等的环境适应、情绪疏导、心理支持、危机干预、情志调解等精神心理支持；第二，主要针对失智老年人的认知康复服务和生活能力康复服务；第三，针对疾病终末期老年人及其家属的临终关怀。

三、"医养结合"社区居家养老的供给主体

"医养结合"社区居家养老的供给是由政府、社会组织、企事业单位、社区、志愿者、老年人等多元主体协同完成的。政府是倡导者、支持者、监督者。养老问题事关重大，顶层制度设计、人才培养、资金支持等，政府必须承担责任。比如"医养结合"与医疗保险制度的衔接、税收优惠支持"医养结合"产业发展、教育部牵头推进人才培养等。① 医疗机构、养老机构及其工作人员是服务供给者、研究者、发扬者等。不仅以各种形式直接参与"医养"服务，还在研究和培养"医养结合"产业发展方面具有十分重要的作用。比如医疗机构可以进行"医养"人才的培养，设计"医养"服务的评估标准等。② 根据组织形式差异，"医养结合"社区居家养老的服务提供者可以分为医养结合机构和医养联合体两种形式。根据《关于印发医养结合机构服务指南（试行）的通知》，医养结合机构是指兼具医疗卫生资质和养老服务能力的医疗机构或养老机构，主要包括养老机构设立医疗机构、医疗机构设立养老机构或开展养老服务两种形式。而医养联合体是多个医养结合机构、医疗机构、养老机构合作作为"医养结合"社区居家养老的服务提供者。

四、"医养结合"社区居家养老的供给模式

"医养结合"社区居家养老的供给模式包括医养融合、医养协作、一核多级、虚拟医养平台等。

（一）医养融合模式

医养融合是指由某一医养结合机构提供"医养结合"社区居家养老，包括养老机构内设医疗服务、医疗机构内设养老服务、新建医养结合型为老服务机构。该模式因为由单一机构同时提供基本养老服务和医疗保健服务，对医养结合机构

---

① 臧少敏. "医养结合"养老服务模式关键性制约因素分析及对策研究［J］. 北京劳动保障职业学院学报，2016（10）：9-12.

② 王建宏. 成都五医院互联网+新型医养模式取得阶段成效［J］. 当代县域经济，2016（7）：56.

的资源和能力要求较高。通常,养老机构内设医疗服务以养为主、以医为支撑;医疗机构内设养老服务以医为主、以养为辅;新建医养结合型为老服务机构大多以养为主、以医为支撑,只有高端的商业型医养结合为老服务机构才能够实现医养并重。

(二) 医养协作模式

医养协作是指养老机构和医疗机构签订合作协议,共同向社区老年人提供医养结合服务,包括院中院模式、医养签约模式、托带模式等。(1) 院中院模式是指社区中的医疗机构和养老机构组成团队,共同向社区的患病老年人和失能老年人提供以医为主的医养结合服务;(2) 医养签约模式是指医疗机构与社区养老机构合作,让社区居家养老的老年人通过家庭签约医生、院际签约、老年人就医通道等获得医疗服务,具有以养为主、以医助养的特点;(3) 托带模式是指一家医疗机构与多家养老机构合作,通过医生巡诊、在养老机构内设护士站、热线电话、住院绿色通道等向养老机构的服务对象提供医疗服务。

(三)"一核多级"模式

"一核多级"模式是以乡镇卫生院或社区卫生服务中心为核心,医联体为支撑,敬老院、养老院、医养结合中心、日间照料中心、福利院为依托,构建"一核多级""三级社区医养结合圈"服务模式,实现日常保健在家中,小病调理在社区,大病防治在医院。"一核多级"模式包含社区医养机构、一级医养中心、二级医养中心和三级医养中心等主体机构。其中,社区医养机构主要负责提供生活照料、精神慰藉、康复保健、健康讲座、安全教育、临终关怀等服务,并通过合作协议、绿色通道等与一级医养中心对接;一级医养中心与社区医养机构合作提供健康数据采集、健康体检、健康档案管理、康复保健等服务,并通过双向转诊制度与二级医养中心对接;二级医养中心通过远程诊疗、定期巡诊、专业指导等,与一级医养中心和三级医养中心对接;三级医养中心主要提供专业的疾病诊治服务,并通过双向转诊制度与二级医养中心对接。

（四）虚拟医养平台

虚拟医养平台是依托大数据、互联网、物联网、云计算、区块链、人工智能等智慧技术和智慧设备，建设医养结合服务平台，整合社区内外资源，通过线上和线下相结合的方式，向社区和居家老年人提供智慧化的医养结合服务。

五、"医养结合"社区居家养老的支付支持

养老保险、医疗保险、护理保险、老年救助和福利、医养结合服务补贴等是"医养结合"社区居家养老的重要支付支持。

（一）养老保险

当前，我国已经建成了覆盖城乡的社会养老保险制度，但是仍需要在提升养老保险待遇、增强养老保险制度可持续性等方面继续努力，以更好地提升社会养老保险对医养结合服务的支付能力。此外，大力发展商业养老保险不仅是提升居民养老能力的重要举措，也是繁荣金融产业的重要举措。

（二）医疗保险

当前，我国已经建成了覆盖城乡的社会医疗保险制度，但是慢性病和预防保健等方面的支付缺漏，以及养老机构内设医疗服务的医保报销问题，使社会医疗保险难以支撑医养结合服务的需求和发展。此外，商业医疗保险有所发展，但是参保率仍然较低。因此，需要结合医养结合服务的内容与形式等，改革和完善社会医疗保险制度，积极发展商业医疗保险。

（三）护理保险

护理保险旨在为失能失智人员提供基本生活照料和医疗护理服务所需的资金和服务，是针对失能失智人员护理的专项保险。2016 年，国家卫计委、民政部联合开展医养结合试点工作的同时，人社部开启了长期护理保险制度试点，在青岛、南通、广州等 15 个城市进行了适合我国国情和地方实际的长期护理保险探

索。随后，2019 年又扩大了试点。各地在试点中，出现了医疗保险支撑长期护理保险、长期护理保险单独缴费等形式，形成了不尽相同的护理需求评估和护理待遇支付。目前，关于试点地区不同模式的讨论仍在继续，适合全国推广的长期护理保险制度仍在探索中。

（四）老年救助和福利

特困老年人专项救助制度、高龄老年人津贴制度、老年人免费健康检查制度等为医养结合服务提供了一定的支付保障。

（五）医养结合服务补贴

为适应人口老龄化的快速步伐，中央政府和地方政府通过财政补助、税收优惠、费用减免、项目资助、人才培养、提供技术、建设基础设施等方式，补贴医养结合养老服务的建设和运营。

第四节　"医养结合"社区居家养老的实践与未来发展

在人口老龄化与养老资源匮乏的张力作用下，"医养结合"养老服务进入社区成为各国养老服务建设和发展的重要方向，形成了丰富的"医养结合"社区居家养老服务的实践。近年来，我国"医养结合"社区居家养老快速发展，由于政府职能部门协作不足、基层卫生资源较差、社会力量参与有限、专业护理人员缺乏等问题，导致难以实现高质量服务的目标。

一、"医养结合"社区居家养老的典型实践

（一）"医养结合"社区居家养老的国外典型实践

1. 英国的社区照顾模式

英国从 20 世纪 60 年代开始强调社区照顾，目前已经建成了以老年人为中心，以政府为主导，以国民健康服务体系为保障的社区照顾服务体系。在英国，

卫生服务体系属于国家医疗服务体系，养老社会服务体系由地方政府负责。不同职能部门管理带来的壁垒和隔离，与医养结合的整合理念相悖。1997年，英国开始了大幅度的医养结合改革，地方政府与英国国家医疗服务体系着手进行医疗服务与养老服务联合改革，试图将医疗、养老、社区服务三位一体通盘设计。不仅建立了新国民医疗服务体系（NHS），还通过国民医疗服务体系与其他部门合作，实现了医疗服务与社会照护之间的整合。2002年，为实现地方政府和健康部门在结构上的更好合作，NHS引入专业独立机构——护理信托机构，向心理疾病患者及智障群体协调和提供初级医疗卫生服务以及相关社会护理服务。此外，设立快速响应小组、社区评估和康复小组，专项进行健康服务和老年社会照护服务对接。2014年颁布《社会服务法》对社区照顾服务体系的建设进行了明确规定，采取官办民助的模式。政府与独立部门（营利机构、志愿机构）签订具有法律效力的合作契约，以提供多样化的医养结合服务。

总体而言，英国的国民健康服务体系以四个层面的协调合作实现了以老年人为中心的综合性服务。一是包括不同区域的整合，即跨国家、跨区域；二是不同业务领域的整合，主要是医疗领域与养老领域的整合；三是不同部门的整合，即公共部门、私人部门、第三方部门等的整合；四是不同照料资源的整合，包括正式照料与非正式照料的整合以及机构养老、社区养老、居家养老的整合。社区照顾模式以官办民助为主，实行社区首诊和双向转诊制度，全科医生与护士对社区老年人进行健康评估、疾病诊治、慢病管理、预防保健、临终关怀等整合型医养服务，并建立完善的健康信息档案，与第二、三层次医疗机构的老年专科医生服务对接、资源共享。

2. 美国的老年人全面照顾项目和持续照料养老社区

（1）老年人全面照顾项目。1973年，仿效英国日间医院的模式，美国老年管理机构、加利福尼亚州政府、健康服务部共同筹资建立了社区成人日间护理中心，后发展成为老年人全面照顾项目（Program of All-inclusive Care for the Elderly，PACE）。1995年，美国PACE行业协会成立，建立健全了规范化、标准化的PACE服务体系。PACE作为非营利性机构，其资金来源渠道包括国家和地方财政支持、个人捐赠、基金定向援助、项目收费等，医疗保险和医疗救助是永久性支付支撑；服务团队由医生为主，护士、康复师、营养师、护工、社工以及负责转运的工作人员等构成；服务对象是经医疗救助机构鉴定，符合所在州入住护理院标准的 55 岁及以上的社区老年人；服务项目包括日常生活照护、医疗护理服务、慢病管理、社会支持等，通过对服务对象的身心健康评估，有针对性地制定或调整个性化养老服务方案。① 在运营中，PACE 采取市场化运作机制，通过整合医疗保险和医疗救助的资金，采取"按人计价"的方式付费给受托机构。② 受托机构是独立的服务机构，自行统筹资金、承担财务风险，通过服务质量和服务价格竞争获得与 PACE 的合作订单。

（2）持续照料养老社区。持续照料养老社区（Continuing Care Retirement Communities，CCRC）是美国首创的一种医养结合社区居家养老服务模式，已有一百多年的历史。CCRC 是一种可以为老年人提供自理、介助和介护等一体化的居住服务和设施的复合型社区，主要为身心健康且生活基本自理者提供生活辅助、医疗护理、预防保健、休闲娱乐等全方位服务。CRCC 包括养老新镇和养老社区两种类型。其中，养老新镇规模较大，入住对象以低龄健康老年人为主；养老社区的规模相对较小，入住对象以健康老年人为主。在 CCRC 中，开设了生活自理单元、生活协助单元、特殊护理单元三种功能区，不同的功能区配套不同的基础设施和服务内容。其中，生活自理单元以身体健康和生活自理的老年人为主要入住对象；生活协助单元以日常起居需要他人协助的老年人为主要入住对象；特殊护理单元以生活完全不能自理的老年人为主要入住对象。在不离开熟悉的社区环境的情况下，老年人可以根据自身的健康状况和自理能力选择居住区域。在运营上，CCRC 包括营利型和非营利型两种，但是不管哪种类型，服务收费都是 CCRC 主要的资金来源。具体而言，CCRC 的收费形式有全方位涵盖型、复合型、按需计费型和租赁协议四种，其中，全方位涵盖型采取入住即全包，住户可享受

---

① 成秋娴，冯泽永. 美国 PACE 及其对我国社区医养结合的启示［J］. 医学与哲学，2015, 36（9）：78-88.

② 袁晓航. "医养结合"机构养老模式创新研究［D］. 杭州：浙江大学，2013：5-6.

无限的辅助生活服务、医疗及长期护理服务；复合型采取基础包，当服务超过基础包，则另加收费用；按需计费型采取基础生活辅助收费，然后住户按照市场费率支付医疗服务，并承担护理支出风险；租赁协议采取不缴纳入门费，仅按初始居住区域和照料水平支付月费。①

3. 日本的社区综合服务体系

在 20 世纪 60 年代，日本建立了覆盖全民的医疗保险制度。2000 年，由于医疗保险无法解决患病老年人、失能老年人等老年人的护理问题，日本开始全面推行针对 40 岁以上人口的介护保险制度。但是，介护保险制度的建立虽然在一定程度上缓解了医疗资源的重压并减缓了住院费用的上涨，却无法有效满足社会需求。近年来，为应对人口结构和疾病结构的新变化，日本政府努力推动医疗服务、社会日常照顾与长期护理服务的融合，一方面，通过病床分类促进医疗功能分化，构建了以社区为中心的医疗网络；另一方面，通过介护保险体制改革，推行医疗、长期照护、社区养老服务协同合作的运行体制，从而构建集医疗卫生资源、公共服务资源、医疗保险体系等于一体的社区综合照护体系。②

作为一种一体化的区域养老服务模式，社区综合照护体系让老年人可根据自身病情及护理需要选择在医疗机构、长期护理机构或者居家接受相应服务。介护养老是社区综合照护体系的核心内容，将老年人分为自理、要支援Ⅰ、要支援Ⅱ、要介护Ⅰ—Ⅴ级等 8 个等级，分别开展个性化、差异化的介护预防服务和介护服务。介护预防服务主要对前 3 个等级的老年人开展预防保健服务，介护服务主要为要支援Ⅰ至要介护Ⅴ级的老年人提供居家型、机构型、地域密集型等类型的医养服务。其中，居家型通过地域性支援中心为居家老年人提供全天候的随叫随到服务，服务项目主要包括日间照护、家访介护、功能锻炼、康复保健、健康管理、住宅无障碍改造等；机构型为需要介护服务的老年人提供机构型医养服

---

① 陈星. 美国持续照料养老社区的改革动向及启示［J］. 中国老年学杂志，2023，43（12）：3065-3071.

② 任雅婷，刘乐平，师津. 日本医疗照护合作：运行机制，模式特点及启示［J］. 天津行政学院学报，2021，23（4）：87-95.

务，介护老年人福祉设施接收要介护Ⅲ—Ⅴ级者，介护老年人保健机构接收要介护Ⅰ—Ⅴ级者，介护医疗机构接收要介护Ⅰ—Ⅴ级者；地域密集型通过多功能介护机构和认知症共同生活机构提供社区养老服务，服务项目主要包括夜间对应型家访介护、痴呆对应型日托介护、地区亲密型特定设施入住生活介护等。

（二）"医养结合"社区居家养老的国内典型实践

1. 上海市的社区嵌入式医养结合

2000 年，上海市开始探索社区居家养老服务模式，并根据实际工作情况及老年人实际需求，不断完善城市社区"医养结合"养老服务标准、收费标准、行业发展规划等，逐步建立了助餐点项目、长者之家等项目。为合理利用资源，并更具针对性地向老年人提供所需服务，2015 年，上海市政府开始全面实施老年照护统一需求评定，根据最新的老年人照护统一需求评定标准，老年人的需求评定工作从自理能力和疾病轻重两个维度进行，首先按照疾病轻重具体划分为 30分以下、30~70 分（含）、70 分以上三个等级，然后每一等级依据自理程度由低到高划分为正常、照护一级、照护二级、照护三级、照护四级、照护五级、照护六级七个照护等级。

上海市主要通过嵌入式社区养老设施、智慧养老设备、长期护理保险试点实施，根据各社区老年人口密度及发展趋势构建"15 分钟服务圈"等多样措施开展城市社区"医养结合"养老服务。其中，综合为老服务中心集成了日间照料中心、长者食堂、长者照护之家等社区养老设施，并依靠家庭签约医生、与医疗机构合作等，建立"枢纽式"服务模式，让社区老年人就近获得综合日间护理、窗口办事等一体化综合医疗养老服务；长者照护之家主要为统一需求评定等级为三级及以上的老年人提供机构照护，服务项目包括康复照护、失能老人照护，以及为家属提供的喘息服务和短中期全托服务等。2016 年，上海市印发《关于明确养老服务机构开展长期护理保险服务有关事项的通知》，确定徐汇、金山、普陀三个城区为长期护理保险试点单位，符合资质的养老机构、长者照护之家、日间照料机构、社会养老服务组织均可按要求申请成为长期护理保险定点护理服务机构。

2. 成都市的"因地制宜式"医养结合

成都市按照区（镇）级、基层社区（乡村）级两个级别建设老年服务场所、老年服务中心（站）、日间照料中心等社区养老机构，开展城市社区"医养结合"服务。城市社区"医养结合"养老服务机构运营模式主要包括三种：第一种，"医养合作"，即社区养老院与社区卫生服务站中心合作开展服务；第二种，"养内设医"，即社区养老院引进一定数量医疗设备和医护人员为老年人提供医疗服务；第三种，服务外包，社区养老院将医疗服务部分外包给有资质的机构。通过上述三种服务开展模式，目前成都市已基本构建"15分钟养老服务圈"。为推动城市社区"医养结合"养老服务的实施，让老年人切实享受"医养结合"养老服务，2017年3月，成都市政府发布了《成都市长期照护保险制度试点方案》，明确规定使用社区居家长期照护服务保险支付比例为75%，使用机构长期照护服务保险支付比例为70%，在一定程度上推动了"医养结合"社区居家养老服务的发展。

目前，成都市各社区根据自身资源与老年人的服务需求，探索建成了多样化的"医养结合"社区居家养老模式。（1）成都市A社区卫生服务中心，倚靠三甲医院，内设老年专护病房，通过配备相关设施、增加护理人员等，提供医疗为主、养老为辅的医养结合服务。（2）成都市B社区卫生服务中心利用原有医疗资源，并与上级医院建立双向转诊、教育培训关系，将闲置病床转型为养老病床，成功转型成为集全托养老、日间照料、疾病诊治、医疗保健、临终关怀和社区卫生服务为一体的全新社区卫生服务机构。（3）成都市C卫生院巧借所在区域建设国家级新区这一机会，建成"一核多级""三级社区医养结合圈"服务模式。第一，以C卫生院为核心，依托敬老院、医养结合中心，为集中养老人群提供专业的养老服务，构建以专业机构为主体，覆盖集中养老人群的机构医养"一级圈"；第二，由C卫生院托管日间照料中心，为社区养老人群提供专业养老服务，构建以社区阵地为主体，服务周边居民的社区医养"二级圈"；第三，建立老年人养护专业团队，为居家老人提供医疗护理、生活照料、文娱活动、健康管理等服务,构建以 C 卫生院养护团队上门服务为主的居家医养"三级圈"。此外,设置康复中心、老年人能力评估中心、多功能活动室、接待区、住养区、屋顶花园、晾晒区等空间,成功打造了一所现代化、专业化、智能化的医养结合中心。(4)2015 年,成都市 D 社区卫生服务中心引进"同城社区养老综合服务信息平台",建立包括社区医务人员、社区护工、养老机构三个维度的智慧居家医养模式。2019 年,又打造智慧医养平台,依托"健康小屋社区养老"和"家庭居家养老",邀请信息专家与医养专家共同构建模型库,为辖区老年人提供个人健康档案、智能穿戴设备、居家安全、家庭医生、慢性病管理、云急救等线上线下医养结合服务。①

3. 武汉市的"居家+机构"双层医养结合

为应对日趋加深的人口老龄化趋势,武汉市在政府主导下,以"互联网+居家养老"以及在社区卫生服务机构内设置康复机构为主的方式大力发展"医养结合"社区居家养老服务模式。"互联网+居家养老"服务模式通过"一键通"服务平台、设立"家庭病床"等形式为老年人提供智慧虚拟养老服务。对老年人居住环境进行无障碍洗手间和加装互联网家庭看护设备等适老化改造,并建立智慧化的居家养老服务中心。通过"一键通"服务平台和设立"家庭病床"等形式,为老年人提供更为及时便捷的居家型医养服务。社区卫生服务机构内设置康复机构服务模式即由武汉市卫生部门审核医疗资格,民政部门审核养老资格后发放许可证后在社区卫生服务中心(站)内建设康复养老院,让老年人能够在相对熟悉的环境中进行医疗和康复。

二、"医养结合"社区居家养老的未来发展方向

近年来,随着人口老龄化的加剧,老年照护问题日渐凸显。由于机构养老费用高昂,无法满足广大老年人的需求,社区居家养老成为整合型老年照护服务发展的重点。国内外积极探索整合型老年照护服务在社区落地的方式,出现了社区

---

① 张雨婷,谭梅,罗秀等.超大城市社区医养结合实践模式及优化路径研究[J].卫生经济研究,2023,40(8):16-20.

养老机构内设医疗服务、社区医疗机构内设养老服务、医养联合体、家庭签约医生制度、智慧医养等典型实践。我国于 2013 年在社区推广医养结合，在不断的体制改革和服务建设中，"医养结合"社区居家养老取得快速发展。目前，家庭签约医生制度已经在城乡普及，社区日间照料中心、社区养老服务驿站等基本通过与医疗机构合作、内设卫生室等方式实现了医养结合。但是，面对不断增长的老年人数量，不断扩大的医养服务需求，我国"医养结合"社区居家养老仍然存在诸多方面的问题需要改进和完善。

第一，由于基层专业医生数量不足、家庭签约医生缺乏绩效监管以及居民使用意识不强，家庭签约医生制度流于形式。尽管家家户户门口都张贴了签约医生基本信息，但绝大多数居民并未实际接受过签约医生的服务。对此，首先，应该扩大医学类高等教育专业的招生数量，引导医学类毕业生基层就业，以增加基层的专业医生数量；其次，应该建立健全家庭签约医生定期巡诊、上门看诊、电话问诊等制度，将其纳入家庭签约医生的绩效考核，与工资待遇、职位职称等挂钩，以促进家庭签约医生主动服务；最后，对居民进行宣传教育，提升其寻找、选择和监督家庭签约医生服务的意识和能力。

第二，政府职能部门协作不足，分管医疗服务的国家卫健委与分管养老服务的民政局各自为政，导致社区医疗服务和养老服务整合困难。对此，要重视部门联席会议制度的建立和落实，明确相关政府职能部门在"医养结合"社区居家养老建设中的任务和配合点，通过建立跨部门的"医养结合"社区居家养老建设小组的方式，加强职能部门的协作，建设医养联合体，以推进社区医疗服务和养老服务的有效整合。

第三，由于基础设施建设落后，医护人员质量、数量皆不足，基层卫生资源不仅服务能力差，而且数量匮乏，有很多社区还未设立卫生站。对此，应该加大政府通过财政支持、吸纳捐款等方式，加大对社区医疗机构的基础设施建设和人才培育。同时，积极建设医联体，推广一对一帮扶，加大上级医院对社区医疗机构的硬件帮扶、人才帮扶。

第四，社会力量参与"医养结合"社区居家养老主要集中在经济较发达的城市地区，绝大多数地区社会力量参与有限，使得"医养结合"社区居家养老供给能力不足。对此，应该加大资金、人才以及设施支持的力度，培育本地企业、社会组织等社会力量参与"医养结合"社区居家养老供给，同时引进外地企业、社会组织等社会力量共同推进"医养结合"社区居家养老服务体系的建设和发展。

第五，2023年，我国60岁及以上人口有2.97亿人，占总人口的21.1%，其中失能（失智）老人占比约为1/5，总数5000万人左右。① 按照护理人员与失能老人3∶1的国际配置标准计算，我国需要超过1667万名的护理员。但是碍于护理员工作负担重、工资待遇差、社会地位低等，目前各类养老机构的护理人员加总后不到50万人，其中取得执业资格的专业护理人员不足2万人，同时还存在结构性失衡问题。为满足不断增长的护理需求，首先，应该通过增加学位点、实行扩招等方式，加大高等教育的护理人才培养。同时，强化护理职业教育，吸纳社会人士接受护理职业教育；其次，关注护理人员的工资待遇，健全五险一金制度，并通过全社会的宣传教育，增加社会对护理人员的认知和尊重；最后，积极发展和应用智慧技术和智慧设备，减轻护理人员工作压力，减少对护理人员的依赖。

◎ **复习思考题**

1. 比较分析传统养老模式与"医养结合"社区居家养老。
2. 比较分析国内外"医养结合"社区居家养老的典型实践。

◎ **延伸阅读**

1. "医养结合"养老相关专著和研究论文
2. 国家和地方有关"医养结合"养老的政策文件
3. 国家以及各省的大数据中心

---

① 马建堂委员：我国5000万失能老人长护人员极为短缺 建议多渠道增加供给［OE/BL］.［2024-08-20］. http：//www.tibet.cn/cn/Instant/culture/202403/t20240307_7585921.html.

第十一章　"智慧"社区居家养老

◎ 学习目标

1. 掌握"智慧"社区居家养老的概念、特征和类型。

2. 熟悉"智慧"社区居家养老的发展历程。

3. 掌握"智慧"社区居家养老服务体系的内容构成、建构步骤,熟悉"智慧"社区居家养老的关键技术。

4. 了解国外"智慧"社区居家养老的典型实践,理解我国"智慧"社区居家养老的未来发展方向。

◎ 关键术语

1. 智慧技术;

2. 智慧设备;

3. "智慧"社区居家养老。

第一节　"智慧"社区居家养老概述

根据 2020 年全国第七次人口普查的数据,我国 60 岁及以上老年人口总数为 2.64 亿,占总人口的 18.7%,老年人口年净增量也从 2021 年的最低值直线增长为 2023 年的最高值,人口老龄化水平被按下了加速键,进入增长的"快车道"。而面对如此庞大的老年人群体,传统的社区居家养老服务体系因物力有限、人力不足等困境,难以有效应对当前的人口老龄化问题。近年来,互联网和数字技术快速发展,智慧养老越来越被重视和发展。

一、"智慧"社区居家养老的概念

随着数字社会建设的加快,科技革命成果不断融入社会生产领域,大数据、云计算、区块链、互联网、物联网、人工智能等智慧技术被广泛用于人们的生产生活。2008年11月,IBM公司在纽约召开外国关系理事会,提出了"智慧地球"这一理念。2010年,IBM公司正式提出建设"智慧城市",助力世界城市的发展。英国生命信托基金会最早提出"智能居家养老"(Smart Home Care),旨在通过借助智慧技术突破空间局限性和时间滞后性,在养老产业链的各个环节精准配置各类资源,从而实现养老服务效能最优化。通过近十年的实践证实,大数据、云计算、区块链、互联网、物联网、人工智能等智慧技术和设备在养老服务领域的深度融合满足了不断增加、不断个性化的养老服务需求,迎合了时代发展的新要求。因此,"Smart Care for Elderly""Smart Care for the Aged""Smart Senior Care""Intelligent Elderly Support""全智能化老年系统""智能居家养老""智能养老系统""智慧养老"等成为国内外各界的关注热点。在2016年以前,各界并未对"智慧养老"与"智能养老"进行严格区分。但是,在后续的研究和实践中,为彰显养老服务以人为本的理念,迎合成功老龄化、积极老龄化等理念,"智慧养老"成为主流概念。杨菊华等学者认为,从概念演进角度,"智能养老"可以被认为是"智慧养老"的前身。从语义上,"智能"(Intelligent)更多体现为技术和设备,而"智慧"(Smart)更多体现人的主体地位。[①]

关于"智慧养老"社区居家的内涵,学者们主要从四个角度对其进行了阐述和界定。一是聚焦技术,认为智慧养老是智慧技术在养老服务领域的应用。例如:吴玉霞等强调以物联传感系统和信息平台为代表的技术在智慧养老发展中的核心作用,将智慧养老定义为智慧技术转换为养老生产力的过程[②];张蕾等认为智慧养老是通过利用云计算、大数据、物联网等技术,实现需求信息、服务资源

---

① 杨菊华.智慧康养:概念、挑战与对策[J].社会科学辑刊,2019(5):102-111.

② 吴玉霞,沃宁璐.我国智慧养老的服务模式解析——以长三角城市为例[J].宁波工程学院学报,2016,28(3):59-63,76.

等共享和融合的一种养老服务平台①。二是聚焦模式，认为智慧养老是通过运用新技术而创新的服务模式。例如：郑世宝指出智慧养老是一种全方位的养老服务模式，重点在于以全面而精准的服务功能满足多元化的养老需求②；张运平等指出智慧养老是融合应用各种信息技术和产品，通过采集和分析人体体征、居家环境等数据，实现家庭、社区医疗机构、健康服务机构、养老服务机构、专业医疗机构间的信息互通互联和分析处理，从而实现数字化、网络化、智能化的健康养老模式③。三是聚焦组织管理，认为智慧养老是一种创新型的产业组织管理模式。例如：于潇等认为智慧养老是养老服务模式创新基础上的产业升级④；郝涛等认为智慧养老通过 PPP 模式实现了养老服务产业的对接、政府部门与私人部门的合作，本质上是一种多方合作的服务体系⑤。四是聚焦内容，认为智慧养老是一种包含为老和靠老双重内容的养老模式。左美云作为此观点的代表性学者，认为智慧养老是利用互联网、社交网、物联网、移动计算、大数据、云计算、人工智能、区块链等现代技术以全方位支持老年人的生活服务和管理，包括智慧孝老、智慧助老、智慧用老等内容。

综上，学者们从不同角度对智慧社区居家养老进行定义，反映了智慧社区居家养老是集合主体、技术、内容等要素的养老服务模式。综合学者们的观点，本书将智慧社区居家养老定义为应用大数据、物联网、互联网、云计算、人工智能、区块链等智慧技术和产品，整合协调政府、市场、社会、社区、家庭和个人等主体的资源与行动，为老年人提供生活照料、休闲娱乐、健康保障、学习分享等生活服务和管理的一种现代化养老服务模式。"智慧"社区居家养老不仅是新兴信息通信技术的集中应用，更是养老服务生产组织、生产要素、生产方式的整合优化。

---

① 张蕾，王平. 共享与融合：智慧养老平台建设的突破口 [J]. 浙江经济，2017（10）：54-55.

② 郑世宝. 物联网与智慧养老 [J]. 电视技术，2014，38（22）：24-27.

③ 张运平等. 智慧养老实践 [M]. 北京：人民邮电出版社，2020：4.

④ 于潇，孙悦. "互联网+养老"：新时期养老服务模式创新发展研究 [J]. 人口学刊，2017（01）：58-66.

⑤ 郝涛，徐宏. "互联网+"时代背景下老年残疾人养老服务社会支持体系研究 [J]. 山东社会科学，2016（04）：158-165.

二、"智慧"社区居家养老的特征

(一)技术性

与传统养老模式相比,智慧养老最大的特色在于依托人工智能、互联网、物联网、云计算等先进技术,建设综合性的智慧养老服务平台,在人与技术、设备自然友好的交互中完成养老服务的供需对接。通过各类智慧技术和产品在养老服务领域的深度融合,不仅可以实现多元养老主体与各类养老资源的精准对接,突破传统养老服务的空间局限性和时间滞后性,还可以实现智慧化决策与智能化服务,突破传统养老服务的人力依赖和成本高昂问题。

(二)精准性

传统养老模式由于缺乏数据信息以及科学的数据处理手段,养老服务的供给往往基于通用型需求模型,导致服务对象、服务内容较为单一,难以满足老年人多样化和个性化的养老服务需求。智慧养老利用互联网、物联网等技术,通过收集、储存、分析大数据,充分挖掘潜在服务需求,科学制定差异化的产品组合和服务策略,以精准化的供需匹配实现了市场化的优胜劣汰,更有利于养老服务市场的发展。

(三)整合性

从概念上,养老模式即为养老资源的集合。我国老龄办将智慧养老解释为,将智慧技术和养老服务相结合,依托网络和大数据,集合运用空间地理信息管理技术、数据传感技术、老年服务技术等,整合社会各环节的资源供给方,为广大老年人群体打造安全、优质、低成本服务的新型养老模式。智慧养老致力于建设综合服务平台,统一分配不同背景、不同类型的养老服务资源,以提升服务主体、服务资源的协同程度。相较于传统养老服务模式,智慧养老以先进的智慧技术,打破了人工操作的职责壁垒、能力壁垒、时间壁垒等,更能有效整合政府、市场、社会、社区、家庭和个人的资源和行动。

三、"智慧"社区居家养老的类型

(一) 基于服务形式差异的类型划分

社区居家养老是指以家庭为基础,以社区为依托,整合社区资源,通过上门服务、日间照料、暂时全托等方式满足老年人的养老服务需求。根据服务形式差异,可以将智慧社区居家养老服务划分为智慧居家养老服务和智慧机构养老服务。(1) 智慧居家养老服务。通过各种智慧技术和智能设备,让居家老年人足不出户就能获得多样化的养老服务。例如:借助智能摄像头、智能穿戴设备、智慧家居设备等实施健康管理、安全保障;借助养老服务 App、紧急呼叫系统、智能机器人、网络交流平台等获得生活照料、医疗帮助、精神慰藉、社会参与。(2) 智慧机构养老服务。社区养老服务驿站、社区日间照料中心、社区小型养老院等社区服务机构凭借智慧技术对接受日间照料、暂时托养的老年人实施服务和管理。例如:借助智能管家便捷地办理入住、出院、缴费等手续;借助智能机器人、智慧设备便捷地完成助洁、助浴、助餐等服务;借助智慧化的穿戴设备、床上用品等便捷地对老年人实施健康管理。

(二) 基于资金来源和运作方式差异的类型划分

根据资金来源和运行方式的差异,可以将智慧养老划分为政府购买型、政企合作型、政社合作型。(1) 政府购买型。政府通过提供服务补贴、平台购买补贴等方式向智慧养老的建设和运营提供资金支持,并通过公开招标的方式将智慧养老平台的运营委托给专业的平台运营商,而养老服务主要由非营利性的社会组织提供。在智慧养老的运营和服务过程中,政府还要承担监督职责。(2) 政企合作型。政府与企业合作参与养老服务的供给,企业负责智慧养老服务平台的设计、开发和维护,社区在政府的指导、监督下运营智慧养老服务平台。(3) 政社合作型。政府提供政策和资金支持,社区负责运作智慧养老服务平台,包括政府主导和社区主办两种子类型。在政府主导型中,政府出资提供设备设施和支持服务运作并进行监督管理,社区承担智慧养老服务平台的日常运营;在社区主办中,社区负责筹措资金和运营智慧养老服务平台,服务费是重要的运营资金。政府只提供少量资金支持，或者通过其他方式帮助社区筹措资金。

（三）基于服务主体主导作用差异的类型划分

根据服务主体主导作用差异，可以将智慧养老分为政府主导型、企业主导型和社会主导型。（1）政府主导型。在智慧养老的发起、建设和运营中政府占据核心地位，既是服务推动者和主导者，也是服务提供者和监督者。一方面，政府通过完善政策制度和制定发展规划，为智慧养老的发展营造良好环境；另一方面，政府直接参与智慧养老服务过程，利用物质和信息资源优势确定服务接受方、生产方式和标准等事宜，并遵守协议约定监督服务接受方和协调方以保障质量。（2）企业主导型。高新技术企业、平台企业和地产企业等凭借先进的信息技术开展智慧养老产品和服务的研发、生产和销售等，或者通过建设智慧养老运营平台，整合多元化的服务资源为老年人提供综合性的养老服务。（3）社会主导型。由社区组织、民办非营利组织等社会组织凭借专业、灵活等优势，主导智慧养老的建设和运营，通过整合政府、社会、市场、社区、家庭和个人的资源，向老年人提供低成本、高适应的服务。

第二节 "智慧"社区居家养老的发展历程

人口老龄化以及信息、通信技术的发展是 20 世纪 90 年代以来的两大社会发展主题。当前社会不仅是信息社会，也是老龄社会。在信息技术革命、人口老龄化、传统养老功能弱化相互碰撞与相互交织中，智慧养老成为应对老龄化问题的新理念、新思路、新技术、新手段。

一、"智慧"社区居家养老的世界发展历程

第二次世界大战以后，持续增加的老年人口为各国经济、社会、医疗和生活安排带来持久压力。欧盟《2012 年老龄化报告》数据显示，未来 40 年全球人口结构将发生重大变化，老龄人口比例急剧增加，养老设施却相对有限。因此，需要各国从基于护理系统中央化的福利模式转向基于护理设施的分配和自动化的系统，相当长的时间内家庭将成为老年人的主要供养场所。此外，现代医学带来预

期寿命增长，导致老年人口对护理需求的增加。在社会转型和工作流动背景下，老年人越来越难以依赖家庭成员实现对自己的照顾，而有限的护理人员愈加无法满足不断增多的护理需求。因此，如何以家庭为场所，满足老年人对养老、医疗和护理服务的需求便成为各国养老发展的关键问题。

相较于国内，国外较早面临严重的老龄化问题，昂贵的医疗费使得很多老年人不得不在家养老，同时互联网、传感器等科学技术的发展，也推动了养老产业的不断进步。因此，他们较早进行了智慧养老建设，希望能够借助移动技术、互联网等手段，使老年人在家中便享受到养老服务。20世纪90年代，随着信息、传感器等技术的成熟，智能家居的概念逐渐进入主流文化，智能家居用品开始出现在《名利场》等生活类的杂志中，BBC公司甚至录制了一部名为《梦想家》的电视纪录片，让观众了解一个家庭在实验性的智能家居中生活的真实场景。2012年，英国生命信托基金正式提出"智慧养老"理念，目的是借助传感器、物联网、大数据等技术，改变传统的养老模式为老年人提供生活照料、医疗健康、生命动态检测等服务，让老年人能够享受到高质量养老生活。

早期的智慧养老主要集中在医疗领域。近年来，以信息技术、物联网、大数据为代表的"第四次科技革命"使得许多新兴技术被用来支持就地老龄化的进程，致力于通过为老年人提供智能化的养老环境满足老年人健康和独立生活的需求，提高老人晚年的身心健康和生活质量。以数字信息技术为支撑、精准服务为依托的智慧养老正在成为全球各国缓解养老矛盾、应对人口深度老龄化的关键举措。从政策上看，国外很早就将智慧养老纳入了国家养老战略中，并大力支持智慧养老的发展。例如，美国的医疗服务车队（移动医联网）、德国的智能辅助生活系统（AAL）、英国的全智能养老系统等。

二、我国"智慧"社区居家养老的发展历程

我国于1997年正式进入人口老龄化社会，与其他发达国家相比，人口老龄化具有来得早、发展快、持续时间长等特点。人口老龄化不仅带来公共财政、医疗服务、社会福利等方面的挑战，同时老年人日益多样化的需求、家庭小型化的趋势、社会发展与群体异质性的融合使得养老服务体系建设面临巨大的压力，例

如，工作人员不足、服务成本高、服务设施有限等。因此，应用信息化、自动化技术和设备，创新养老服务方式，优化养老服务结构，成为养老服务体系建设的重点内容。到目前，我国智慧养老的发展已经经历了三个阶段。

（一）2010—2015年：探索阶段

2010年，智慧技术推动互联网和电话呼叫服务出现，全国老龄办提出养老服务信息化，推动建设基于互联网的虚拟养老院。2011年，国务院发布《中国老龄事业发展"十二五"规划》、国务院办公厅发布《社会养老服务体系建设规划（2011—2015年）》提出，依托现代信息技术，加强养老服务信息化建设，建立老龄信息采集、分析数据平台，健全城乡老年人生活状况跟踪监测系统。2012年，全国老龄办提出发展智能养老，以智能化养老实验基地形式在全国开展实践探索。

2013年《国务院关于加快发展养老服务业的若干意见》提出，"地方政府要支持企业和机构运用互联网、物联网等技术手段创新居家养老服务模式，发展老年电子商务，建设居家服务网络平台，提供紧急呼叫、家政预约、健康咨询、物品代购、服务缴费等适合老年人的服务项目"。2015年，李克强总理在政府工作报告中提出"互联网+"行动计划。随后，《国务院关于积极推进"互联网+"行动的指导意见》发布，国家发改委联合12部门全面部署实施"信息惠民工程"，明确提出"促进智慧健康养老产业发展"等目标任务。至此，智能养老被正式列入国家工程。在第二批社会管理和公共服务综合标准化试点项目申报中，浙江绍兴的智慧居家养老服务标准化试点项目成功获批，乌镇积极建设智慧养老综合服务平台，获得了中共中央总书记、国家主席习近平的高度赞扬。

（二）2016—2019年：试点阶段

自2015年《国务院关于积极推进"互联网+"行动的指导意见》发布以来，全国各地开始积极开展智慧养老实践和试点。2016年，江苏东方惠乐健康科技有限公司上海社区智慧老年服务中心成立，由该公司打造的全国首家"双创智慧养老创业孵化屋"也正式挂牌启用。① 浙江乌镇智慧养老全面升级至 2+2 模式，通过"智慧养老综合平台、远程医疗平台+线下照料中心、卫生服务站"，实现了线上线下相结合、医养服务全覆盖的目标。②

2017 年 2 月，为加快智慧健康养老产业发展，培育新产业、新业态、新模式，国家工业和信息化部、民政部、卫计委联合发布《智慧健康养老产业发展行动计划（2017—2020 年）》，智慧养老第一个国家级产业规划出台，为我国智慧养老产业发展指引了方向。同年 7 月和 11 月，三部委先后发布《开展智慧健康养老应用试点示范的通知》《智慧养老产品及服务推广目录》，标志着智能养老进入示范发展阶段。据此，各省区市积极探索智慧养老的有益路径，北京市率先出台行业发展指导意见，旨在利用人工智能技术满足社会在养老、医疗、教育等领域的服务需求；上海市发布《关于本市推进新一代人工智能发展的实施意见》，利用人工智能技术发展，增强诊疗辅助服务、健康管理和养老服务能力。同年 11 月，三部委公布了《2017 年智慧健康养老应用试点示范名单》。2018 年、2019 年三部委公布了第二批、第三批智慧健康养老应用试点示范名单。此外，《关于促进和规范健康医疗大数据应用发展的指导意见》《关于促进"互联网+医疗健康"发展的意见》等文件的颁布，体现了"医疗服务""健康管理"等是智慧养老发展的重要领域。

（三）2020 年至今：爆发阶段

相较于 2020 年之前的方向性大政策，从 2020 年起，国家陆续出台了一系列细化的方案、目录等，也越来越注重智慧养老服务产业、产品等的发展。因此，学界普遍认为 2020 年是我国智慧养老发展的重要转折点。2020 年 10 月，工业和信息化部、民政部、卫健委发布《智慧健康养老产品及服务推广目录（2020年版）》，以推动智能健康养老产品和智慧健康养老服务的发展。同年 11 月，国务院办公厅发布《关于切实解决老年人运用智能技术困难实施方案的通知》，提

---

① 东方惠乐打造全国首家"双创智慧养老创业孵化屋"［EB/OL］.［2024-08-20］. http://jujiaotaizhou.com/a/jingji/3319.html.

② 左美云. 智慧养老的内涵与模式［M］. 北京：清华大学出版社，2018：333.

出从认知观念、设施设备等全面解决老年人的智能困境。同年 12 月,《国务院办公厅关于促进养老托育服务健康发展的意见》提出,推进互联网、大数据、人工智能、5G 等信息技术和智能硬件的深度应用以促进养老托育服务全面智慧化。

2021 年是我国"十四五"的开启之年,国家各类有关老年人的政策文本对新时期的智慧养老明确了应对性的要求和任务。2021 年 3 月,《中华人民共和国国民经济和社会发展第十四个五年规划和 2035 年远景目标纲要》明确开发适老化技术和产品,培育智慧养老等新业态,是我国经济社会发展的重要任务。以此为指导,同年 10 月,上述三部委印发《智慧健康养老产业发展行动计划(2021—2025 年)》,明确指出要进一步打造智慧健康养老的新模式。2022 年 4 月,《国务院办公厅关于印发"十四五"国民健康规划的通知》提出,"创新发展健康咨询、紧急救护、慢性病管理、生活照护等智慧健康养老服务"。2023 年,工业和信息化部、民政部、国家卫生健康委员会发布了第四批智慧健康养老应用试点示范名单。

当前,为了适应智慧养老服务产业的建设,各种创新型的服务模式不断涌现,投融资市场也越来越活跃。根据中商产业研究院发布的数据,我国智慧养老市场规模持续增长,2021 年智慧养老市场规模近 5.5 万亿元,2022 年市场规模约为 8.2 万亿元,预计 2023 年市场规模约为 10.5 万亿元。① 可见,智慧养老产业规模近三年复合增长率超过 18%,为积极应对人口老龄化、完善养老服务体系作出了重要贡献。

第三节 "智慧"社区居家养老服务体系

信息技术的高速发展与人工智能的迅速崛起,尤其是一些智能技术在各种养老模式中的应用,逐步推进养老服务从人工化向智能化、智慧化转变,不断促进养老服务内容的延伸、方式的变革和功能的突破,为老年人尤其是失能老人、半失能老人提供更为优质的服务。可以简单认为,智慧养老是智慧技术与养老服务

---

① 2023 年中国智慧养老市场现状及发展趋势预测分析 [EB/OL].[2024-08-20]. https://www.askci.com/news/chanye/20230523/085155268480311532337685.shtml.

的互动体系。本节将对"智慧"社区居家养老服务的目标、运行机制、运行样态和关键技术进行讲解,以实现对"智慧"社区居家养老服务体系的认知。

一、"智慧"社区居家养老服务体系的内容构成

"智慧"社区居家养老服务的实现基于"智慧设备的安装—需求信息的产生—需求信息的传输—需求信息与供给信息的对接—物化服务的供给—服务质量反馈"这一逻辑,实质上是一种线上和线下有机结合,包含了智慧技术、多元主体、数据信息系统、服务应用系统、服务质量监管系统等要素和内容,其基本框架如图 11-1 所示。

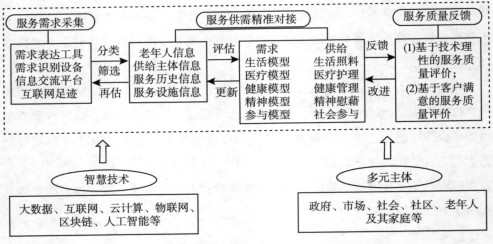

图 11-1 "智慧"社区居家养老服务的基本框架

二、"智慧"社区居家养老服务体系的建构步骤

(一)明确建构目标

目标是"智慧"社区居家养老服务的任务和方向,因此,建构高效的"智慧"社区居家养老服务体系首先应该明确目标。针对传统养老服务模式的不足,基于智慧养老的优势,"智慧"社区居家养老服务体系的目标应该主要包括以下

几个方面：

1. 全面采集养老服务需求

需求是养老服务供给的基础。借助大数据、可穿戴设备、智能家居等，建立自然且畅通的人机交互渠道以全面采集养老服务需求，是"智慧"社区居家养老服务体系的基础目标。一方面，了解不同类型老年人及其家庭对"智慧"社区居家养老服务的主观态度和个人意愿，并据此不断改进硬件和软件；另一方面，通过面部表情、身体状况、肢体活动、社会参与、就医行为等，系统分析老年人及其家庭的养老服务需求结构与动态变化趋势。尤其是要关注最迫切需要养老服务的鳏寡、孤寡、失独、失能和空巢等老年人的现实生活状况与需求，突破智慧技术与设备缺乏"人情味"的弊端，建立与中国特色人文和养老现实相契合的"智慧"社区居家养老服务。

2. 实现多样化的养老服务

老年人及其家庭的养老服务需求结构具有多样性和动态性等特征，而传统养老服务模式多采取单兵作战的方式，存在服务主体单一、服务模式单一、服务成本高昂等问题。即使建立了资源整合平台，由于人工沟通的时间滞后性、空间局限性以及信息错位或缺漏等问题，仍难以全方位满足老年人多样化的养老服务需求。因此，突破人工整合的局限性，实现多样化的养老服务，成为"智慧"社区居家养老服务的重要目标之一。"智慧"社区居家养老服务体系需要借助互联网、物联网、区块链和人工智能等智慧技术，建立政府、市场、社会、社区、家庭以及个人的信息交互渠道，通过自动化和智能化的方式整合多元主体的资源和行动。

3. 精准对接养老服务供需

传统养老服务供给因信息交互不足、资源共享缺乏、客户中心意识淡薄等，导致养老服务效率低、质量差且同质化严重。因此，"智慧"社区居家养老服务应该依托智慧技术促进养老服务供需的精准对接。一方面，以信息数据库为基础，建立共享、规范的养老服务信息平台，以实现全面考察需求差异、供给规模及供给结构等要素，并实现关键信息在利益相关者之间的共享，从而为老年人及其家庭提供"量体裁衣式"的养老服务。另一方面，以客户为中心，依托养老服务信息平台，加速老年人信息、服务提供者信息和服务过程记录信息的调取与录入，实行从公平性、亲情化、养老资源利用率、服务效果等维度对养老服务的质量进行反馈和动态评价。

（二）建立运行机制

智慧养老服务流程可以归纳为四个环节，即服务对象精准识别、信息数据动态管理、服务供需精准匹配和服务质量科学评价。①根据智慧养老的服务流程，以智能化构建社区居家养老服务模式的高效运行机制，是实现"智慧"社区居家养老服务目标的关键。

1. 需求表达和识别机制

由于传统养老观念、身体状况、家庭收入等一系列主客观因素，老年人及其家庭表达的需求往往不够清晰，难以直接作为服务主体提供服务的参考依据。因此，需要基于科学化的养老服务需求评估标准，建立适用于不同老年人及其家庭的需求表达和识别机制。首先，依托人工智能技术，基于大量老年人的身心状态、日常生活和家庭状况等信息，构建能够实时识别和学习预测老年人养老服务需求的模型。然后，通过 GPS、穿戴设备、智能护理床、智慧服务机器人等或者老年人及其家庭成员主动使用"一键呼叫"、App 与小程序等，凭借预先设计的养老服务需求评估模型，收集和识别老年人的个性化的需求信息。

2. 供需对接机制

建立基于平台的供需对接机制。首先，全面掌握老年人及其家庭现有和潜在的养老服务需求，通过互联网、区块链等相关技术对社区养老服务驿站、社区养老服务中心、社区养老院等服务资源的使用情况及闲置情况进行实时掌控，从而构建包括老年人信息、服务提供者信息、服务历史信息、服务设施信息等的基础信息数据库。其次，以基础信息库为基础，建设社区居家养老服务信息平台，对相关信息数据进行客观分析、比对和动态监测，有效地搭建起政府、社区、养老服务机构、老年人口及其家庭互联互通的信息桥梁。最后，利用人工智能，实现养老服务机构与

---

① 赵奕钧，邓大松．人工智能驱动下智慧养老服务模式构建研究 ［J］．江淮论坛，2021（2）：146-152.

老年人之间的精准对接。一是老年人或其家庭成员通过移动终端购买服务,社区居家养老服务信息平台接收到服务需求,根据相关信息数据,匹配并通知养老服务机构;二是通过智能设备和传感设备监测老年人身体特征与日常生活,系统自动链接社区居家养老服务信息平台并发出服务需求,社区居家养老服务信息平台根据相关信息数据,匹配并通知养老服务机构,或者启动智慧服务机器人。

3. 服务监管机制

完善衡量服务供给质量和供需对应程度的标准和制度,通过大数据和互联网技术与养老服务管理深度融合,建立人机互动的监管服务平台,对服务行为、频次、状态、时长等实行全时段监控,并同步实现质量反馈和服务评价。与此同时,加大对服务资源利用、服务质量评价、服务资金监管等环节的全流程信息化监管,将全天候、全方位的"监测系统"与科学可靠的"精准化管理"无缝对接,并对出现的或可能遇到的问题采取及时有效的风险防控措施。

(三) 确定运行样态

确定"智慧"社区居家养老服务的运行样态,就是通过厘清并确定多元主体的职责分工,以实现"智慧"社区居家养老服务信息平台的有效运行。

1. "智慧"社区居家养老服务技术和产品的生产维护

第一,智慧技术研究机构、智慧技术研发企业等研发"智慧"社区居家养老服务所需的数据技术、人工智能;第二,智慧产品生产企业生产"智慧"社区居家养老服务所需的智能家居设备、智能穿戴设备、智能定位设备、小程序、App、紧急呼叫器、智慧服务机器人等养老服务需求识别设备和自动服务设备;第三,智慧技术研究机构或企业研发人工智能,建立需求识别的生活模型、健康模型和精神模型等,同时研发和维护"智慧"社区居家养老服务信息平台。通过物联网和互联网、云计算等实现需求信息、服务供给主体信息、服务历史记录和服务资源信息等的采集、评估、储存、更新和共享。

2. "智慧"社区居家养老服务信息平台的运营和管理

由社区、专业社会组织或者企业负责运营和管理"智慧"社区居家养老服务信息平台,主要职责包括:第一,审核服务供给主体资质,筛选合格的服务供给主体;第二,通过分析和研判物联网发送的老年人档案、呼叫服务,按照养老服务标准、养老设施和养老服务人员的情况等,匹配并通知养老服务供给主体,为老年人提供生活照料、主动关怀以及定制化的养老服务内容,并详细呈现在服务记录表中。在精神慰藉、健康管理、助餐助洁助浴等服务中,人工智能赋能"智慧"社区居家养老服务,通过智慧服务机器人自动识别需求并开启服务,无需运营主体的介入;第三,负责对服务反馈机制中的服务评价和服务记录的汇总分析,建立服务改进措施,对服务改进进行评估;第四,针对"智慧"社区居家养老服务信息平台的运营和管理的技术问题、工作堵点,及时与研发维护主体沟通,以保障"智慧"社区居家养老服务信息平台优化运行。

3. "智慧"社区居家养老服务的监管

一方面,政府作为公共管理服务提供主体,需要为社区居家养老服务提供资源支持、实时信息数据等;另一方面,政府作为社区养老服务的质量监管主体,需要建立社区居家养老服务的准入和退出机制,监管和评估智能居家养老服务信息平台的运行状况和运行质量,以及智能服务信息平台运营商、各类养老服务供给主体等的资质条件和服务质量。

三、"智慧"社区居家养老服务体系的关键技术

现代智慧技术和设备是"智慧"社区居家养老服务的技术支撑,是保障和实现"智慧"社区居家养老服务优势的关键。智能养老相关技术类别包括信息通信技术、电子医疗系统和设备、生物技术、机器人技术、物联网技术等,本节主要介绍"智慧"社区居家养老服务中比较热门的关键技术。

(一)信息通信与物联网技术

互联网、微信、电话等信息通信技术为"智慧"社区居家养老服务的信息交流和社会链接等提供了可能,而物联网作为连接电子世界和物理世界的高速通道,实现了人、机、物的互联互通。物联网技术是能够实现人与物、物与物之间的信息交换,通过传感器、摄影设备等工具为养老平台提供信息传输、定位、监控和智能呼叫等技术功能。

（二）云计算与大数据技术

大数据是指因规模巨大而无法通过人工方式进行储存和处理的信息资料，可以为建立需求识别模型、研发智能产品以及建设养老服务等提供依据，包括养老基础数据、设备数据、服务数据、监管数据等。云计算是在物联网发展的基础上，为解决信息存储和处理等问题而产生的技术，在信息处理方面更高的安全性、适用性、经济性。而大数据技术则是在云计算的基础上将大量的信息资源进行专业化的处理，为老年人提供精准高效服务的智能手段。云计算、大数据技术等的发展，使大数据的采集、处理和储存得以实现，例如，凭借传感器收集老年人行为信号；凭借云计算分析和挖掘养老服务潜在需求。目前，在智慧养老平台研究中，更多的是将二者结合起来进行设计与研究。

（三）人工智能与区块链技术

人工智能是一种对人类智能的模仿，涵盖了深度学习、自然语言处理、计算机视觉、智慧机器人、自动程序等领域，被广泛用于养老服务相关信息的收集、处理、共享以及服务的提供。智能生活管家、陪护机器人、智能健康管理等因能够应对人力缺乏、规避人类有限理性缺陷等，被认为是未来"智慧"社区居家养老服务的重要主体。区块链技术通过分布式数据储存、点对点传输、共识机制、加密算法等实现系统内全体成员参与记账，不仅可以有效保证养老服务相关信息不可篡改和不可伪造，还能实现多元主体的自动化合约，从而确保了智慧养老的信息交互以及智能信任。

第四节 "智慧"社区居家养老的实践与未来发展

近年来，随着人口老龄化的加剧以及智慧技术和产品的发展，在社会各界积极的探索和创新推动中，出现了许多"智慧"社区居家养老服务典型实践。但是，当前的"智慧"社区居家养老服务发展仍然面临着多重困境，在未来发展中需要高度重视并予以解决。

一、"智慧"社区居家养老的典型实践

(一)"智慧"社区居家养老的国外典型实践

1. 瑞典：ACTION 模式

ACTION（Assisting Carers Using Telematics Interventions to Meet Older Persons' Needs）模式是一种凭借智慧技术支持家庭护理人员的智慧养老模式。它通过远程信息及其处理技术，帮助家庭护理人员专业、高效地满足老年人的需求。其参与主体主要包括护理专家、家庭护理人员和接受服务的老年人，其中，护理专家包括自然人和人工智能机器人。护理专家根据家庭护理人员的远程请求或者通过传感技术获得的信息，向缺乏专业技能的家庭护理人员提供护理技术指导、护理知识教育、护理相关信息以及心理干预等服务，以提升家庭护理的质量、减轻家庭护理人员的负担和压力等。1997—2000 年，欧盟对该项目提供资金资助，该项目在瑞典、葡萄牙、英格兰等国家得以应用；2000 年之后，高度重视家庭护理的瑞典对该项目进行了研究和发展，使得其被广泛推广。现在，在瑞典，ACTION 模式主要由多媒体教育项目、配有视频电话的服务站、呼叫中心三个部分组成。多媒体教育项目的内容包括日常护理技能、喘息服务、特殊老年人的服务指导和认知训练以及在线娱乐游戏等。而服务站的功能在于通过摄像头、视频电话等连接呼叫中心的护理专家和服务使用者，相当于一个服务提供者和服务使用者的供需对接平台。

2. 芬兰：以老年人为中心的远程监测模式

芬兰以老年人为中心的远程监测模式通过为老年人配置全域网设备或固定场所监测设备，对老年人居家、出行、购物等进行监测，以保障老年人安全。其本质上是基于物联网的全方位养老检测系统，通过建立感知层、网管层和云层等联结医疗专家、紧急救助、服务人员等服务供给者和老年人。实际运作主要通过物联网和云端平台收集、分析、传输老年人居家、出行、购物等方面的数据信息。对于正常数据，定期向老年人提供监测报告、生活建议和早期预警等；对于异常数据，将启动干预措施，进行医疗建议、紧急救助等。

3. 法国：Sweet-Home 模式

2010年，法国提出并推广 Sweet-Home 模式。这种模式本质上是一种智能居家系统，凭借音频技术，通过语音识别技术、环境感应装置等人机互动方式，向能够自主生活但需要护理服务的居家老年人提供协助。该模式在技术层面上是互联网、物联网和人工智能的结合，在老年人家中埋设话筒以获取和检测声音，然后对环境声音和人员声音进行质量评估和分类处理，通过预设的人工智能算法发现是否存在异常，当发现存在异常时，就会发出警报或者协助老年人求助。此外，还可以通过专门的交流设备实现老年人、服务人员、救助人员、警察等之间的信息互通和共享。

4. 德国：AAL 模式

德国研发了环境辅助生活技术（Ambient Assisted Living，AAL），通过智能技术平台向居住在家中的老年人提供安全保障、紧急救助、认知训练、生活协助等服务。智能技术平台以物联网、互联网、人工智能等为基础，在老年人居住环境中安装温度传感器、人体红外感应器、跌倒报警器等监测老年人的居家生活，实时提供各类服务。

5. 美国：Honor 应用平台模式、分级分类的差异化服务模式

（1）Honor 应用平台模式。Honor 应用平台是一个由美国 Honor Technology 公司开发的应用平台，通过线上匹配养老服务供给者与需求者的方式，满足老年人的居家养老服务需求，主要提供配餐服务、上门照护、家务整理、卫生护理、陪伴服务、陪同锻炼、出行支持等服务。①服务供给。该平台还配有养老顾问、Honor 专家以及养老服务人员等。其中，养老顾问主要负责进行老年人需求评估和护理计划的制订；Honor 专家负责提供全天候的在线电话服务支持，养老服务人员负责提供具体的居家上门服务。满足条件的人员在平台注册申请，经系统审核通过后可成为服务人员，平台会对服务供给者的基本信息、服务信息等进行记录和评估；②服务需求。老年人注册并接受平台关于生活能力、认知能力、心理健康等的电话评估，然后即可根据需要选择服务内容和服务供给者。③平台开发运营。该平台由第三方公司开发运营，但在收费上与政府的公众医疗、长期照护保险等经费涉及的相关人员对接。

（2）分级分类的差异化服务模式。分级分类的差异化服务模式是由 Ankota 公司提出并运营的一种养老服务管家型智慧养老，凭借信息技术和系统，整合各

227

类服务资源为完整的居家养老服务包。Ankota 公司扮演养老管家角色，为老年人提供和推荐相匹配的养老服务，形成了四个服务层次，从低到高分别为：①第一层利用自动检测设备，收集老年人的生理信息、生活信息等，并识别老年人的身体、生活等的异常或风险；②第二层老年人通过打电话的方式发出服务需求，如 Ankota 公司的工作人员录入需求并匹配和通知养老服务供给者；③第三层通过收集和分析老年人的服务需求，向老年人推荐非就诊式照护方案；④第四层通过收集和分析失能老年人的服务需求，向失能老年人推荐专业护理。

6. 加拿大：SIPA 模式

SIPA（System of Integrated care for elderly Persons）模式是加拿大所推行的一种老年人社区综合护理系统，借助专业的养老管家、完善的信息系统，整合社区各类服务主体和服务资源，为老年人提供分类分级的生活照料和医疗护理服务。在具体运行时，首先，由老年人选择专业养老管家；然后，由养老管家评估老年人的服务需求并制定专属的养老服务计划，根据计划匹配合适的服务供给者；最后，由服务供给者向老年人提供针对性的养老服务。

（二）"智慧"社区居家养老的国内典型实践

1. 嘉兴市桐乡市乌镇"1+2+1"模式

浙江乌镇"1+2+1"模式由椿熙堂老年服务中心搭建线上和线下的智慧养老综合服务平台为支撑，实现了政府、志愿组织、养老服务商等多方主体的业务、资源结合。其中，第一个"1"是指大数据平台，在老人家中安装智能居家照护设备、远程健康照护设备与报警定位等多种智能设备，采集、跟踪、分析需求数据，实现远程监护和及时救助；"2"是指将服务区分为根据交互系统进行选择的常规服务和根据个性化需求提供的定制服务；第二个"1"是一个综合管理平台，政府及其相关部门可通过该平台履行审批与监管等职责。该模式依托智慧养老综合服务平台，收集、跟踪并分析老年人的养老服务需求，从而匹配养老服务供给者，还可以评价和反馈养老服务质量。政府不仅可以利用该平台履行监管和审批职责，还可以利用该平台购买各类常规性养老服务以及针对特殊老年人的兜底型养老服务。

2. 上海市长宁区智慧养老大数据管理中心

上海市长宁区智慧养老大数据管理中心，是一种以政府主导的公办型社区智慧养老模式，各级政府部门及其派出机关通过财政补贴、场地供应、服务购买等方式参与其中。该中心由长宁区民政局建设并运营，整合各街道办事处、社区综合为老服务中心、长者照护中心、养老服务企业等多方参与，依托由数据库、平台、功能系统、辅助系统及服务运营平台组成的技术运行系统，提供日间照料、长者照护、医疗保健、文化娱乐等养老服务。① 该数据中心通过门户网站、微信端、热线电话、智能穿戴设备以及智能感应设备等收集并上传社区老年人的需求数据，然后智能信息辅助系统进行需求数据分析和服务配给，并通过"线上+线下"的服务质量评价和反馈，监管服务过程和服务质量。此外，为提升老年人的接受度和方便老年人的操作使用，该数据中心还设置了养老顾问，向老年人提供政策了解、服务订购和知识科普等服务。

3. 杭州市西湖区北山街道"养安享养老中心"

2014 年，养安享养老服务股份有限公司在杭州西湖区北山街道沿山河社区成立"养安享养老中心"，建构起"企业供给—政府补贴—老人消费—社区协助"的市场主导民营型养老模式，向辖区内 60 周岁以上的老年人提供助洁、助餐、助医、助浴、助行、助急、助办、助法、助乐等服务的同时，定期举办兴趣课程、公益讲座、组织惠老旅行等社会活动。（1）通过吸纳老年人免费办理会员卡，从需求端建立个人档案和基础信息库。老年人凭会员卡参与养老中心的活动或购买各种养老服务。（2）通过线上专属 App、呼叫热线与服务中心进行数据收集与需求识别，再根据服务的内容、时间、对象配给服务人员，实现养老服务的个性化精准递送。（3）以社区为主体，开展服务对象满意度评价、养老能力评估等，辅助政府监管养老服务质量，反馈优化养老服务质量。

4. 太仓市沙溪镇东市社区互助式养老模式

2014 年，太仓市沙溪镇东市社区开始尝试发展社区互助养老。经过多年的实践，已经建成了"组内互助""组外志愿"的线上线下联动的社会化养老模式，互助小组成员在生活上互帮互助，居民志愿者根据自身技能提供多种服务，

---

① 刘奕、李晓娜. 数字时代我国社区智慧养老模式比较与优化路径研究［J］. 电子政务，2022（5）：112-124.

专业服务商基于经济与公益双重考量，打造个性化专业服务体系。该模式以社区为核心并担任资源链接主体角色，组建老年互助小组，依托社区日间照料中心搭建综合服务平台与综合信息系统，将小组成员信息纳入档案库统一管理，并制作联系卡，以每日定时电话或上门探访等形式追踪老人需求动向。同时以"时间储蓄"为载体，吸纳志愿者、服务供应商、非营利组织等实现组外志愿服务。依托线上系统性的技术支撑，实现多元主体和多样资源的整合，通过互助小组成员的互帮互助、志愿者供给服务和储蓄时长，向老年人提供基本的生活照料和精神慰藉。

5. 苏州市姑苏区"居家乐"虚拟养老院

苏州市姑苏区居家乐养老服务中心是一家民办非企业单位，2007年运用互联网、物联网、云计算等智慧技术，建立全国首家"虚拟养老院"，提供居室保洁、换季整理、洗晒衣被、水电维修、缝补编织、洗头理发、洗澡擦身、扦脚修甲、买菜做饭、配餐上门、粮油配送、购物配药、看护病人、陪同就医、缴领资费、人文关怀等专业化的生活护理服务。该中心以"政府扶持引导、社会资源参与、市场模式运行、公益商业互补"为运营原则，将虚拟网络承载在通信运营商的有线和无线网络上，通过购置服务器、客户机、呼叫平台设备和养老终端设备等建立了由呼叫中心、业务管理中心、养老客户侧、应用服务器管理中心组成的虚拟养老院服务管理平台，以建立虚拟养老院养老服务信息的数据库作为基础，整合社会服务资源提供有计划的定期上门生活照料服务。

6. 苏州市姑苏区梅巷社区残障人群生活保障系统

2015年，苏州市姑苏区娄门街道梅巷社区依托社区日间照料中心，应用移动互联网、物联网、云计算、数据挖掘等智慧技术，构建社区残障人群生活保障系统，提供智能助餐、助医、助浴等养老服务。梅巷社区残障人群生活保障系统主要包括：①"一卡通"管理系统。为社区老年人配备RFID"一卡通"，新建一套对接银行业务接口的数据库管理系统，通过一人一卡实现办卡注册、钱包消费、计次消费、门禁控制、健康档案管理等。②智能助医系统。通过重力传感、红外探测、视频监控影像分析等智慧技术，记录康复辅具使用的次数、完成的程度等数据，建立的一个数据库管理系统，记录和分析每个老龄残障人士的训练计划和历史训练情况，以便及时调整训练计划，并适时进行医疗干预。③智能助餐系统。开发助餐软件，对接"一卡通"管理系统进行扣费和读取电子健康档案，提供订餐、反馈和查询功能；④智能助浴系统。一方面，使用红外感应感知淋浴位使用情况，及时发出短信提醒空闲浴位，方便老年人更好地安排洗浴计划；另一方面，通过配备健康传感终端，实时监测老年人沐浴时的血压、心率，异常时向沐浴者和浴室服务人员发出警报。

二、"智慧"社区居家养老的未来发展方向

目前，基于各类智慧技术和设备，国内外出现了各种依托远程技术、智能家居、整合平台、养老管家等的"智慧"社区居家养老服务模式。总体而言，与智慧养老相关流行的技术主要包括智慧老龄化技术和智能家居技术。智慧老龄化（Smart aging），按照国际智慧老龄化研究中心的经典定义，一般是指利用生物医学和互联网技术来应对各种医疗挑战，减轻老龄化的影响，改善老年人生活的实践。针对老年群体的特殊要求，智慧老龄化的独特功能包括：第一，借助大数据、远程医疗、个性化医疗等新兴技术，智慧老龄化致力于以较低成本保障老年人身心健康；第二，借助智慧设备与技术，智慧老龄化致力于为老年人提供行为、认知、突发事件应对等多种形式辅助，帮助老年人实现独立生活和促进积极老龄化。智慧养老视域下智慧老龄化的运用更加注重技术与家居的有机结合，以及智能环境的营造。智能家居（Smart home）最早由美国建筑商协会1984年提出，用以指代那些利用智能交互技术的房屋。随着技术的进步，智能家居逐渐发展成为完善的模块化技术，并在功能上不断拓展与进步。"学习型"智能家居能够记录、存储、分析用户的习惯和需求；"交互型"智能家居能够与用户进行声、光、位、影像等多种形式互动，快速满足用户需求；"连接型"智能家居能够借助于外部服务更好地满足顾客教育、娱乐、交际等多种需求。通过上述技术和功能的实现，智能家居致力于为用户提供生活便利、健康、安全、教育、娱乐等多种服务。智慧养老视域下智能家居的运用更加注重对老年人安全、独立和健康需求的满足。

2023年，我国60岁及以上人口为2.97亿人，占总人口的21.1%，其中失能（失智）老人占比约为1/5，总数5000万人左右。① 按照护理人员与失能老人

---

① 马建堂委员：我国5000万失能老人长护人员极为短缺 建议多渠道增加供给［OE/BL］.［2024-08-20］. http://www.tibet.cn/cn/Instant/culture/202403/t20240307_7585921.html.

3：1的国际配置标准计算，我国需要超过1667万名护理员。但是碍于护理员工作负担重、工资待遇差、社会地位低等，目前各类养老机构的护理人员总共不到50万名，其中取得执业资格的专业护理人员不足2万人，同时还存在结构性失衡问题。因此，十分迫切需要发展智慧社区居家养老。近几年来，我国智慧社区居家养老发展十分迅速，但是因为老年人的"数字鸿沟"、智慧技术和设备的伦理风险、智慧社区居家养老的供给能力差等，其仍面临推广难与服务质量差等困境。要实现智慧社区居家养老的广覆盖、高质量，第一，需要通过宣传教育、需方补贴等方式，打破老年人的"数字鸿沟"，增加老年人对智慧技术与智慧设备的接受度和使用率；第二，需要审视智慧社区居家养老的数据安全风险、技术黑箱、技术责任归属不明等引发的伦理问题，建立健全智慧社区居家养老的伦理标准和规范化管理体系；第三，大力培养智慧社区居家养老专业技术人员，加大对智慧社区居家养老相关企业与社会组织的培育和支持，建立健全针对社区养老资源的整合标准和运行标准，全面提升智慧社区居家养老的质量和数量。

◎ 复习思考题

1. 比较分析传统养老模式与"智慧"社区居家养老。
2. 比较分析国内外"智慧"社区居家养老的典型实践。

◎ 延伸阅读

1. 智慧养老相关专著和研究论文
2. 国家和地方印发有关智慧养老的政策文件
3. 国家以及各省的大数据中心
4. 各地方的智慧养老综合服务平台、智慧养老服务中心等

第十二章　社区居家养老服务的特色实践

◎ **学习目标**

　　1. 熟悉志愿服务组织与活动创新的具体内容。

　　2. 了解社区居家养老服务案例。

◎ **关键术语**

　　1. 志愿服务组织与活动创新;

　　2. 社区居家养老服务案例。

第一节　志愿服务组织与活动安排

　　社区居家养老志愿服务组织与活动安排是提升社区服务质量、增强居民幸福感的重要途径,同时也是一项系统工程,需要综合考虑老年人的实际需求、社区资源、志愿者能力等多方面因素。社区居家养老志愿服务组织与活动安排需通过加强社区党建来引领。党建引领社区志愿服务是新时代社区志愿服务健康发展的重要保障。将党建融入社区志愿服务,不仅能够充分发挥基层党组织在社区治理中的政治引领作用,而且有助于将社会主义核心价值观与志愿精神有机融合,形成"人人有责、人人尽责、人人享有"的社区治理和服务格局。

一、志愿服务组织建设

(一) 组织架构

　　成立社区居家养老志愿服务领导小组,负责整体规划和协调。设立多支志愿服务分队，如助老服务队、健康咨询队和生活照料队等，并明确各分队的职责和任务。

（二）志愿者招募与培训

通过社区公告、社交媒体和志愿服务平台等多种渠道招募志愿者，特别是鼓励低龄健康老年人、学生和党员等群体积极加入。对志愿者进行专业培训，包括养老服务知识、沟通技巧、应急处理等内容，提升服务质量。

（三）志愿者管理

建立志愿者信息库，记录志愿者的基本信息、服务时长与服务评价等。实施志愿者激励机制，如颁发荣誉证书、提供志愿服务时长证明、组织表彰大会等，增强志愿者的归属感和荣誉感。

二、活动安排

（一）个性化服务

根据老年人的不同需求和健康状况，提供个性化的志愿服务。例如，为生活不能自理的老年人提供上门送餐和助浴等服务；为患有慢性病的老年人提供健康咨询、用药指导等服务。

（二）科技赋能

利用智能穿戴设备、远程医疗系统等科技手段，为老年人提供更加便捷、高效的居家养老服务。例如，通过智能手环监测老年人的健康状况，及时发现并处理异常情况。

（三）文化娱乐活动

组织丰富多彩的文化娱乐活动，如书法绘画、音乐舞蹈、健康讲座等，以丰富老年人的精神文化生活。同时，可以邀请专业人士进行指导和教学，提升老年人的文化素养和生活品质。

（四）心理慰藉服务

关注老年人的心理健康需求，提供心理咨询、聊天谈心等服务。可以组织志愿者与老年人进行一对一的陪伴聊天，缓解他们的孤独感和焦虑情绪。

（五）紧急救援服务

建立紧急救援机制，为老年人提供及时、有效的救助服务。例如，在社区内设置紧急呼叫按钮或安装智能监控系统，确保在老年人遇到紧急情况时能够迅速响应并及时处理。

三、志愿服务宣传推广与持续改进

（一）宣传推广

通过社区公告、宣传册、微信公众号等多种渠道宣传志愿服务活动和信息，提高居民对居家养老志愿服务的认知度和参与度。邀请媒体进行报道和宣传，扩大志愿服务的社会影响力和知名度。

（二）持续改进

社区居家养老志愿服务组织定期对志愿服务活动进行总结和评估，收集居民的意见和建议，不断改进和完善服务内容和方式。同时加强与其他社区、机构的合作与交流，学习借鉴先进经验和做法，推动居家养老志愿服务工作的创新和发展。社区居家养老志愿服务组织与活动创新安排需要从组织架构、志愿者管理、活动创新、宣传推广等多个方面入手，不断提升服务质量和水平，为老年人提供更加优质、便捷、个性化的居家养老服务。

第二节　社区居家养老服务实践案例

2023 年，由中国老年学和老年医学学会主办，中国老年学和老年医学学会老年心理分会、中国人民大学老年学研究所、北京市东城区耆乐融长者关爱中心共同组织了"创意老龄助力基层社会治理创新"优秀案例征集活动，得到了全国相关机构和组织的积极响应，并评选出了第一期优秀案例库的入选案例。本书将引用"创意老龄服务社区发展"系列中的部分案例进行社区居家养老服务实践案例展示。①

一、"乐享人生"系列项目助力北郎东社区基层治理创新

案例报送单位：北京市东城区耆乐融长者关爱中心

案例作者：王阳、郝佳璇、卞学忠

（一）案例概述

随着我国老龄化程度的不断加深，老年人的养老服务需求也日益增长。老年人的需求不再局限于简单的照护需要，更多的是希望精神需求可以得到满足。而如何满足老年人需求并且提升老年人幸福感和获得感是基层社区治理中的一个重要议题。北郎东社区先后举办了以老照片和绘本为表现形式的社区文化绘图、党建项目——"牵手夕阳"，以及以学习纸艺手工、创作纸艺为主要活动方式的社区历史传承项目——"闪闪红星"，还有以即兴戏剧为主题的社区特色文化挖掘活动——"光辉岁月"。这些项目以社区历史文化为主线，以退休老人为主体，以社区参与为主题，为老人提供了休闲娱乐、自我成长的平台。结果表明，精神养老和创意老龄对于基层社会治理创新能够起到良好的促进作用。

（二）案例背景

北京市朝阳区建外街道的北郎东社区，是闻名遐迩的红星二锅头酒的发源地、原厂区。社区所辖的光辉里小区是红星酒厂（原北京酿造总厂）的家属区，也是一个单位制小区，至今仍居住着众多的酒厂离退休干部职工及家属。光辉里小区地处 CBD 商圈，小区共有 11 栋楼，3000 余名住户，是目前长安街上唯一的老旧小区，其中老年居民占比较高。

---

① 此节案例内容引用自创意老龄微信公众号，在征得活动主办方同意后根据需要对部分内容进行了压缩引用。感谢活动主办方和作者的支持。

（三）问题及需求

耆乐融机构通过访谈北郎东社区中光辉里小区的相关负责人以及退休居民，发现当前的社区活动存在参与率低、形式单一、对居民的吸引力低等问题。社区王阿姨说："现在的活动说实话都没什么意思，还不如在家待着。"因此，可以认为现在的社区活动并没有满足老年人的需要。

1. 社会参与的需要

北郎东社区之前的活动以站岗值班、唱歌、书画等传统社区活动为主，创新度不够，并且同质化严重、趣味性低、吸引力低。老人参与活动的意愿不高。

2. 提升自我效能感的需要

退休之后，北郎东社区的老年人会面临生活的许多变化。包括自我角色的改变和生活方式的变化。如果适应不良，老年人可能会出现抑郁、焦虑等心理问题，危害身体健康。而提升自我效能感可以帮助他们更好地适应这些变化，保持对生活的信心。老年群体通过不断学习新技能和迎接新的挑战，获得成就感，维持一个更富有成就感和满足感的老年阶段。

3. 情感支持的需要

北郎东社区以退休老年人为主，他们的子女不能常常陪在身边，经常会感觉到孤独。因此，邻里朋友的精神陪伴对北郎东社区老人的日常生活支持起着至关重要的作用，能够弥补子女在老人情感生活中的缺失。

4. 传承社区文化的需要

北郎东社区作为红星酒厂的家属社区，社区老人大多为退休职工，大家一起见证了红星酒厂的发展，也一起创造了酒厂的历史。因此这种独特的文化不仅成为联系他们彼此的纽带，同样也连接了下一代，使人们能够建立和强化自己的身份认同感，感受到归属感。这对于理解社区的演变、战胜困难以及取得的成就都是至关重要的。

（四）目标及方法

1. 创新社区的活动方式，激发老人的参与热情

创新社区活动方式可以为老人提供更多元、有趣、有益的参与机会，促进老人的社区参与和身心健康。因此北郎东社区应该考虑到老年人的兴趣和

偏好，设计个性化的社区活动。同时也要强调活动的互动性，使老人们更容易融入其中。

2. 传承社区独特文化，搭建两代人的互动桥梁

北郎东社区作为红星二锅头酒厂的家属区，社区内的退休老人经历过共同的岁月，保留着共同的记忆。因此社区应当成为传承社区独家记忆和文化的带头人，号召大家参与进来，让社区新一代子弟或者居民理解社区文化，提升凝聚力。

3. 增强社区老人的自我效能感，实现老人的自我价值

社区活动需要为北郎东社区的退休老人搭建自由创造发挥的平台，吸引老人参加活动，通过社区互动，提升对自己的认可，增加自己在社区的作用感，减缓因退休而可能产生的自我缺失感。

（五）理论依据

该活动运用了人本主义理论、需求理论、社会支持理论以及参与式艺术活动个人影响力框架。一是以北郎东社区的老人为中心，充分考虑他们的权益，创造实现老人自我成长和挖掘潜能的机会是人本主义的核心内涵，也是实现人自由和价值的具体体现。二是对于北郎东社区的老人来说，大部分居民都是退休老人，有足够维持生计的退休金。因此高层次的需要，即社交、尊重、自我实现的需要是社区老人更为期待的，也是迫切需要满足的。三是北郎东社区需要联系各方力量，搭建平台，为社区老人提供正式支持以及挖掘和创造非正式支持，提升老年人的幸福指数。此外，参与式艺术活动个人影响力框架侧重于参与性艺术活动对于社会互动的重要性。通过参与艺术活动提升老年人归属感、社会嵌入性和社会参与的可能性，并且希望通过设计更好的艺术活动达到获得更多幸福感的目的。因此对于北郎东社区的老年人来说，如何满足老年人社会参与需求，参与创意性的艺术活动是解决问题的关键，同样可以通过参与艺术性活动从而对社区文化传承作出贡献，满足宣传和传承文化的需要。

（六）实施过程

耆乐融是一家专注于精神养老服务的公益性社会创新组织，2010年9月成立以后就在国内首家提出了"精神养老"的理念，倡导"精神不老，人

就不老"。耆乐融通过实务运作、社会倡导和行动研究"三位一体"开展老年精神关怀、老年健康促进和老年社会参与等精神养老服务，并自主研发设计了老年服务项目。其中"人生相册""绘本人生""故事卷""戏剧人生"四个项目既各自独立，又有内在的逻辑联系，共同组成了富有人文关怀特色的"乐享人生"系列项目。这些老年服务项目与北郎东社区实际情况相结合，相继实施了"牵手夕阳""闪闪红星""光辉岁月"项目，获得了社区居民的好评。

1. 同"绘""牵手夕阳"

北郎东社区与耆乐融合作的第一个项目是 2017 年的"牵手夕阳"新三社联动共创乐龄友善社区项目，其中包括两个子项目："闪闪红星"社区文化绘图子项目、"图绘红色记忆"社区党建创新子项目。

"闪闪红星"项目主要以访谈老人、收集老照片、分享老故事等形式开展。项目从社区居民和社会单位员工中招募志愿者，先后访谈了 20 多位红星酒厂的离退休干部职工及家属，通过老一辈的回忆和讲述，还原了北京市酿酒总厂及光辉里小区 60 余年的发展变化，通过历史照片的展示，回忆了老人的峥嵘岁月和完整人生。该项目将口述历史、历史照片和社区活动结合，使生活和工作在北郎东社区辖区内的两代人进行对话，以增强老年人的价值感、削减年轻人的疏离感。无论是在此居住多年的老居民，还是刚参加工作的新人，都能共同融入社区、建设社区。

"图绘红色记忆"项目在党建工作创新方面作出了有益的探索，改变了以往传统的讲授型党建形式，使党建活动更加鲜活、更具吸引力。参加活动的社区党员、非公党员以绘画和绘本的形式，重温和再现了难忘的入党仪式、革命经历和生产工作。项目后期正值"党的十九大"胜利召开前夕，参与项目的党员们以集体合作的形式在大幅画布上创作了喜迎"党的十九大"的献礼画，深切表达了党员们对党的热爱和忠诚。其中 81 岁高龄的徐秀琴阿姨凭借她多年的工作经验、超强的记忆力以及精湛的绘画功力，将"红星"二锅头酒生产工艺的全流程，以十二幅精美的绘本画作的形式再现了出来，并收藏在了红星二锅头酒博物馆中。"图绘红色记忆"项目将党建活动与社区文化相结合，既创新了党建活动形式，又宣传了社区文化，加强了社区居民的归属感。

"牵手夕阳"新三社联动项目通过集纳整合社区（党委、居委会）、社会单位（企业、志愿者）和社会组织的资源，将社区老年人最珍贵的生命历程和人生记忆发掘出来，使老年人通过讲述、绘画、创作、互动交流获得精神陪伴并继续为社会作出贡献，使年轻一代通过陪伴、访谈、活动了解和体认老年人既有的社会价值，为老年人居家养老营造友善的社区氛围和环境。

2. "技"录"闪闪红星"

2018年，北郎东社区趁热打铁再次与耆乐融合作，实施了"闪闪红星"社区历史与传承项目，组织社区退休的酒厂干部职工及家属学习纸艺手工、创作纸艺场景，以二锅头酒生产工艺、群众生产生活、社区建设为缩影，从微观角度记录和再现了改革开放40年的光辉历程，展现了"老字号""新社区"翻天覆地的变化。

参与项目的社区居民，以极大的热情参与和投入项目活动，创作出精致作品，充分表达了对国家、社区和企业的热爱，并以此向纪念改革开放40周年献礼。值得一提的是，这些曾经的工人师傅在纸艺场景创作中运用精湛技艺，充分采纳声、光、电等多种手段和各种材料，作品充分展现了鲜明的工厂特色。

3. "戏"说"光辉岁月"

2020年全面暴发的疫情，没能阻止北郎东社区党委书记顾美平和居委会主任赵静以社区文化建设推动基层治理创新的决心，北郎东社区继续与耆乐融合作实施了"光辉岁月"特色文化挖掘升级项目。

"光辉岁月"项目在以往开展的"说"（老照片展、老故事会）、"画"（原创绘本）、"卷"（纸艺手工）等社区特色文化挖掘活动的基础上，一方面让社区居民通过故事分享、角色扮演、场景再现等形式参演即兴戏剧，将社区特色文化由平面到立体的展现进一步拓展到"活"起来，在戏剧舞台上再现社区的历史和文化；一方面充分利用以往项目活动所积累的老照片、绘本、纸艺场景等社区特色文化素材和社区空间，成功打造出一处社区特色文化展示室，将社区特色文化进行常态化集中静态展示。

受疫情管控影响，"光辉岁月"项目在实施过程中活动组织时断时续，但社区居民参与活动比较热情，从一开始对即兴戏剧表演的陌生，逐步转变为自主分配角色、设计剧情、安排道具、规划场景，使得最后的结项汇报演出获得了巨大成功，充分体现了居民对社区的归属感和荣誉感。从对红星二锅头酒厂的深情回忆，到"中国红"葡萄酒酿造工艺的动态再现，再到爱国爱厂爱家爱社区，一群六七十岁的老人，用自创自编自演的即兴戏剧，回忆了童年的时光和青春的甜蜜，展现了历史的演变与社区的和谐，从多个细节淋漓尽致地展现了邻里情、孝老情和志愿精神。"光辉岁月"项目的结项汇报演出，既是社区历史挖掘的完美收官，也是社区文化建设的崭新开始。

（七）总结

虽然现今老年人的物质生活比历史上任何一个时期都要丰富，但是精神世界却呈现出匮乏的情况。如何改善老年人精神生活正成为新世纪养老的"深层次挑战"。耆乐融机构联合北郎东社区实施的"牵手夕阳""闪闪红星""光辉岁月"项目正是为应对这种挑战而进行的贴合社区居民本身需求的有意义的尝试。这些项目为社区老年人提供了展示自己、相互交流、传承文化的平台，不仅丰富了老年人的精神世界，也强化了其社区归属感。

1. 实施成效

在社区参与方面，耆乐融机构联合北郎东社区实施的"牵手夕阳""闪闪红星""光辉岁月"项目为社区老人参与活动提供了可以进行绘画、纸艺、即兴喜剧的平台，调动了比以往更多的老人参与社区活动，并且获得了极大的好评。在"光辉岁月"即兴喜剧项目活动演出前，杨阿姨表示："太好玩了，好像回到了童年。"结束后，刘阿姨说："太开心了，超出了我的想象。"北郎东系列项目不仅展示出极强的号召力，更得到了老人们充分的认可。

在老人自我效能感获得方面，老人们通过活动展示出了自己超强的动手能力、口才能力、艺术创造能力，极大地提升了老人的自信心。在"图绘红色记忆"项目中，大家纷纷对作品的绘制出谋划策，一位奶奶说："我们平时都没闲着，跑完七楼上三楼，量尺寸找资料，中午还来社区加班加点呢。"展示出了满满的自豪感和自信感。

在资源整合方面，北郎东系列项目充分调动了社区党委、居委会工作人员，社区部分白领以及商家参与。他们为项目实施提供了充足的人员保障，使项目得以顺利实施。并且具有不同背景的志愿者、工作人员充分发挥自己的优势，为项目实施注入活力。除此之外，北郎东系列项目利用了社区中闲置的空间进行改造，变成了老年人活动的场所，实现了社区空间的合理利用，使价值最大化。

在传承社区文化方面，通过展示社区老照片，唤醒了社区居民的共同记忆，并且连接了两代人，也能让年轻一辈领略到老一辈的风采和社区浓厚的文化。"闪闪红星"项目老照片展示活动吸引了不少居住在社区的红星酒厂退休老职工和居民前来观看，还有不少老职工的子女也一同前来观看。有的老人感慨说，"时间过得真快，我把大部分的时光都奉献给了酒厂，这里面有太多美好的回忆"，也有老人说，"这些照片中我看到了好多老熟人，满满都是回忆啊！"

2. 特色和创新点

从在国内首次提出"精神养老"概念，到率先从国外引进"创意老龄"理论，耆乐融始终坚持认为"精神养老也是刚需"，创意老龄则是实现精神不老的最优选择。精神养老和创意老龄的基础是"积极老龄观、健康老龄化"理念，也是上述理念在老年生活及为老服务中的具体体现。在基层社区治理中，老年人既是社区活动的主要参与者，又是社区服务的重点服务对象，更是志愿者队伍的"主力军"。耆乐融将精神养老和创意老龄理念融入社区治理，通过创意活动，满足老人精神需求。在北郎东社区项目中，耆乐融采用文化绘图的方式帮助北郎东社区传承独特文化。文化绘图是一种为了描述文化资源、网络及某个特定社区或团体文化的联系及使用模式而收集、记录、分析和整合信息的过程。它以一种绘图格式记录下一个地区里不同层面的信息。"牵手夕阳"项目正是利用了绘图这一媒介，用老照片传递历史文化，用图画表达爱国情谊和奋斗故事。将文化与绘图相结合，是耆乐融践行创新老龄理念的特色活动，也是落实精神养老的创意表现。

3. 可复制性和推广性

耆乐融长者关爱中心充分考虑到社区特色、老人喜好，从而开展了喜闻乐见的、趣味性强的、形式新颖的一系列活动。在活动参与方面，这些活动侧重于老人内心的呈现、心灵的表达，对老人的艺术水平要求不高，参与活动门槛低，说明项目本身具有较强的号召力，这种号召力同样可以在其他社区内体现。在本地化和文化适应方面，北郎东社区是一个单位制社区，家属社区，大家有着共同的记忆和经历，而项目正是在此基础上设计并实施的。这种模式不单单可以复制到具有同样情况的其他单位制社区、家属社区中，同样可以复制到有着相同境遇、相同背景的人群中去。比如社区中的外来务工群体、老乡会等。在项目原有逻辑的基础上挖掘社区中群体的共同点、共同记忆，灵活调整并且兼顾文化、特殊需求，可以极大提升项目的可复制性。但是在标准化流程的适用性方面，北郎东系列项目尤其是"光辉岁月"项目，对带队社工和老师的素质要求、能力水平、灵活应变能力要求很高。这就需要在服务推广和标准化的过程中，重视提升社会工作者的综合能力。最后，在创意老龄理念的应用方面，艺术活动对于提升老年人的社会参与的作用是毋庸置疑的。但是这种专业的艺术活动对于人员素质以及参与的门槛都有很高的要求，不利于理念的本土化和推广。因此社区或者机构可以通过开展有创意的活动代替专业的艺术活动吸引老年人参与来达到促进社会互动的目的。这样的创意活动不仅可以提起老人们的参与兴致，同样也使活动更加亲民和大众化。

4. 问题和困难

在实施项目的过程中，最大的困难就是疫情会影响项目的进度和实施效果。应疫情防控的要求，社会服务项目不得不暂停或者推迟。因此在"光辉岁月"项目实施的过程中，项目的节奏被打乱，导致后期任务量剧增，压力过大，使项目效果受到了影响。并且也会有老人担心线下聚集有感染病毒的风险，出现参与人员流失的情况，影响了老人的参与积极性。以及由于资金有限，无法按照实际需求增加活动场次或者丰富活动内容，无法使项目效果最大化，这也是项目实施过程中的困难。而在问题方面，耆乐融机构对于处理组员关系的能力有待提高。在"光辉岁月"项目实施中，有一位老人因为个人原因而无法跟上大家的节奏并且也和大家产生了矛盾。但是为了项目目标和大多数老人的参与度，项目组不得已同意了老人的离开。因此在时间和预算都允许的条件下，如何处理组员关系以及组员矛盾是需要谨慎考虑的。

除此之外，项目在结束后的继续发展问题机构没能及时跟进。在项目实施结束之后，如果机构缺乏与社区的沟通和交接，就会有可能出现项目中断或者难以再组织起来的问题。社区活动是否能够在没有耆乐融机构干预的条件下依然可以延续下去，是耆乐融机构日后需要不断跟进落实的地方。

综上所述，耆乐融长者关爱中心联合北郎东社区开展的系列项目整合了社区的人力资源、闲置的社区空间，并且具有很强的可复制性和创新性。希望可以为日后其他社区以及其他机构实施"精神养老"项目提供实务模板和经验借鉴！

二、参与式社区居家养老服务实践——以一个观众剧场项目为例

案例报送单位：成都市爱有戏社区发展中心

案例作者：刘琴

（一）背景介绍

根据国家卫生计生委发布的《中国家庭发展报告（2015 年）》，我国空巢老人数量已达到 1.2 亿，占老年人总数的近一半。其中，独居老年人更是占据老年人总数的 10%，达到约 1200 万。这一数据的增长，不仅凸显了我国老龄化问题的严重性，也暴露出老年人在精神层面上的迫切需求。

随着社会经济的迅猛发展和社会保障体系的不断完善，城市社区老人的物质生活水平得到显著提升。然而，在物质充盈的背后，他们渴望亲情、友爱和情感交流的需求却日益凸显。新时代的社区，邻里间的冷漠现象愈发严重，老人缺乏参与社区生活的有效平台。同时，子女常年不在身边、身体健康状况的不稳定等因素，使得老人群体在社会中逐渐被边缘化，他们的声音和诉求也日渐微弱。更令人痛心的是，近年来多起老年人因抑郁自杀或独居死亡无人知晓的事件频发，老年人的心理精神健康问题已成为全社会关注的焦点。因此，我们急需采取有效措施，关注老年人的精神需求，为他们提供更多的情感支持和交流平台，让他们在晚年能够享受到幸福和快乐的生活。

因此，在"助人自助"的社会工作理念指引下，我们发起了观众剧场项

目。该项目立足社区老人实际需求,聚焦精神文化生活满足,通过"助老受助、互助、自治"的三助策略,探索社区居家养老新模式。此举旨在破解空巢独居老人面临的照顾难题、精神空虚、邻里冷漠及缺乏参与平台等困境,为他们打造一个温馨、和谐的社区环境,让晚年生活更加充实与美好。

（二）具体做法

1. 以文化艺术为切入点,推进"助老受助"服务

（1）建立志愿者助老服务团队。我们在社区参与式理念的影响下,发动社区广场舞阿姨与社区社会工作者、志愿者共同组建一个观众剧场志愿者团队,他们具备一定的艺术技能和热心的服务态度。志愿者通过参与一个观众的剧场项目,与老人建立固定的信任关系,定期为独居、空巢、孤寡、残障等老年群体提供个性化的助老服务。他们运用音乐、舞蹈等艺术手段,为老人们带来欢乐和心灵的慰藉,使居家行动不便的老人们也有机会获得社区的关爱。

（2）实施"表演+陪伴"助老模式。在一个观众的剧场项目中,我们注重将表演与陪伴相结合。志愿者们通过为老人们呈现精彩的文艺表演,并邀请老人们一同参与互动,让他们感受到艺术的魅力。同时,志愿者还积极陪伴老人们,与他们进行深入交流,了解他们的需求和困难,并提供针对性的专业服务。这种陪伴式的助老服务,不仅满足了老人们的精神文化需求,还增强了他们与社区的联系和归属感。

2. 以社区动员为着力点,实现"助老互助"

在一个观众的剧场项目实践中,我们关注到社区内孤寡、独居、空巢老人,尤其是高龄老人在社区资源分配中的边缘化问题。这些老人往往对社区资源的存在、信息获取渠道一无所知,导致他们在生活、精神文化等方面陷入困境。与此同时,社区中也存在着一些活力老人,他们作为社区资源分配的重要参与者,如"广场舞大妈",他们更容易获取和享受各类社区资源,同时他们也是社区资源的分享者和提供者。

我们运用一系列社区动员手法,包括社区调研以挖掘资源的公共性、需求评估以确保资源的适用性、定向招募以强化资源的主体性、公益培训以培育主体的公民性,以及市民论坛来彰显主体的公益性。这些举措不仅促使社

区内部资源重新流动和资本优化配置，更让活力老人在享用资源的同时，积极地将资源传递给特殊群体老人。通过结合节目表演与入户陪伴的创新方式，被服务的老人也能深度参与社区互助资源的分配、使用与反馈过程，最终实现助老互助的良性循环。

3. 以组织培育为助力点，实现"助老自治"

为了确保一个观众的剧场志愿服务项目的长久持续与稳定发展，关键在于培育一支具备"助老自治"能力的志愿者队伍。在实践过程中，我们形成了一套完整的队伍培育工作流程。

首要任务是招募成员，精心搭建志愿服务团队的初步框架，以此解决人力配备和组织结构的问题。第二步通过开展系统性的培训活动，奠定团队成员的服务理念和理论基础。第三步将志愿者们投入实际的服务工作，通过亲身实践，培养他们的责任感和积极向上的价值观。第四步进一步增强团队的凝聚力，我们需加强团队成员间的内部交流互动，通过共同参与和协作，逐渐形成紧密的团队意识。第五步开展团队内部建设，借助参与式会议的方式，明确组织架构，确立规章制度，确保团队运作的有序和高效。第六步积极扩展团队素质，吸纳更多具备不同技能和资源的志愿者加入，为"一个观众的剧场"注入更多创意和价值。最终，建立社区社会组织，形成稳定的邻里互助与公益服务网络，为服务对象构建与社区长期有效连接的桥梁，实现志愿服务的可持续发展。

（三）发展成效

爱有戏自 2012 年起，成功发起并实施了"一个观众的剧场"这一具有深远意义的志愿服务项目。该项目旨在通过创新的社区居家养老服务模式，为高龄独居的贫困、孤寡、残障老人提供贴心的关怀与帮助，也为社区治理和社会和谐作出了积极的贡献。

项目聚焦于高龄独居的贫困、孤寡、残障老人，即"一个观众"，通过为他们量身打造个性化的服务方案，确保每位老人都能感受到社会的温暖与关怀。项目采用入户"文艺表演+照护"的形式，动员社区志愿者参与助老服务。通过文艺表演为老人带来欢乐，同时提供必要的照护服务，让老人在享受精神文化盛宴的同时，感受到身体上的关怀与照顾。项目通过动员社区内部的志愿者参与为老服务，充分利用社区内部的资源，解决社区内部的问题。这不仅为老人提供了更便捷的服务，也增强了社区内部的凝聚力与向心力。在服务过程中，志愿者不仅实现了自我价值，提升了自身的社会责任感，还通过与老人的深入交流，建立了深厚的情感联结。这为项目的可持续发展奠定了坚实的基础。项目通过建立志愿者队伍，形成长期有效的志愿者服务制度和习惯，确保服务的连续性与稳定性。同时，通过不断总结经验，优化服务模式，推动项目的可持续发展。

项目开展至今，在没有持续资金支持的情况下，入户服务万余次，持续帮扶老人 6500 余人，培育出 100 余支社区志愿者队伍，产生良好的社会效益。2018 年 8 月，该项目获得第四届中国青年志愿服务项目大赛四川赛区银奖。目前项目已从水井坊出发在广东、上海、浙江等地复制推广，深受好评。

（四）经验启示

1. 用社区内部的资源解决社区面临的问题。一个观众的剧场项目是在社区层面上组织养老服务资源和居民参与，通过引入志愿者、社会组织和企业，充分发挥社区的资源和优势，促进老年人与社区的融合，提高老年人的幸福感和生活质量。

2. 从社区老年生活出发建构社会支持网络。需要从社区中的关系网络、互动网络、平台网络三个层次建立并巩固人与人、人与群体、群体与群体之间的关系。一个观众的剧场项目就是从老人的精神文化生活出发，通过"助老受助""助老互助""助老自治"三大策略的实施，形成了社区支持网络。

3. 服务方式的多元化是参与式的重要特点。采取多元化的服务方式，包括居家服务、日间照料、社区护理、应急救助等，为老年人提供更加个性化、贴心化的养老服务。

三、认知障碍老年人友好型社区建设经验与反思

案例报送单位：济南市基爱社会工作服务中心
案例作者：李明叶、徐菲菲

（一）案例概述

济南市基爱社会工作服务中心（以下简称"基爱社工"）长期关注老年人认知退化和脑健康议题，随着人口老龄化问题日益严峻，老年人罹患认知症的几率增加，但公众却对其了解甚少。尤其是轻中度认知症患者表面看自理能力很强，偶尔有异常行为不容易被发觉，大量隐藏在社区，一旦病情严重，他们会感到混乱及失去控制力，严重影响自理能力，生活会发生明显转变照顾成本也会陡然剧增。

济南市基爱社会工作服务中心在济南市东关街道认知友好社区的实践中注重认知障碍老年人的非药物干预，以认知筛查为基础、家属赋能为核心、公众教育为支撑，以个案管理的手法，"以人为本"的社区照顾理念，整合社区和社会资源，为老年人及其家庭提供全链条跨专业服务。例如，在家庭或社区中心开展团体性认知训练活动、社区生活适应小组、延智游戏坊、家居安全评估等，帮助老年人认识和预防认知症，关注精神卫生和脑健康，帮助老年人和家属生活在一个认知障碍友好化的社区环境中。

（二）案例背景

1. 社会背景

认知症是当下人类社会面临的巨大挑战之一。根据国际阿尔茨海默病协会统计，全球每4秒新增一名认知症患者，认知症具有发病率高且不可逆转的特点。全球目前至少有5000万认知症患者，到2050年，这个数字预计将达到1.52亿。据中国新闻网报道，截至2021年，中国有超过1.8亿老年人患有慢性疾病，60岁及以上老年痴呆症患者约有1507万名，认知症老年人的照护服务需求呈快速增长的趋势。预计到2030年，中国认知症患者人数将达到2220万，2050年将达到2898万。

2. 东关街道泺河社区认知障碍老年人情况

泺河社区内居民多是20世纪80年代的回迁居民，居民常住人口共5920人，其中社区60岁以上的老年人共计1265人，占社区总人口21%以上，是典型的老龄化社区，老年人群体中空巢独居老年人为253人，占社区老年人数的20%。泺河小区贫困高龄老年人较多，年龄较大，身体状况不佳，子女却不在自己身边照顾，长期处于独居的状况，精神方面和心理方面处于孤独、寂寞，渴望有人陪伴。根据基爱社工与山东大学、齐鲁医院筛查调研情况，济南地区认知障碍老人高风险率达8%。

（三）问题及需求

1. 问题描述

认知症是一种因脑部伤害或疾病所导致的渐进性认知功能退化，且此退化的幅度远高于正常老化的进展。特别会影响记忆力、注意力、语言能力，严重时会无法分辨人事时地物，常常表现出谵妄、多疑、游走，严重影响社交、职业与生活功能。总体上可以分为退化性、血管性、混合性认知障碍症，其中大众较为熟知的阿尔茨海默病属于退化性认知障碍，以记忆功能的持续恶化为主，且无意识障碍。

我们的社工在社区评估中发现认知障碍老人有如下几个特点：

（1）人数众多，隐藏在社区：在家庭和社区里生活的认知症老年人，数量远超过想象，以泺河社区两间老年公寓、老年日间照料中心为例，目前已经发现的认知障碍老年人至少10位。

（2）家属压力大：很多认知障碍老人都是由家庭照顾，甚至有不少家庭有"双认知障碍老人"需要照顾，照顾者的心理、生理压力都非常大。有学者研究发现，90%以上的认知症患者是在社区里和家人共同生活，在社区居家照顾给认知症患者提供了熟悉的居住环境，有利于遏制其病情的快速恶化，但同时也存在一些照顾隐患。一是社区照顾环境不友好，有些社区居民对认知症患者存在污名化的想法，致使其可能生活在歧视的环境中，没有良好的社区生活氛围；二是照顾者普遍缺乏照顾经验，照护能力不足，不能使认知症患者接受到比较全面且良好的照顾，此外还由于看护不周，面临经常走失的风险；三是认知症患者的家庭及照顾者承担了巨大的照顾压力，家庭成员产生照顾负荷的现象。因此，从社区层面入手，建设认知症患者友好社区，营造友好的社区氛围，为认知症患者及其照顾者提供必要的技术支持和情感支持，具有十分重要的意义。

（3）社会反感甚至歧视：有些人不知道自家老人患认知障碍症，认为"老了，糊涂了"很正常，对老人连哄带吓；更多的公众不了解认知障碍症，对"糊涂"的老人产生反感和歧视。

（4）多重弱势现象：认知障碍老人中的困境老人，如孤寡、失独、贫困老人等更是缺少关注，在我们所接触的 16 位社区认知障碍老人及家庭中，有 9 位是高龄独居、高龄空巢、贫困老人。

2. 问题产生的关键原因

（1）公众对认知障碍相关知识了解有限，获取知识的渠道有限。

（2）相对于大量需求，服务资源严重不足，以济南为例，有省立医院、齐鲁医院等三甲医院设立"神经内科"专门为认知障碍做诊断，但康复除了药物治疗，主要还是靠平时照顾，而无论是老年公寓还是日间照料中心，都对老人偏向生活照料和物理治疗。

（3）照顾者（包括家属和其他照顾者）缺少专业支援。

（4）欠缺有关法律和政策保障。

3. 这些问题将带来的不良后果

这种疾病具有不可逆性，缓慢而痛苦，它带走一个人的认知、思考、行动能力，难以进行正常的交流、吃饭或找到回家的路，认知退化让人的尊严跌到谷底。据统计，中国目前患有阿尔茨海默病的人数达到 900 万位列世界第一，900 万庞大数字的背后是 900 万个家庭的隐痛。

（四）目标和方法

1. 长期目标

（1）患有认知症的老人及其照顾者可以获得社会支持；

（2）以医疗、社工服务为核心的多专业综合服务更加完善：早期检测、延智健脑理念和方法、非药物治疗得到普及；

（3）公众教育和法律保障：认知障碍议题得到广泛关注和基础认知，实现认知障碍友好化社区。

2. 具体目标

（1）评估、呈现出本地社区认知障碍需求和资源现状；

（2）老人得到延智健脑知识普及与社会服务，形成品牌化服务；

（3）建立跨专业（医疗、护理、社区、社工、媒体等）联动的求助应求机制；

（4）照顾者得到支持，培育社群互助网络；

（5）设计系列公众体验认知障碍和老年障碍的活动；

（6）学习国内外先进经验，结合案例研究进行政策倡导；

（五）理论依据

社区照顾是由社区多元系统（非正规照顾网络与正规照顾网络）在属地为有所需求的老年人共同承担长期照顾服务。在这里，社区非正规照顾网络由家庭成员、亲朋好友、街坊邻舍等群体组成，正规照顾网络包括政府、非政府的专业服务机构。① 在推行、扩大老年人社区照顾支持网络方面，社会工作者应该将老年人个人网络照顾层面扩大到整体的社区网络照顾层面，除了包括老年人的家属、亲属、朋友及邻居外，也可包括社区中的志愿者、社会组织或者老年人互助团体。

（六）实施过程

1. 老年人个人照顾网络

（1）联合正式照顾团队开展早期记忆筛查

从 2019 年 10 月开始至 2020 年 9 月，共计完成 1009 份筛查，其中 487 份由社工在合作的养老中心、社区开展；另外 522 份由社工和山东大学公共卫生学院孔凡磊老师团队开展。先后在济南市天桥区无影山街道翡翠郡日间照料中心、槐荫区腊山街道绿地国际花都社区、历下区甸柳街道甸柳第一社区、东关街道泺河社区、历园新村社区、解放路街道青龙街社区、建筑新村街道解放路社区等开展。原始问卷共 1009 份，但由于预算有限，分析部分只包含孔老师团队负责的 522 份。产出 1009 份筛查问卷，一份 522 个样本的分析报告《济南市老年人认知障碍现状及其影响因素研究》。

（2）制作发放"记忆伙伴"安全包

患有认知症的老年人随时面临走失的风险，具有很大的生命安全隐患。社工针对有走失风险的老年人免费发放微信黄手环、定位黄手环、防走失定位贴等系列公益产品，让更多的认知症患者感受到来自社会的温暖，为身处走失或其他危险的老年人提供帮助，为患者家庭提供更多的安全和保障。

---

① 李宗华，李伟峰，张荣. 老年人社区照顾的本土化实践及反思 [J]. 甘肃社会科学，2009（04）：34-37.

为加入延智健脑计划的老年人发放"记忆安全包"（安全包包括：包含"黄手环"防走失设备、记忆功能的记忆卡片一套、安全手册一本、照护指南一本、身份识别卡一套、《失智症家庭照护手册》等）。

（3）开展老年人团体延智健脑训练

对患有认知障碍的老人、高龄老人，社工和志愿者为其提供上门服务。运用小组工作的方法，采用康复保健手指操、缅怀治疗、延智游戏、音乐疗法、穴位手法、记忆疗法、统感训练等方式为老人提供一周一次的服务。

2. 结合非正式照顾团队开展社区宣教，营造友好氛围

（1）普及健康相关知识

向辖区内居民进行公共健康教育，提高居民关注脑健康的意识。脑健康的相关知识主要包括老年人的心理、生理特点、保持身心健康以及良好记忆的方法、老年期焦虑抑郁的主要表现、情绪问题自测、老年抑郁的干预与管理、痴呆的早期表现与脑机制、认知功能自评、痴呆患者的药物与非药物干预等内容。认知症的相关知识包括认知症的概念、发病原因、发病症状、如何诊断及如何治疗等内容。通过公共健康教育，引起更多的社区居民对自身及家人健康的重视，提高居民保护和防范意识。

（2）去污名化宣传教育

一是部分家属对认知症不了解，认为是"人变老了，糊涂了"的正常现象，所以没有引起足够的重视，没有进行科学的治疗和照护；二是部分家属存在病耻感，认为患了认知症就是"人傻了"，害怕街坊四邻看笑话，所以一直抗拒承认家里老年人患病的事实，这也导致患者不能得到良好的照护环境；三是部分居民对认知症患者存在反感和歧视的现象，出现一些疏离或恶意的语言或行为，这些都是认知症患者生活社区的一些非友好因素。

社工通过进社区，发放认知症、脑健康、老年痴呆看护者手册等宣传物资，同时也通过入户探访的形式深入为家属讲解认知症相关知识及照护技巧，逐渐改变社区居民及家属对认知症的不正确认知，从人文环境方面为认知症患者营造友好社区的氛围。

以个人和团体的形式招募志愿者成为"认知症友好大使"，组织培训团队为志愿者提供培训，接受过培训并成绩合格的志愿者派驻到驻点开展延智

健脑活动，每个季度组织一次志愿者培训活动，每周结合具体的"延智健脑"小组活动站点，由志愿者带领小组活动并开展志愿者分享活动。

和文创团队合作，设计一套文创产品，并在线上和线下进行义卖，所得收入再用于支持服务的持续开展。

3. 发掘非正式照顾网络潜能，为家属减压赋能

（1）"忆相伴"认知障碍照护者赋能减压工作坊

2022 年 11 月 11 日，东关街道济南市基爱社会工作服务中心与东关街道社工站联合邀请教育戏剧课程老师、一人一故事剧场组织者柯蓝，开展第一期"忆相伴"认知障碍照护者赋能减压工作坊，共 8 名照护者参与。通过"一人一故事剧场"的方式，引导照护者用台词和肢体动作表达复杂情绪，将内倾的心理压力转化为外显的情绪，跳脱出当前的处境，以观众的视角解读自己的心理状态，让情绪被看见、被接纳。本次喘息服务不仅缓解了照护者的身心压力，提升其对认知障碍长者的照护技能，也为他们创造了情绪支持和陪伴的空间，搭建起支持性互助平台。

2023 年 4 月 26 日，东关街道济南市基爱社会工作服务中心与东关街道社工站联合举办第二期"忆相伴"认知障碍照护者减压工作坊，邀请专业心理咨询师李静茹主持，综合采用音乐疗法和舞动疗法为认知障碍老人照护者提供情绪认知和减压赋能专业支持，共计服务认知障碍老人照护者 15 名。通过参加减压工作坊，认知障碍老人照护者学习如何识别和管理情绪，心理压力得到一定的疏解，增强了面对未来生活的信心与勇气。

2023 年 5 月 25 日，东关街道济南市基爱社会工作服务中心与东关街道社工站联合邀请济南市启明星生命关爱中心理事兼心理团体治疗师刘颖老师，开展了第三期"忆相伴"认知障碍照护者减压工作坊，本次活动采取线上+线下的方式举行，共有 17 名照顾者参加。活动过程中，刘颖老师带领大家体验"20 分钟呼吸练习"，解释练习对脑部神经的影响原理，并鼓励大家在日常生活中多加练习。通过音乐疗法和舞动疗法等多种方式相结合，让照护者在认知情绪环节中有效释放照顾压力，从而达到减压和学会减压的目的。

（2）个案咨询，为照护家属减压赋能

一旦家中有成员被确诊为认知症患者，家属将经历很大的挑战和压力，包括对患者健康状况的担忧和焦虑、因照顾责任加重产生心理压力、对经济问题的担心、缺乏看护技能以及被患者的护理问题困扰等，这些都使照护者面临着巨大的心理压力。因此，社工通过搭建认知症患者家属照护平台，开展减压赋能小组，舒缓家属的照护压力，加强同类群体之间的互助。同时也为照护者提供深入的个案咨询服务，针对其具体的需求制定科学、个性的介入计划，保持跟进和关注，在这个过程中注重挖掘家属的潜能，激发内在潜力，更好地照护患者，也更好地关注自己。

第一，项目受益家属来源主要有两个渠道，一方面济南地区平均每个月都有认知障碍老年人走失的案例，项目搭建关爱社区认知症老年人的网络平台，通过参与寻找老年人的案例，不断结识新的家属；另一方面，通过定期在社区、养老公寓、医院等地开展延智健脑活动，公开招募有需要的家庭。

第二，通过以上渠道，全年至少为80名家属提供个案咨询，并发展成为家属互助组织的核心对象。每季度组织一次2~3天的家属培训活动，每个月开展一次家属线下聚会活动，聚会期间可以分享家庭故事或学习技能、户外活动等。

第三，同时为家属链接政策、服务资源，每个月利用公众号发布相关资讯。建立一个家属微信群，每周至少发布1篇公众号文章，群内每月至少发布一个议题讨论。

第四，建立跨专业联动机制，一方面利用志愿者和专家微信群发布求助信息，不同专业志愿者回应求助事件，并做好事件跟进记录；另一方面开展"认知友好社区共建计划"，联合政府、医院、养老单位、社区、高校、媒体等有关部门和单位，建立"资源名录、资源地图"，并定期开展线下体验活动。

4. 多方协作，搭建跨专业社区照顾网络

（1）搭建平台，跨专业研讨

联合社区居委会、社区医院、社区养老中心等相关方，多方协作，为社区内老年人开展认知症早期筛查活动，做到早发现、早介入、早治疗。连续开展三届认知障碍友好社区建设论坛，从街道、社区、认知症患者、照护者、医疗护理者等角度全面探讨认知障碍老人的医护服务、社会服务、政策保障、空间环境保障及照护者服务体系等全方位建设问题。

（2）双向转诊，衔接服务

一方面当社工发现社区内居民有疑似认知症的症状时，及时和家属取得联系，说明情况，建议其尽早就医，并进行医学检查。另一方面，与医院神经内科建立良好的关系，医生为认知症患者及其家属链接社工资源，社工为其提供专业咨询，为家属提供减压陪伴等服务。

（3）社群互助，志愿先行

挖掘社区内部力量，在社区内招募志愿者，参与到认知症友好社区建设中来。社工培育孵化成立认知健康服务队——"记忆有色，乐暖夕阳"志愿服务队和"泺益+"社区社会组织，对志愿成员开展服务培训，科学有效地进行健康宣传活动。

（七）总结

1. 实施成效

（1）提高了社区居民对认知症的认知度

认知障碍友好社区建设论坛的举办，使18名认知症患者和家庭成员知晓了更多认知症早期识别和照护等知识，通过发放黄手环、宣传认知症知识等方式，街道及社区居民对认知症既有宏观的科学认识，也有微观的直接感受，认知度得到了提高。

（2）缓解了认知障碍老人照护者的精神压力，提高了照护和减压能力

三期赋能减压工作坊的举办，为认知障碍老人照护者搭建了交流互助的平台，创建了喘息的机会，共服务52个家庭。通过学习音乐疗法、舞动疗法等专业方法，认知症照护者认识和接纳自身情绪，心理压力和身体疲劳得到舒缓，能够用积极情绪感染认知障碍老人，建立起积极的家庭互动模式。通过学习认知症照护知识和技能，认知症照护者的照护能力和照护质量得到提升，更加重视认知障碍的早发现、早诊断、早干预，将药物干预与非药物干预相结合，认知症患者的生存质量也相应提高。

（3）初步形成了认知障碍老人服务及支持网络

项目期间，执行团队积极链接街道、社区、社会组织、志愿者、医院、

高校等多方资源，推动多元力量参与老年人认知障碍友好社区建设，为认知症患者及其照护者提供了针对性的支持和服务，明确了街道、社区、社会组织等主体在建设认知障碍友好社区中的重要责任。

（4）已经有一定影响力，家属、老人受益有典型案例，有一定社群基础，和政府、医院、高校、大众媒体等各方联动基础较好。已经有相关服务产品，需要进一步推广应用。"早期筛查+公众宣教+转诊+干预+康复"认知友好社区一条龙模式已经形成，小组训练的周期性安排要和成员达成一致，周期性的时间节点及达到的目的和成果要有具体的呈现。

3. 可复制性和推广性

认知症友好社区的建设需要多方协作，共同努力，既关注认知症患者自身的身体和心理状况，也注重对其照护家属及家庭的关怀，同时还要在社区甚至全社会范围内提高认知症的关注度，形成友好的社会软环境。此外，相比于一般老年人，认知障碍老年人对空间环境更加敏感，舒适、熟悉的私密空间和友好、安全的公共空间都是必不可少的。

4. 问题和困难

（1）项目活动开展前中后期的宣传力度有待加大。社区居民对认知症的认知度还有待提高，除微信、美篇等新媒体途径外，还可针对服务对象年龄等特点，拓展其他新媒体形式用于活动宣传。

（2）认知障碍老人及家庭成员的支持和服务还需要进一步完善。认知障碍老人照护者因承受着巨大的照料压力，在小组活动分享环节容易沉溺在低落的情绪中，这一情绪也会感染到其他小组成员，使整个小组的气氛变得低沉。这就要求社会工作者具备更加专业的处理技能，一方面要倾听组员的感受，做出积极回应；另一方面，也需要鼓励组员勇敢面对困难，看到事件发生的积极意义。

（3）照护者的减压和照护能力还需要加强和巩固。参加减压工作坊的照护者的改变是否能够持续，需要社会工作者进行跟踪服务，与照护者保持联系，巩固照护者的积极改变。

第三节　全国居家和社区养老服务改革试点案例经验总结

全国居家和社区养老服务改革试点自 2016 年启动以来，取得了显著成效并积累了宝贵经验。试点工作覆盖了全国 31 个省（自治区、直辖市）和新疆生产建设兵团的 203 个市（区），形成了一系列典型案例和成功经验。

在典型案例方面，各地在居家和社区养老服务改革试点中展现了创新的趋势和方向，例如，浙江省杭州市和江苏省南京市开展家庭养老床位建设试点，将专业养老服务延伸到家庭；重庆市九龙坡区推出"流动助浴快车"，形成动静结合的助浴服务模式；北京市丰台区为失能失智老人看护者提供"放个假"的喘息服务。① 这些成果和经验为进一步推动社区居家养老服务改革提供了有力的支持和借鉴，有助于实现全体老年人享有基本养老服务的目标。下文是部分典型案例及其经验总结。

一、多措并举，增加服务设施供给

采取新建、改造和整合资源等方式，增加居家和社区养老服务设施供给。具体措施包括：一是分区分级规划。明确养老服务设施的设置要求，民政部门参与规划、验收、移交和管理，确保设施落地到位。二是整合利用闲置资源。优先将社区各类闲置资源用于改造建设居家和社区养老设施。三是推动嵌入式养老机构。鼓励养老机构向周边社区提供服务，推动居家、社区和机构养老一体化发展。②

【案例】

　　浙江省杭州市：通过出台并修订相关规划文件，明确新建住宅项目和已

---

① 构建"一刻钟"居家养老服务圈［EB/OL］.［2024-08-15］. http：//ipaper. ce. cn/pc/content/202303/24/content_271353. html.

② 本刊编辑部. 聚焦改革试点成果致力居家和社区养老服务发展［J］. 社会福利，2020（2）：6-10.

建居住（小）区按规定配置居家养老服务用房，并实施分层分类建设。①

江苏省南京市：在社区层面实现基层养老服务设施整合，提出"两无偿一优先"政策，打造15分钟"为老服务便民圈"。②

二、政策支持与激励机制

为了鼓励社会力量积极参与居家和社区养老服务，试点地区提供了多种政策支持与激励机制。制定并出台一系列鼓励居家和社区养老服务发展的政策文件，明确发展目标、任务和保障措施。同时，建立多部门协同工作机制，形成民政、财政、卫健、人社等部门共同参与、协同推进的工作格局。具体措施包括：一是建设补贴和运营补贴。对符合条件的养老服务设施给予建设和运营补贴。通过政府购买服务、提供场地和设施等方式，吸引社会组织、企业参与居家和社区养老服务。建立养老服务产业投资基金，引导社会资本投入养老服务领域。二是绩效考评。建立绩效评估体系，确保购买服务质量，将老年人满意度作为重要考评指标。三是扶持奖励。推动连锁化运营，对表现优异的企业或社会组织给予奖励。

【案例】

河南省郑州市：对社会力量建设的综合性养老服务中心，按照自建和改建分别给予建设补贴，对社区日间照料中心（托老站）、居家养老服务站，根据面积及规模大小给予建设补贴。同时，这些养老机构配置电梯等大型设备可申请设备补贴。③

---

① 王杰秀，安超．我国大城市养老服务的特点和发展策略［J］．社会政策研究，2019（04）：58-82.

② 关于我社区居家养老服务工作情况的调研报告［EB/OL］．［2024-07-30］．https：//njrd. nanjing. gov. cn/hyzl _ 66742/cwhhy/rjsdsljrmdbdhcwwydesechy/202010/t20201020 _ 2451365. html.

③ 本刊编辑部．聚焦改革试点成果致力居家和社区养老服务发展［J］．社会福利，2020（02）：6-10.

三、创新服务模式与手段

试点地区在服务模式与手段上进行了创新。推行"互联网＋养老"服务模式，通过搭建养老服务信息平台，实现线上线下服务融合。老年人可以通过手机App下单，享受上门服务，以满足老年人的多样化需求。具体措施包括：一是设定嵌入式社区养老服务机构。将小型养老机构移至社区，提供日间照料、助餐助浴等服务，让老年人在熟悉的环境中享受专业养老服务。二是喘息服务。为失能、失智老年人的看护者提供短期休息机会，同时提升家属的照护能力。三是家庭养老服务。通过适老化改造和远程监测，将养老院服务延伸至老年人家中。

【案例】

江苏省南通市：出台《关于推进社区长者驿家建设工作的通知》，打造"社区长者驿家"养老服务模式，将小型养老机构移至社区，让社区长者驿家与街道老年人日间照料中心、社区居家养老服务站、社区卫生服务机构等整合设置或邻近设置，为社区老年人提供日间照料、助残送餐、短期托养、喘息服务、精神慰藉等服务。①

北京市丰台区：开展"喘息服务"，为失能、失智老年人的看护者提供休息机会，并提升养老机构入住率。②

四、人才培养与激励

为了提高养老服务的质量和水平，试点地区加强了养老服务人才的培养和激励。具体措施包括：一是建立培养机制。一方面通过学历教育和社会培训相结合的方式，培养专业的养老服务人才，定期组织开展护理员培训、职业技能竞赛等

---

① 本刊编辑部. 聚焦改革试点成果致力居家和社区养老服务发展 ［J］. 社会福利，2020（02）：6-10.

② 丰台区"喘息服务"获评全国养老服务改革试点工作优秀案例 ［EB/OL］.［2024-07-30］. http：//www. bjft. gov. cn/ftq/zwyw/202203/84c64fddb9d34ec283e8c6e109861c80. shtml.

活动；另一方面鼓励高校开设养老服务相关专业，培养高素质的养老服务人才。二是激励机制。发布工资指导价位，促进养老服务机构规范工资收入分配，建立有效的激励机制。

【案例】

深圳市：成立深圳健康养老学院，加强养老服务人才培养，并发布养老服务行业工资指导价位。①

五、信息化建设与资源整合

部分试点地区通过信息化建设推动养老服务资源的整合和共享，具体措施包括：一是数字化养老院。利用信息技术打造数字化养老院，提高服务效率和管理水平。二是信息平台建设。建立老年人需求评估体系，绘制养老"关爱地图"，为老年人提供精准分类服务。

【案例】

四川省成都市对全市高龄、独居、空巢、失能等特殊困难老年人开展摸查工作，绘制集老年人动态管理数据库、老年人能力评估等级档案、养老服务需求、养老服务设施于一体的养老"关爱地图"。一是实现精准快速救助。开展养老服务需求和老年人能力评估，全面摸清 60 周岁以上低保老人、80周岁以上高龄老人、空巢（留守）老人、低收入家庭中的残疾老人、计划生育特殊困难家庭老人等特殊群体的分布情况及老年人身体状况、经济来源、养老服务需求。为老服务队伍、为老服务机构通过"关爱地图"，及时为他们提供生活照料、医疗护理、精神慰藉、文化娱乐等服务，切实消除服务获

---

① 深圳市：创新人才培养机制，破解社区居家养老服务人才"瓶颈"[EB/OL]. [2024-07-30]. https://mpa.gd.gov.cn/attachment/0/484/484407/3885317.pdf.

取障碍，做到关爱援助精准快速。二是搭建供需精准对接平台。老年人可以通过"关爱地图"搜索就近的养老服务组织或企业、社区日间照料中心、老年大学、就餐服务点、养老机构、医院、超市等分布信息，可以快速查询养老服务设施的收费、服务等情况，结合自身需求，有针对性地选择养老服务。解决了以往养老服务机构布局与老年人实际人数不匹配，服务内容与老年人实际需求不匹配的问题。①

◎ **复习思考题**

1. 志愿服务组织与活动创新包括哪些内容？
2. 社区居家养老实践经验有哪些？如何运用到实际工作中？

◎ **延伸阅读**

国家和地方有关社区居家养老实践案例

---

① 本刊编辑部. 聚焦改革试点成果致力居家和社区养老服务发展［J］. 社会福利，2020
（02）：6-10.

附录一　江西省地方标准
《社区居家养老服务规范》

DB36/T 1639—2022

社区居家养老服务规范①

1　范围

本文件规定了社区居家养老服务的术语和定义、服务内容和要求、服务场所和设施设备、服务机构和人员、服务管理和服务质量监督等内容。

本文件适用于本省范围内的社区嵌入式养老服务机构、日间照料中心、老年助餐点等提供社区居家养老服务的机构。

2　规范性引用文件

下列文件对于本文件的应用是必不可少的。凡是注明日期的引用文件，仅所注明日期的版本适用于本文件；凡是未注明日期的，则其最新版本（包括所有的修改单）适用于本文件。

GB/T 10001.1 标志用公共信息图形符号 第1部分：通用符号

MZ/T 131—2019 养老服务常用图形符号及标志

MZ/T 186—2021 养老机构膳食服务基本规范

GB 50016 建筑设计防火规范

GB 50140 建筑灭火器配置设计规范

---

① 江西省民政厅. 社区居家养老服务规范（DB36/T 1639—2022）[S/OL].[2024-08-15]. http://mzt.jiangxi.gov.cn/art/2022/9/26/art_76495_4347717.html.

JGJ 450 老年人照料设施建筑设计标准

建标 143 社区老年人日间照料中心建设标准

GB 50763—2012 无障碍设计规范

MZ/T 039—2013 老年人能力评估

MZ/T 133—2019 养老机构顾客满意度测评

3 术语和定义

下列术语和定义适用于本文件。

3.1 社区居家养老服务机构 Elderly Home Care Agency in Community

依法登记注册并在民政部门备案的从事社区居家养老服务活动的企业事业单位和社会组织。

3.2 社区养老服务 Elderly Care Services in Community

依托社区养老服务机构，为老年人提供的助餐、日间照料、短期托养等服务及其他支持性服务。

3.3 居家养老服务 Elderly Home Care Services

通过上门、远程支持等方式，为老年人在其住所内提供的生活照料、精神慰藉、紧急救援等服务及其他支持性服务。

4 服务内容和要求

4.1 生活照料

4.1.1 服务内容

协助老年人做好个人卫生护理和日常起居生活照料。

4.1.2 服务要求

4.1.2.1 个人卫生护理应达到容貌整洁、衣着舒适干净、头发清洁整齐、指（趾）甲修剪适度、口腔护理干净、全身无异味。

4.1.2.2 及时清洗，定期翻晒、更换床上用品，床单整理到位。

4.1.2.3 定时协助卧床老年人翻身，避免压疮发生：翻身和移动时，应避免拖、拉、推等动作，防止老年性骨折发生。

4.1.2.4 用于生活照料的个人用具应保持清洁。

4.1.2.5 帮助或协助老年人维护维修日常生活用品。

4.1.2.6 检查水、电、气、空调等设施，检查门窗等，排除安全隐患。

4.2 助餐服务

4.2.1 服务内容

提供集中用餐、协助自取用餐、上门送（助）餐等服务。

4.2.2 服务要求

4.2.2.1 助餐服务应符合 MZ/T 186—2021 养老机构膳食服务基本规范。

4.2.2.2 餐食加工应符合食品安全相关法律法规，取得食品经营许可证。

4.2.2.3 餐食加工及配餐、送餐人员应持健康证上岗，并按相关规定接受食品安全培训，按照服务标准流程操作。

4.2.2.4 餐食应尊重老年人的饮食习惯，做到荤素搭配、营养均衡。

4.2.2.5 宜根据老年人咀嚼、吞咽及消化功能的不同，为老年人提供普通膳食、软食、半流质膳食、流质膳食等基本膳食，特殊情况遵医嘱配餐。

4.2.2.6 社区老年食堂和老年助餐点应符合无障碍设计要求，配置可移动且牢固稳定的座椅，餐桌应便于轮椅老年人使用。

4.2.2.7 送餐运输工具应保证清洁卫生，餐具做到每餐清洗并消毒。

4.2.2.8 食品应按规范留样，每餐每个品种留样不少于 125g，在 0℃～4℃ 的冷藏条件下保存 48h 以上，并做好留样记录。

4.3 助浴服务

4.3.1 服务内容

提供上门助浴或机构助浴。

4.3.2 服务要求

4.3.2.1 上门助浴应提前对老年人的身体健康状况及家中的洗浴环境进行评估，根据评估结果，安排合适的助浴方式，并进行安全提示和签订服务协议。

4.3.2.2 助浴时应有家属或其他监护人等相关第三方在场。若相关第三方无法到场，需提前签订授权书和免责协议。

4.3.2.3 助浴时应检查助浴环境和助浴设备情况，注意防寒保暖、防暑降温，保持室内通风。

4.3.2.4 助浴时应随时注意观察老年人的身体状况，如遇老年人身体不适，应立即停止沐浴，协助老年人及相关第三方采取相应的应急措施。

4.3.2.5 机构内助浴参照以上条款要求执行。同时要求家属接送老年人往返社区居家养老服务机构。特殊情况下需要机构接送老年人的，需要与监护人签订授权书及免责协议。

4.4　助洁服务

4.4.1　服务内容

提供居室和物品清洁、洗涤服务等。

4.4.2　服务要求

4.4.2.1　保持客厅、卧室、厨房、卫生间等居室内部整洁。

4.4.2.2　地面洁净，无水渍、污渍；卧室整洁，被褥、枕头、床单等床上用品整理到位；厨房洁净，抽油烟机外表无油污；卫生间马桶、浴缸、面盆洁净无异味；家具、窗台等无灰尘。

4.4.2.3　清洁用具应及时清洗、消毒。

4.4.2.4　洗涤服务包括集中送洗和上门洗涤，洗涤前应检查被洗衣物的性状并告知老年人或家属。

4.4.2.5　集中送洗应选择有资质的洗涤服务商或有洗涤条件的养老服务机构，送取衣物时，应做到标识清楚、核对准确、按时送还。

4.4.2.6　上门洗涤应分类洗涤衣物并做到洗净、晾晒或消毒。

4.5　助行服务

4.5.1　服务内容

包括陪同户外散步、陪同外出、提供必要的可售或可租的辅助器具等。

4.5.2　服务要求

4.5.2.1　助行服务一般在老年人所在小区及附近区域，如需远离老年人住宅小区及周边区域，护理员应告知监护人，并签订合约及免责协议，同时保护老年人和护理员的安全与权益。

4.5.2.2　助行服务应注意途中安全，如遇气候、疫情等特殊情况，按相关规定执行。

4.5.2.3　使用助行器具时应事先检查其安全性能，并按助行器具的使用说明规范操作。

4.6　助医服务

4.6.1　服务内容

包括就医用药指导、陪同就诊、代为取（配）药、协助医疗护理。

4.6.2　服务要求

4.6.2.1　根据老年人的就医需求提供就医信息咨询，有必要地协助老年人线上挂号。

4.6.2.2　遵医嘱为老年人提供用药指导或管理。不得擅自给老年人服用任何药物。

4.6.2.3　陪同就诊包括：常见病及慢性病复诊、辅助检查、门诊注射、换药等。

4.6.2.4　陪同就诊人员应经过专业培训，具备一定的护理常识。

4.6.2.5　陪同就诊应注意安全，选择合适的助行器。及时向老年人家属或其他监护人反馈就诊情况。

4.6.2.6　代为取（配）药的范围为诊断明确、病情稳定、治疗方案确定的常见病和慢性病。

4.6.2.7　代为取（配）药应遵照医嘱，在就诊医疗机构和正规药店购取，应做到当面清点钱款和药物等。

4.6.2.8　根据老年人的需要提供翻身叩背、排痰、压疮预防及护理、留置尿管护理、造瘘术后护理、皮肤外用药涂擦、二便人工护理等服务，以及协助医生提供输液陪护等服务。

4.7　助急服务

4.7.1　服务内容

提供应急救援、安全护理指导等服务。

4.7.2　服务要求

4.7.2.1　依托社区养老服务机构开通老年人应急救援服务热线或自动报警装置，为老年人提供应急救援或转介服务。

4.1.2.2　呼叫器、门铃、远红外感应器等安全防护器材功能应符合老年人的使用需求，质量安全应符合国家产品质量的有关要求。定期检查维修，确保正常使用。

4.7.2.3　危及老年人生命的紧急救援服务，应立即拨打公共救助服务热线（110、120、119）。

4.7.2.4　根据老年人的身体和精神状况，对其家庭照顾者进行安全护理指导培训，降低老年人发生跌倒、坠床、误吸误食、烫伤、走失等风险。

4.8　康复服务

4.8.1　服务内容

4.8.1.1　肢体康复。功能受限关节的关节活动度的维持和强化训练，弱势肌群的肌力、肌耐力训练，体位转移训练，站立和步行训练等。

4.8.1.2　康复护理。包括精神心理康复服务、临床康复护理服务等。

4.8.1.3　辅具使用和训练。如自助具、假肢、矫形器等。

4.8.1.4　对于有认知障碍的老年人，根据需求开展非药物干预措施，如作业康复任务、游戏活动、怀旧活动等。

4.8.2　服务要求

4.8.2.1　康复辅助应在专业人员指导下进行，符合老年人的生理和心理特点。

4.8.2.2　提供康复服务前，应对老年人进行康复功能评定，制定康复方案和计划。

4.8.2.3　康复服务过程中应注意观察老年人的身体适应情况，防止损伤和意外发生。

4.8.2.4　康复设备与器材应按要求定期检查、维护，及时更换或淘汰。康复设备应在康复治疗师或机构内负责康复的服务人员测试正常后使用。

4.9　助娱服务

4.9.1　服务内容

为老年人提供适合身心健康的文化娱乐、教育学习和体育健身等活动。

4.9.2　服务要求

4.9.2.1　娱乐健身设施设备应完好和安全，并定期检修更新，确保正常使用。

4.9.2.2　报刊书籍应保持完整无缺页、无污垢和灰尘，定期消毒，及时更新。

4.9.2.3　组织开展有益于老年人身体和精神健康的文化、体育、娱乐活动，如书法、绘画、摄影、棋牌、音乐、舞蹈、手工制作、益智游戏及健身运动等。

4.10 精神慰藉

4.10.1 服务内容

提供探访关爱、心理抚慰、心理咨询、心理健康教育等服务。

4.10.2 服务要求

4.10.2.1 定期开展探视巡访服务，与老年人进行交谈，帮助老年人缓解或消除不良情绪及孤独。

4.10.2.2 应了解老年人的兴趣爱好、性格心理特点，尊重老年人的隐私。

4.10.2.3 应始终保持合适的情绪和沟通方式，及时掌握老年人的心理变化，对老年人特殊的心理需求和心理问题，应提供心理帮助和适度干预。

4.10.2.4 必要时可转介服务，由具有资质的组织或专业人员提供服务。

4.11 委托服务

4.11.1 服务内容

按照老年人需要，提供代领、代缴、代购、代办等服务。

4.11.2 服务要求

4.11.2.1 代购商品、药品等应保存好购物清单和医嘱药方等，物品种类、数量或事项记录准确，当面清点交接清楚，并由老年人或相关第三方核实、签字。

4.11.2.2 代缴费用及收发邮件前需和老年人及其监护人确认有关数据信息，服务完成后需保存好有关单据、照片等证据。

4.11.2.3 协助老年人或按照老年人需求代为网络购物、代为转账时，应经老年人或相关第三方确认，并提醒潜在风险。

4.11.2.4 在提供委托服务过程中获得有关老年人的相关信息，应严格保密，不得外泄。

5 服务场所和设施设备

5.1 基础设施

5.1.1 房屋建筑设施应符合 JGJ 450、建标 143 相关建筑标准或规范的要求。

5.1.2 建筑及基础设施、设备等应符合 GB 50763—2012 有关要求，配置适合老年人的无障碍设施。

5.1.3　出入口、接待大厅、楼道、餐厅等公共场所应安装视频监控设施，并妥善保管视频监控记录。

5.2　场所环境

5.2.1　街道综合性养老服务机构床位数不少于 40 张，社区嵌入式养老机构床位数不少于 25 张，面积不少于 750㎡；社区日间照料中心面积不少于 200㎡。

5.2.2　服务场所消防设施应符合 GB 50140、GB 50016 及江西省相关规范的要求。安全疏散通道出入口应设安全指示标志，并保持畅通。

5.2.3　公共信息图形标志应符合 GB/T 10001.1、MZ/T 131—2019 的相关规定。

5.2.4　应有照护区、用餐、活动、休息等场所，场所应为防滑地面，配备适宜的照明设备，保证良好的采光和通风条件，设置在二层以上的，应配备无障碍电梯。

6　服务机构和人员

6.1　服务机构要求

6.1.1　服务机构应依法登记注册，合法运营。

6.1.2　具有与其服务内容相应的管理人员和服务人员。

6.1.3　具有与其服务范围相适应的固定场所、基础设施和设备。

6.1.4　应制定社区居家养老服务的规章制度和工作流程。

6.2　人员要求

6.2.1　信守职业道德，遵纪守法，熟悉居家社区养老服务流程和规范。

6.2.2　管理人员应熟练掌握企业管理、经营项目的有关专业知识及专业技术，每年至少参加一次管理业务培训。

6.2.3　服务人员应持有健康证明，参加岗前培训，具有与服务内容相适应的岗位技能。提供服务时应服饰整洁、语言文明、态度热情、细致周到、操作规范。

6.2.4　志愿服务人员应身心健康，具有一定的老年人护理常识和良好的沟通技巧，尊重老年人的生活习惯，自愿为老年人提供生活照料、精神慰藉等服务。

6.3　监管要求

6.3.1　服务机构应实行明码标价，在服务场所明显位置公布其服务指南。

6.3.2　服务机构应定期检查服务过程并记录检查结果（包含内容、时间、地点、人员、落实情况等），并对服务对象进行回访。

6.3.3　服务机构应有严格的人事管理制度、财务管理制度和服务质量管理制度等。

6.3.4　服务机构应有完善的安全管理制度，应制定安全应急预案，并定期对服务人员进行培训。

7　服务管理

7.1　公开服务管理规定

在服务场所明显位置公示执业证照、规章制度、服务项目、收费标准、服务流程、服务承诺、投诉方式等内容，信息应真实准确。

7.2　记录来访信息并跟进

服务机构对老年人需求进行调查，热情、耐心接待来访的老年人及其家属，做好客户信息登记，分类整理并保持跟进和反馈。

7.3　制定服务方案

根据服务清单及老年人需求，制定服务方案，按计划提供服务并记录存档。

7.4　签订服务协议

应与服务对象签订服务协议，明确服务内容、服务时间、双方的责权利以及纠纷解决办法等。承接政府购买服务的服务机构，应按政府采购的相关规定执行。

7.5　防范服务风险

应有防范服务风险的制度和措施，制定安全应急处理预案，在服务过程中如发生紧急情况，应立即启动应急预案。

7.6　建立服务档案

应建立服务档案，包括但不限于老年人信息、能力评估报告、服务方案、服务协议、服务内容等。

8　服务质量监督

8.1　接受监督

8.1.1　服务机构应自觉接受政府主管部门、行业及有关部门和社会的监督。

8.1.2　服务机构应对社会公布监督联系方式，接受质询和服务质量监督。

8.2　投诉处理

8.2.1　服务机构应制定投诉处理制度和处理流程。

8.2.2　应设置意见箱于醒目的地方，每周至少开启一次，对所提意见给予积极反馈。

8.2.3　管理人员应认真接待投诉并及时处理，在巡查过程中收到投诉，现场受理。

8.2.4　投诉处理由专人负责，三个工作日内有初步回复，十个工作日内有处理结果。

8.3　满意度测评

8.3.1　按照 MZ/T 133—2019 的要求，每年至少组织开展一次顾客满意度测评。

8.3.2　通过面谈、电话或微信、信件或网络调查等形式完成调查问卷，获取顾客的反馈意见。

8.3.3　参与满意度测评的顾客数量在 200 位（含）以内时，应对每一位顾客进行调查；当参与测评的顾客数量大于 200 位时，可进行抽样调查，抽样样本数量不低于 200+5%N，N 为参与测评的顾客数量。

8.4　质量考核

8.4.1　服务机构应建立服务质量考核制度，明确各个岗位的考核细则。

8.4.2　对服务质量每月考核一次，年末进行年度考核。

8.5　改进制度

8.5.1　对顾客满意度调查进行分析总结，形成测评报告，报告内容应包括测评范围、测评过程、测评结论、及改进建议等。

8.5.2　对改进建议采取相应纠正措施，建立持续改进机制。

附录二 安徽省地方标准《社区居家养老社会工作服务规范》

DB34/T 4192—2022

社区居家养老社会工作服务规范①

1 范围

本文件确立了社区居家养老社会工作服务的基本要求，并规定了服务内容、流程和服务管理。本文件适用于社会工作机构为在社区居家养老的老年人提供社会工作服务。

2 规范性引用文件

本文件没有规范性引用文件。

3 术语和定义

下列术语和定义适用于本文件。

3.1 社区居家养老社会工作 social work for elderly home care in community

社会工作机构运用社会工作的专业理念、方法和技巧，协助在社区居家养老的失独、空巢、独居、留守等老年人及其家庭解决生理、精神、情感、经济等方面问题，改善老年人的社会功能，提高老年人生活和生命质量的活动。

4 基本要求

4.1 社会工作服务机构

---

① 安徽省民政厅. 社区居家养老社会工作服务规范（DB34/T 4192—2022）［S/OL］.［2024-08-15］. https：//www.doc88.com/p-63373916930710.html.

4.1.1　应具备相关资质，合法运营。

4.1.2　应建立与其服务相对应的组织机构，明确各部门和岗位的工作职责和权限。

4.1.3　应有相应的管理制度，规范社会工作。

4.2　服务人员

4.2.1　服务人员包括但不限于：社会工作者、心理咨询师。

4.2.2　应具有与其服务范围相适应的职业资质。

4.2.3　掌握与社区居家养老有关的法律法规和政策。

4.2.4　具备开展社区居家养老社会工作所需的基本知识。

4.2.5　定期接受社会工作继续教育，不断提高职业素质和专业服务能力。

5　服务内容

5.1　资源整合

5.1.1　帮助老年人充分利用社会资源以解决其生理、心理、经济、社会交往方面的问题。

5.1.2　根据老年人的不同情况，通过有计划、组织、协调、合作、培训、评估等手段，管理和配置好各类服务资源，开展社会工作服务。

5.2　老年发展

5.2.1　推动建立老年学习社、老年大学等多种类型的老年人学习平台。

5.2.2　开展有关健康教育、文化传统、安全防范、新兴媒介使用等方面的培训，增加老年人知识与技能，增强个人幸福感，预防生理、心理和社会功能退化。

5.2.3　鼓励和支持老年人组建各种学习交流组织，开展学习研讨活动，扩大老年人的社会交往范围。

5.3　心理支持

5.3.1　运用社会工作的理论与技巧，对心理方面出现问题并渴望解决的老年人，通过语言或图文的交流，共同讨论找出引起心理问题的原因，分析问题的症结，帮助摆脱困境。

5.3.2　心理支持包括但不限于情绪疏导、心理咨询和危机干预。

5.4　其他服务

5.4.1　咨询服务

5.4.1.1　为有需求的老年人提供政策咨询、法律咨询、健康咨询、消费咨询等。

5.4.1.2　主动了解和跟进老年人咨询后的意见反馈，必要时提供跟踪服务。

5.4.2　救助服务

协助有需求的老年人获得单位和个人等社会力量的捐赠、帮扶和志愿服务。

5.4.3　关系调通

运用社会工作专业手法协调处理老年人之间、老年人与工作人员、老年人与亲属的人际关系问题，协助老年人能与他人良好互动。

5.4.4　休闲娱乐

5.4.4.1　根据老年人的身心特点与需求，有针对性地开展具有休闲性质的娱乐活动。

5.4.4.2　活动内容包括但不限于文艺、美术、棋牌、健身、观看影视。

5.4.5　安宁服务

5.4.5.1　为生命活动即将终结的老年人及其家属提供缓解性、支持性的服务，使临终老年人尽可能享有生命质量，使家属顺利度过哀伤期。

5.4.5.2　协助联系专业机构对已故老年人进行身体和居室内环境清洁、整理及消毒，协助亲属整理遗物，联系相关方处理后事。

6　服务流程

6.1　接案

6.1.1　与老年人及相关第三方面谈，初步界定老年人的需求，建立服务关系，做好接案会谈记录。

6.1.2　会谈的时间和地点应征求服务对象的意见，尊重老年人的需求，做好保密工作。

6.2　预估

6.2.1　关注失独、空巢、独居、留守等老年人的生活经历和环境、行为特征等。

6.2.2　根据老年人的资料，分析和界定服务对象的问题与需要，确定介入策略。

6.3　计划

以老年人为中心，与老年人及相关第三方共同确定包括服务目标、服务阶段、服务内容和方法等内容的服务计划。

6.4　介入

6.4.1　根据服务计划，运用个案工作或小组工作的方法为老年人提供服务。

6.4.2　根据失独、空巢、贫困等老年人不同的情况，在心理支持、物质帮助等方面侧重点不同。

6.5　评估

采用问卷、电话回访或访谈等方法，评价社会工作服务的介入效果与目标达成情况。

6.6　结案

6.6.1　对整个介入过程进行回顾和总结，帮助被服务老年人巩固已经取得的成果，解除服务关系，做好记录并存档。

6.6.2　通过电话跟进、个别走访、集体会谈等方式跟进被服务老年人的情况，了解服务效果。

6.7　转介

6.7.1　接案、介入和评估流程均涉及转介。

6.7.2　接案时，社会工作者应初步界定老年人的问题是否属于职责范围，对不属于职责范围的应转介至其他专业机构。

6.7.3　介入过程中，老年人出现新的需求或问题而社会工作者无法解决的，则应转介至本机构专业人员或其他专业机构。

6.7.4　转介前，社会工作者应在征询老年人意见并解释原因后，由老年人自主决定是否进行转介；转介时，社会工作者应向老年人提供其他专业机构的信息供其选择，并协助其联系其他专业机构；转介后，应回访老年人，询问转介效果。

7　服务管理

7.1　服务要求

7.1.1　尊重和保障老年人对与自身利益相关的决定进行表达和选择的权利。

7.1.2　不应利用与老年人的专业关系，谋取私人利益或其他不当利益，损害老年人的合法权益。

7.1.3　应以老年人的正当需求为出发点，全心全意提供专业服务，最大程度地维护老年人的合法权益。

7.1.4　应平等对待和接纳老年人，不因民族、性别、户籍、职业、宗教信仰、社会地位、教育程度、身体状况、财产状况、居住期限等因素而区别对待。

7.1.5　应保护老年人的隐私，对在服务过程中获取的信息资料予以保密。

7.2　安全管理

7.2.1　社会工作服务机构应有防范服务风险的制度和措施，制定安全应急处理预案。

7.2.2　定期开展培训并按应急处理预案进行演练。

7.3　记录和档案

7.3.1　记录管理

7.3.1.1　应做好老年人的服务记录。

7.3.1.2　应定期督导服务并记录检查结果。

7.3.1.3　建立并及时更新管理人员、服务人员及服务对象的信息台账。

7.3.2　档案管理

7.3.2.1　由专人管理，建立档案保存和保密机制。

7.3.2.2　保管应完整，如有遗失，应采取相应措施，并及时通知相关方。

7.3.2.3　应及时汇总、分类和归档服务及管理过程中形成的合同、协议、文件、记录等资料。

7.3.2.4　相关文件与档案的保留应满足服务工作的延续性和后期监督管理的需要。

7.4　服务改进

7.4.1　回访

社会工作服务机构应定期上门对服务对象进行回访，并以适当方式向服务对象反馈信息。

7.4.2 满意度调查

社会工作服务机构应每半年以问卷的形式向服务对象进行服务满意度调查，对不满意的服务应分析原因，并及时调整服务方案。

7.4.3 投诉受理

社会工作服务机构应对外公布监督投诉电话，主动接受督导机构、媒体、社会公众的监督。

参 考 文 献

一、中文专著

[1] 马克思恩格斯全集（第 2 卷）［M］. 北京：人民出版社，1960.

[2] ［美］马斯洛 . 动机与人格［M］. 许金声，译 . 北京：中国人民大学出版社，2007.

[3] 马克思恩格斯选集（第 3 卷）［M］. 北京：人民出版社，1995.

[4] 马克思恩格斯全集（第 20 卷）［M］. 北京：人民出版社，1971.

[5] 涂爱仙 . 需求导向下医养结合养老服务供给碎片化的整合治理研究［M］. 长春：吉林大学出版社，2021.

[6] ［美］戴维·奥斯本，特德·盖布勒 . 改革政府［M］. 周敦仁，译 . 上海：上海译文出版社，1996.

[7] ［美］罗伯特·登哈特，珍妮特·登哈特 . 新公共服务：服务，而不是掌舵［M］. 丁煌，郭小聪，译 . 北京：中国人民大学出版社，2004.

[8] 王雪云 . 政府购买公共服务研究［M］. 北京：经济科学出版社，2016.

[9] 周义程 . 政府购买公共服务的基本理论与制度安排［M］. 广州：广东人民出版社，2016.

[10] 易松国 . 社会福利社会化的理论与实践［M］. 北京：中国社会科学出版社，2006.

[11] 田玉荣，杨荣 . 非政府组织与社区发展［M］. 北京：社会科学文献出版社，2008.

[12] 王名 . 社会组织论纲［M］. 北京：社会科学文献出版社，2013.

[13] 马庆钰 . 社会组织能力建设［M］. 北京：中国社会出版社，2011.

［14］国家应对人口老龄化战略研究．中国城乡老年人基本状况问题与对策研究［M］．北京：华龄出版社，2014.38-39.

［15］曼昆．经济学原理，微观经济学分册［M］．北京：北京大学出版社，2009.

［16］刘艳艳．社会治理新格局视野下的社区养老服务创新研究［M］．长春：吉林大学出版社，2020.

［17］顾东辉．社会工作评估［M］．北京：高等教育出版社，2009.

［18］吴玉韶，党俊武．老龄蓝皮书：中国老龄产业发展报告（2014）［M］．北京：社会科学文献出版社，2014.

［19］戴卫东，顾梦洁．OECD 国家长期护理津贴制度研究［M］．北京：北京大学出版社，2018.

［20］杨翠迎．国际社会保障动态：社会养老服务体系建设［M］．上海：上海人民出版社，2014.

［21］陈娜．居家社区养老服务管理［M］．北京：人民卫生出版社，2024.

［22］韩振秋，郭小迅．社区居家养老服务手册［M］．北京：化学工业出版社，2020.

［23］国家发展改革委社会发展司，民政部社会福利和慈善事业促进司，全国老龄办政策研究部．走进养老服务业发展新时代：养老服务业发展典型案例汇编［M］．北京：社会科学文献出版社，2018.

［24］陈传明．管理学［M］．北京：高等教育出版社，2019.

［25］诚和敬．社区居家养老连锁化品牌运营管理的理论与实践：以诚和敬驿站为例的社区居家运营操作指南［M］．北京：经济日报出版社，2019.

［26］张圣亮．服务营销与管理［M］．北京：人民邮电出版社，2015.

［27］楼妍．居家养老服务与管理［M］．杭州：浙江大学出版社，2017.

［28］陈德良．管理信息系统理论与应用［M］．北京：人民邮电出版社，2016.

［29］王清刚．内部控制与风险管理［M］．北京：中国财政经济出版社，2020.

［30］胡欣悦．服务运营管理［M］．北京：人民邮电出版社，2016.

［31］王能民，史玮璇．运营管理：新思维、新模式、新方法［M］．北京：机械工业出版社，2023.

［32］蒲丽娟，刘雨佳．风险管理［M］．成都：西南财经大学出版社，2019.

［33］伍京华．客户关系管理［M］．北京：人民邮电出版社，2017.

［34］侯二朋．养老机构服务安全基本规范解释与案例［M］．北京：中国法制出版社，2021.

［35］白玫，沙勇．养老服务管理［M］．北京：社会科学文献出版社，2019.

［36］徐岚．服务营销［M］．北京：北京大学出版社，2018.

［37］徐卫华，赵丽．医养结合概论［M］．北京：中国协和医科大学出版社，2024.

［38］赵晓芳．医养结合——健康老龄化的中国方案［M］．北京：中国财富出版社，2021.

［39］涂爱仙．需求导向下医养结合养老服务供给碎片化的整合治理研究［M］．长春：吉林大学出版社，2021.

［40］李冬梅，许虹，东海林万结美（日）．医养结合养老机构运营管理实务［M］．北京：机械工业出版社，2019.

［41］左美云．智慧养老的内涵与模式［M］．北京：清华大学出版社，2018.

［42］左美云．智慧养老的服务与运营［M］．北京：清华大学出版社，2022.

［43］于敏．智慧养老实务［M］．北京：化学工业出版社，2022.

［44］张运平．智慧养老实践［M］．北京：人民邮电出版社，2020.

［45］陈志峰．智慧养老探索与实践［M］．北京：人民邮电出版社，2016.

［46］高春兰．老年长期护理保险制度——中日韩的比较研究［M］．北京：社会科学文献出版社，2019.

二、中文期刊

［1］杨雪，江华，张航空．养老机构公建（办）民营运营模式与实施效果评估——基于北京市 460 家养老机构普查数据的分析［J］．社会保障研究，2021（4）：34-43.

［2］张思锋，张恒源．我国居家社区养老服务设施利用状况分析与建设措施优化［J］．社会保障评论，2024，8（1）：88-106.

［3］龙江．城市社区居家养老服务中心建设研究——以长沙市为例［J］．领导科学论坛，2022（10）：89-92.

［4］姜宇，黄芳．大数据环境下计算机应用技术的发展趋势［J］．数字技术与应用，2024，42（1）：45-47.

［5］陈璟，吴慧．现代高职护理专业人才培养的策略研究——基于广东部分大中城市居家养老供需现状的调查［J］．职业，2023（16）：91-93.

［6］范文璟．社区居家养老服务供给的现实逻辑、困境及路径［J］．安庆师范大学学报（社会科学版），2021（5）：124-128.

［7］潘利平．居家和社区养老服务中的法律风险及对策建议——以成都市郫都区居家和社区养老服务中心为样本［J］．西南民族大学学报（人文社会科学版），2019（2）：64-65.

［8］刘卫东，李爱居．我国居家养老服务发展面临的现实困境及应对策略［J］．东岳论丛，2022（9）：96-103.

［9］侯冰．老年人社区居家养老服务需求层次及其满足策略研究［J］．社会保障评论，2019（7）：147-159.

［10］贺薇．居家养老服务供给结构的现状与优化［J］．湖北大学学报，2020（11）：155-165

［11］王素英，张作森，孙文灿．医养结合的模式与路径——关于推进医疗卫生与养老服务相结合的调研报告［J］．社会福利，2013（12）：56-59.

［12］臧少敏．"医养结合"养老服务模式关键性制约因素分析及对策研究［J］．北京劳动保障职业学院学报，2016（10）：9-12.

［13］王建宏．成都五医院互联网+新型医养模式取得阶段成效［J］．当代县域经济，2016（7）：56.

［14］成秋娴，冯泽永．美国PACE及其对我国社区医养结合的启示［J］．医学与哲学，2015，36（9）：78-88.

［15］任雅婷，刘乐平，师津．日本医疗照护合作：运行机制，模式特点及启示［J］．天津行政学院学报，2021，23（4）：87-95.

［16］陈星．美国持续照料养老社区的改革动向及启示［J］．中国老年学杂志，2023，43（12）：3065-3071.

［17］张雨婷，谭梅，罗秀，等．超大城市社区医养结合实践模式及优化路径研究［J］．卫生经济研究，2023，40（8）：16-20.

[18] 包世荣. 国外医养结合养老模式及其对中国的启示 [J]. 哈尔滨工业大学学 (社会科学版), 2018, 20 (2): 58-63.

[19] 成秋娴, 冯泽永. 美国 PACE 及其对我国社区医养结合的启示 [J]. 医学与哲学, 2015, 36 (9): 78-81.

[20] 任雅婷, 刘乐平, 师津. 日本医疗照护合作: 运行机制, 模式特点及启示 [J]. 天津行政学院学报, 2021, 23 (4): 87-95.

[21] 杨菊华. 智慧康养: 概念、挑战与对策 [J]. 社会科学辑刊, 2019 (5): 102-111.

[22] 吴玉霞, 沃宁璐. 我国智慧养老的服务模式解析——以长三角城市为例 [J]. 宁波工程学院学报, 2016, 28 (3): 59-63, 76.

[23] 张蕾, 王平. 共享与融合: 智慧养老平台建设的突破口 [J]. 浙江经济, 2017 (10): 54-55.

[24] 郑世宝. 物联网与智慧养老 [J]. 电视技术, 2014, 38 (22): 24-27.

[25] 于潇, 孙悦. "互联网+养老": 新时期养老服务模式创新发展研究 [J]. 人口学刊, 2017 (1): 58-66.

[26] 郝涛, 徐宏. "互联网+" 时代背景下老年残疾人养老服务社会支持体系研究 [J]. 山东社会科学, 2016 (4): 158-165.

[27] 赵奕钧, 邓大松. 人工智能驱动下智慧养老服务模式构建研究 [J]. 江淮论坛, 2021 (2): 146-152.

[28] 刘奕, 李晓娜. 数字时代我国社区智慧养老模式比较与优化路径研究 [J]. 电子政务, 2022 (5): 112-124.

[29] 纪春艳. 居家智慧养老的实践困境与优化路径 [J]. 东岳论丛, 2022 (7): 182-190.

[30] 李宗华, 李伟峰, 张荣. 老年人社区照顾的本土化实践及反思 [J]. 甘肃社会科学, 2009 (4): 34-37.

[31] 本刊编辑部. 聚焦改革试点成果致力居家和社区养老服务发展 [J]. 社会福利, 2020 (2): 6-10.

[32] 王杰秀, 安超. 我国大城市养老服务的特点和发展策略 [J]. 社会政策研

究，2019（4）：58-82.

[33] 黄顺春．需要与需求辨析［J］．全国商情·经济理论研究，2005（8）：42-43.

[34] 伊文斌，邓志娟．需求与需要辨析［J］．管理观察，2005（10）：17-18.

[35] 郭庆，吴忠．基于 Markov 模型的群体分异视角下失能老人长期护理需求预测及费用估算［J］．中国卫生统计，2021，38（6）：870-873.

[36] 常慧，王秀红，王志稳．我国空巢老人成功老龄化性别差异及其分解研究［J］．军事护理，2023（12）：6-9.

[37] 孙鹃娟．劳动力迁移过程中的农村留守老人照料问题研究［J］．人口学刊，2006（4）：14-18.

[38] 宋月萍．精神赡养还是经济支持：外出务工子女养老行为对农村留守老人健康影响探析［J］．人口与发展，2014，20（4）：37-44.

[39] 杜鹏，孙鹃娟，张文娟，等．中国老年人的养老需求及家庭和社会养老资源现状——基于 2014 年中国老年社会追踪调查的分析［J］．人口研究，2016，40（6）：49-61.

[40] 龙鑫，沙莎，郭清，等．基于扎根理论的老年人健康养老需求调查研究［J］．中国健康教育，2024，40（4）：326-329.

[41] 穆光宗．家庭养老面临的挑战以及社会对策问题［J］．中州学刊，1999（1）：64-67.

[42] 方菲．劳动力迁移过程中农村留守老人的精神慰藉问题探讨［J］．农村经济，2009（3）．

[43] 季佳林，刘远立，仲崇明，等．荷兰长期护理保险制度改革对中国的启示［J］．中国卫生政策研究，2020，13（8）：43-49.

[44] 穆光宗．我国机构养老发展的困境与对策［J］．华中师范大学学报（人文社会科学版），2021，51（2）：31-38.

[45] 刘茹，李文博，王丽娟等．"银发热潮"下社区居家养老服务现状及完善策略［J］．中国老年学杂志，2020（40）：1562-1565.

[46] 杨晓婷，马小琴，任娄涯．我国居家养老服务发展现状［J］．护理研究，2017，31（24）：2974-2976.

［47］ 史薇 . 居家养老服务发展的经验与启示——以太原为例〔J〕. 社会保障研究，2015（4）：14-20.

［48］ 陈昌盛，蔡跃洲 . 中国政府公共服务：基本价值取向与综合绩效评估［J］. 财政研究，2007（6）：20-24.

［49］ 白晨，顾昕 . 中国基本养老服务能力建设的横向不平等——多维福祉测量的视角［J］. 社会科学研究，2018（2）：105-113.

［50］ 袁年兴 . 论公共服务的"第三种范式"——超越"新公共管理"和"新公共服务"［J］. 甘肃社会科学，2013（2）：219-223.

［51］ 赵浩华 . 需要理论视角下社区居家养老困境及治理对策［J］. 学习与探索，2021（8）：50-55.

［52］ 丁学娜，李凤琴 . 福利多元主义的发展研究——基于理论范式视角［J］. 中南大学学报（社会科学版），2013，19（6）：158-164.

［53］ 李翔 . 社会嵌入理论视角下城市社区居家养老问题研究［J］. 广西社会科学，2014（4）：131-134.

［54］ 刘金华，方雨桐 . 成都社区嵌入式养老服务模式初探［J］. 新西部，2024（4）：75-80.

［55］ 雷雨若，王浦劬 . 西方国家福利治理与政府社会福利责任定位［J］. 国家行政学院学报，2016（2）：133-138.

［56］ 杨琪，黄健元 . 政府购买居家养老服务政策的类型及效果［J］. 城市问题，2018（1）：4-10.

［57］ 李长远 . 我国政府购买居家养老服务模式比较及优化策略［J］. 宁夏社会科学，2015（3）：87-91.

［58］ 李籽宜，赵庆波 . 政府购买社区居家养老服务的绩效问题研究［J］. 现代商贸工业，2021，42（11）：91-92.

［59］ 姜碧华，李辉婕 . 政府购买城市社区居家养老服务研究综述——基于新公共服务理论［J］. 人才资源开发，2019（24）：46-48.

［60］ 管兵 . 城市政府结构与社会组织发育［J］. 社会学研究，2013，（4）：129-153，244-245.

［61］ 陈竞，文旋 . 社会组织在居家养老服务中的实践［J］. 广西民族大学学报，

2014，36（1）：43-47.

三、学术论文

［1］闵敏."公建民营"社区居家养老服务模式运行效果研究［D］.北京：首都经济贸易大学，2017.

［2］王正.我国城市社区居家养老服务体系建设及运营模式研究［D］.昆明：云南大学，2016.

［3］陈旭.民办非企业参与城市社区居家养老服务的运营模式及引导研究［D］.南京：东南大学，2019.

［4］李丽萍.城市社区医养结合养老服务供给的系统动力学研究［D］.成都：四川大学，2020.

［5］王政.广西南宁市城市社区"医养结合"养老服务研究［D］.南宁：广西医科大学，2021（6）.

［6］袁晓航."医养结合"机构养老模式创新研究［D］.杭州：浙江大学，2013.

［7］周小喜.养老机构运营风险防范机制研究［D］.上海：上海工程技术大学管理学院，2020.

［8］程鹏辉.民间组织参与居家养老服务的功能、困境与对策分析［D］.大连：东北财经大学，2013.

［9］王瑶.上海市长期护理保险需求评估问题研究——以 P 区为例［D］.2021.

四、英文文献

［1］Bradshaw J. The concept of social needs［M］//Gilbert N，Specht H. Planning for social welfare issues，models and tasks Englewood Cliffs. NJ：Prentice Hall，1972.

［2］Ostrom V，Tiebout C.，Warren R.，The Organization of Government in Metropolitan Areas：A Theoretical Inquiry［J］. American Political Science Review，1961，55（4）：831-842.

［3］Evers A. Shifts in the Welfare Mix：Introducing a new approach for the study of transformations in welfare and social policy ［C］//Adalbert Evers, Helmut Wintersberger. Shifts in the Welfare Mix （7-30）. Frankfurt: Campus Verlag, 1988.

［4］ Savas E S. , Privatization and Public—Private Partnerships ［M］. New York: Chatham House Publishers, 2000.

［5］ Conner R F, Jacobi M, Altman D G, et al. Measuring need and demands in evaluation research ［J］. Evaluation Review: A Journal of Applied Social Research, 1985, 9 （6）: 717-734.

［6］ Lubben J E. Evaluating social networks among elderly populations ［J］. Family and Community Health, 1988, 11 （3）: 42-52.

［7］ Beresford P, Croft S. Welfare pluralism: The new face of fabianism ［J］. Critical Social Policy, 1983, 3 （9）: 19-39.